Springer-Lehrbuch

Dietlinde Lau

Übungsbuch zur Linearen Algebra und analytischen Geometrie

Aufgaben mit Lösungen

Zweite, überarbeitete und ergänzte Auflage

 Springer

Prof. Dr. Dietlinde Lau
Institut für Mathematik
Universität Rostock
Ulmenstraße 69, Haus 3
18057 Rostock
Deutschland
dietlinde.lau@uni-rostock.de

ISSN 0937-7433
ISBN 978-3-642-19277-7   e-ISBN 978-3-642-19278-4
DOI 10.1007/978-3-642-19278-4
Springer Heidelberg Dordrecht London New York

Die Deutsche Nationalbibliothek verzeichnet diese Publikation in der Deutschen Nationalbibliografie;
detaillierte bibliografische Daten sind im Internet über http://dnb.d-nb.de abrufbar.

Mathematics Subject Classification (2010): 15-01, 65Fxx

Einbandentwurf: WMXDesign GmbH, Heidelberg

Gedruckt auf säurefreiem Papier

Springer ist Teil der Fachverlagsgruppe Springer Science+Business Media (www.springer.com)

Vorwort zur zweiten Auflage

Im Unterschied zur ersten Auflage enthält die vorliegende zweite Auflage 16 statt 15 Kapitel mit Lösungen der Übungsaufgaben aus

D. Lau: Algebra und Diskrete Mathematik 1.
Dritte, korrigierte und ergänzte Auflage, Springer 2011
(nachfolgend kurz *Buch* genannt).

Die dritte Auflage des Buches unterscheidet sich von der zweiten Auflage, auf die sich die erste Auflage des Übungsbuchs bezog, durch ein Ergänzungskapitel über die Grundlagen der Kombinatorik, zu denen im Buch auch Übungsaufgaben zu finden sind.

Die Lösungen der neuen Aufgaben zeigen anhand von Beispielen, wie man gewisse Abzählbarkeitsprobleme der Linearen Algebra mit kombinatorischen Methoden lösen kann und wie Sätze der Lineare Algebra in der Kombinatorik nutzbar sind.

Dank der Hinweise aufmerksamer und kritischer Leser, die ich mir natürlich auch für die zweite Auflage wünsche, konnten einige Fehler aus der ersten Auflage korrigiert werden.

Mein besonderer Dank gilt meinen Kollegen Dr. Walter Harnau und Dr. Karsten Schölzel sowie den Diplommathematikern Matthias Böhm und Konrad Sperfeld, die dafür gesorgt haben, daß mein erster Entwurf für das Kapitel mit den Kombinatorik-Aufgaben überarbeitet und Schreibfehler korrigiert wurden.

Rostock, im Januar 2011   *Dietlinde Lau*

Vorwort zur ersten Auflage

Das vorliegende Übungsbuch ist eine Ergänzung zu

D. Lau: Algebra und Diskrete Mathematik 1. 2. Auflage, Springer 2007
(nachfolgend kurz *Buch* genannt)[1]

in dem im Teil IV (Kapitel 16–18) Übungsaufgaben zu den Teilen I–III ohne
Lösungen angegeben sind.

Dem Wunsch einer Reihe von Lesern der ersten Auflage folgend, sind im
Übungsbuch nun die Lösungen (oft mit ausführlichen Lösungswegen) der
Übungsaufgaben aus dem Buch zu finden. Dieses Übungsbuch macht natürlich
nur Sinn, wenn die Leser zunächst selbständig versuchen, die entsprechenden
Aufgaben bei der Vorlesungsnachbereitung und bei der Prüfungsvorbereitung
zu lösen.

Da im Buch in den Kapiteln 1–15 auch einige weggelassene Beweise als
Übungsaufgaben aufgegeben wurden, enthält das Übungsbuch zu einigen dieser Aufgaben ebenfalls Lösungen.

Die Aufteilung des Übungsbuches in einzelne Kapitel folgt der Aufteilung
des Buches. Innerhalb eines Kapitels sind die Aufgaben nach ihrem mathematischen Inhalt sortiert. Kurze Informationen über die in den Aufgaben zu
übenden mathematischen Fakten findet man direkt hinter den Aufgabennum-
mern.

Sämtliche Angaben zu Kapiteln, Abschnitten, Sätzen und Lemmata beziehen
sich auf das Buch.

Bei einigen Rechenaufgaben, zu denen es bereits einige Beispiele im Buch gibt,
sind nur die Endergebnisse (eventuell mit Zwischenergebnissen) angegeben.
Nebenrechnungen (wie z.B. das Lösen von Gleichungssystemen oder die Berechnung von Determinanten), die bereits in vorangegangenen Aufgaben be-
handelt wurden, werden nicht mehr ausführlich angegeben.

---

[1] Man kann natürlich auch die erste Auflage des Buches benutzen, wenn man beach-
tet, daß sich durch Ergänzungsaufgaben die Nummern einiger Aufgaben geändert
haben.

Falls nach der Lösung einer Aufgabe nicht sofort ein Aufgabentext kommt, ist das Ende der Lösung durch □ gekennzeichnet.

Im Literaturverzeichnis dieses Übungsbuches sind nur solche Werke zu finden, die ebenfalls Übungsaufgaben mit Lösungen enthalten, Quellen einiger Aufgaben sind und auf die verwiesen wird. Eine vollständige Liste der für dieses Übungsbuch benutzten Literatur und weitere Literaturverweise findet man im Buch.

Für die technische Hilfe bei der Herstellung der Latex-Fassung dieses Buches möchte ich mich bei meinen Kolleginnen Frau Susann Dittmer und Frau Heike Schubert bedanken. Für das Korrekturlesen und die Änderungsvorschläge gilt mein Dank den Mathematik-Studenten Antje Samland und Karsten Schölzel. Sehr hilfreich waren auch die Hinweise meiner Kollegen Prof. Dr. F. Pfender und Dr. M. Grüttmüller, die mir noch kurz vor dem Fertigstellungstermin dieses Buches beim Korrekturlesen geholfen haben.

Bei den Mitarbeitern des Springer-Verlages möchte ich mich für die sehr angenehme Zusammenarbeit bedanken.

Rostock, im Juni 2007   *Dietlinde Lau*

Inhaltsverzeichnis

1

Aufgaben zu:
Mathematische Grundbegriffe

Wir beginnen mit einigen Aufgaben, um den Gebrauch der im Abschnitt 1.1 vereinbarten Abkürzungen (aus der mathematischen Logik) beim Aufschreiben mathematischer Sachverhalte zu üben.[1]

Vor dem Bearbeiten der nachfolgenden Aufgaben 1.1–1.22 lese man die Abschnitte 1.1 und 1.2.

Die Aufgaben 1.23–1.53 setzen Kenntnisse der Abschnitte 1.1–1.4 voraus.

Die Aufgaben 1.54–1.63 gehören zum Abschnitt 1.5, für den Kenntnisse aus den Abschnitten 1.2, 1.4 und 1.5 erforderlich sind. Für die Aufgaben 1.64–1.79 zum Abschnitt 1.6 und die Aufgaben 1.80–1.82 zum Abschnitt 1.7 benötigt man nur wenige Kenntnisse aus den Abschnitten 1.1–1.4.

Verwenden von logischen Symbolen

Aufgabe 1.1 *(∃ und ∀)*

Sei M eine Menge. Geben Sie umgangssprachliche Formulierungen an, die inhaltlich mit

(a) $\exists x \in M : E$ („Es existiert ein $x \in M$ mit der Eigenschaft E.");

(b) $\forall x \in M : A$ („Für alle $x \in M$ gilt die Aussage A.")

übereinstimmen.

Lösung. **(a):** Z.B. ist „$\exists x \in M : E$" inhaltlich gleichwertig mit

– Es gibt ein $x \in M$ mit der Eigenschaft E.

– Es existiert ein $x \in M$, das die Bedingung E erfüllt.

– Mindestens ein $x \in M$ hat die Eigenschaft E.

– Ein $x \in M$ erfüllt E.

(b): Z.B. ist „$\forall x \in M : A$" inhaltlich gleichwertig mit

---

[1] Ausführliche Hinweise zum Formulieren mathematischer Gedanken findet man in [Beu 2006].

D. Lau, *Übungsbuch zur Linearen Algebra und analytischen Geometrie*, 2. Aufl., Springer-Lehrbuch, DOI 10.1007/978-3-642-19278-4_1, © Springer-Verlag Berlin Heidelberg 2011

– Jedes Element aus M hat die Eigenschaft A.
– Die Elemente aus M erfüllen die Bedingung A.
– Für jedes Element von M gilt A.
– Für ein beliebiges Element aus M gilt A.
– Sei x ein beliebiges Element aus M. Dann gilt A.

Aufgabe 1.2 *($\forall\exists$ und $\exists\forall$)*
Erläutern Sie anhand eines Beispiels, daß es beim Verwenden der Symbole $\forall$ und $\exists$ auf die Reihenfolge dieser Symbole in einer Formel ankommt, d.h., in dem zu findenden Beispiel sind $\forall x \exists y : A$ und $\exists y \forall x : A$ inhaltlich verschiedene Aussagen über die Elemente $x, y \in M$.

Lösung.   Wir betrachten die Aussagen

$$\forall x \in \mathbb{Z}\, \exists y \in \mathbb{Z} : x + y = 0$$

(Für jede ganze Zahl x existiert eine ganze Zahl y mit $x + y = 0$.)

und

$$\exists y \in \mathbb{Z}\, \forall x \in \mathbb{Z} : x + y = 0$$

(Es existiert eine ganze Zahl y, so daß $x + y = 0$ für jede ganze Zahl x gilt.).

Wegen $x + (-x) = 0$ ist die erste Aussage richtig. Dagegen ist die zweite Aussage falsch, da für eine fixierte ganze Zahl y nicht für alle ganzen Zahlen x die Gleichung $x + y = 0$ gilt. Die angegebenen Aussagen können deshalb inhaltlich nicht übereinstimmen.

Man merke sich:
Die Reihenfolge $\forall x \exists y : E$ in einer wahren Aussage bedeutet: Zu jedem (beliebig ausgewähltem) Element $x \in M$ gibt es ein (passend gewähltes) $y \in M$, so daß die Bedingung E erfüllt ist.
Die Reihenfolge $\exists y \forall x : E$ in einer wahren Aussage bedeutet dagegen: Es existiert ein gewisses Element $y \in M$, so daß für dieses (fixierte Element) die Eigenschaft E für beliebige $x \in M$ gilt.
Dem Rat aus [Beu 2006] folgend, kann man sich dies aber auch mit Hilfe des folgenden Beispiels einprägen:

$$\forall m \exists f : h(m, f), \quad \exists f \forall m : h(m, f),$$

wobei m für *Mann*, f für *Frau* und h für *hat was mit* steht.

Auch wenn nicht jede Übersetzung eines umgangssprachlichen Satzes, mit dem ein mathematischer Sachverhalt ausgedrückt ist, in eine Formel, die logische Zeichen benutzt, das Verstehen dieses Sachverhaltes vereinfacht, kann man jedoch durch eine Übersetzung in eine logische Formel ungenaue Formulierungen im Ausgangssatz entdecken und manchmal auch bessere Formulierungen finden. Dazu die folgende

Aufgabe 1.3 *(Aufschreiben von Sätzen mit Hilfe logischer Symbole)*

Man drücke die folgenden Sätze mit Hilfe der Zeichen $\forall, \exists, \exists!, \neg, \wedge, \vee, \Longrightarrow, \Longleftrightarrow$ und bekannten weiteren mathematischen Symbolen wie z.B. $+, \cdot, ..., \mathbb{N}, ...$ so weit wie möglich aus.

(a) Zu jedem x und jedem y gibt es ein z mit $x + y = z$.
(b) Kein x ist kleiner als y.
(c) Es gibt ein x mit $x + y = y$ für alle y.
(d) Für jedes x ist $x + y = y + x$ für alle y.
(e) Jede ganze Zahl ist gerade oder ungerade.
(f) Nicht alle Primzahlen sind ungerade.
(g) Zu jeder natürlichen Zahl gibt es eine größere Primzahl.
(h) Die Menge $M \subseteq \mathbb{R}$ hat kein größtes Element.
(i) Es gilt $x + z < y + z$, falls $x < y$ und x, y, z beliebige natürliche Zahlen sind.
(j) Aus $x \leq y$ und $y \leq x$ folgt $x = y$ und umgekehrt.
(k) Es gibt genau eine Lösung $x \in \mathbb{N}$ der Gleichung $x^2 = 1$.
(l) Für das Potenzieren der natürlichen Zahlen gilt das Kommutativgesetz $a^b = b^a$ nicht.
(m) Jede der Zahlenmengen $\mathbb{N}_0$, $\mathbb{Z}$ und $\mathbb{Q}$ enthält 0 oder 1 und -1.

Außerdem bilde man die Negation der Aussagen (h), (i) und (k).

Lösung.   **(a):** „Zu jedem x und jedem y gibt es ein z mit $x + y' = z$" läßt sich aufschreiben in der Form:

$$\forall x \, \forall y \, \exists z : x + y = z$$

(b): „Kein x ist kleiner als y" läßt sich in der Form

$$\neg(\exists x : \ x < y)$$

oder

$$\forall x \neg (x < y)$$

aufschreiben.

(c): „Es gibt ein x mit $x + y = y$ für alle y" ist gleichwertig mit:

$$\exists x \, \forall y : x + y = y$$

(d): „Für jedes x ist $x + y = y + x$ für alle y" ist gleichwertig mit

$$\forall x \, \forall y : x + y = y + x$$

(e): „Jede ganze Zahl ist gerade oder ungerade" ist gleichwertig mit

$$\forall x \in \mathbb{Z} \, \exists k \in \mathbb{Z} (\ x = 2 \cdot k \ \vee \ x = 2 \cdot k + 1)$$

(f): „Nicht alle Primzahlen sind ungerade" ist gleichwertig mit

$$\exists p \in \mathbb{P} \; \exists n \in \mathbb{N}_0 : \; p = 2 \cdot n$$

(g): „Zu jeder natürlichen Zahl gibt es eine größere Primzahl" ist gleichwertig mit

$$\forall n \in \mathbb{N} \; \exists p \in \mathbb{P} : \; n < p$$

(h): „Die Menge $M \subseteq \mathbb{R}$ hat kein größtes Element" ist gleichwertig mit

$$\neg(\exists m \in M \; \forall x \in M : \; x \leq m)$$

(i): „Es gilt $x + z < y + z$, falls $x < y$ und x, y, z beliebige natürliche Zahlen sind" ist gleichwertig mit

$$\forall x, y, z \in \mathbb{N} : (x < y \implies x + z < y + z)$$

(j): „Aus $x \leq y$ und $y \leq x$ folgt $x = y$ und umgekehrt" ist gleichwertig mit

$$\forall x \, \forall y ((x \leq y \wedge y \leq x) \iff x = y)$$

(k): „Es gibt genau eine Lösung $x \in \mathbb{N}$ der Gleichung $x^2 = 1$" ist gleichwertig mit

$$\exists ! \, x \in \mathbb{N} : \; x^2 = 1$$

oder

$$\exists x \in \mathbb{N} : (x^2 = 1 \wedge (\forall y \in \mathbb{N} \backslash \{x\} : \; y^2 \neq 1))$$

(l): „Für das Potenzieren der natürlichen Zahlen gilt das Kommutativgesetz $a^b = b^a$ nicht" ist gleichwertig mit

$$\neg(\forall a, b \in \mathbb{N} : \; a^b = b^a)$$
$$=$$
$$\exists a, b \in \mathbb{N} : \; a^b \neq b^a$$

(m): „Jede der Zahlenmengen $\mathbb{N}_0$, $\mathbb{Z}$ und $\mathbb{Q}$ enthält 0 oder 1 und -1" ist nicht eindeutig aufschreibbar, da die Verwendung von *und* und *oder* z.B. die folgenden zwei Übersetzungen ermöglichen:

$$\forall M \in \{\mathbb{N}_0, \mathbb{Z}, \mathbb{Q}\} : \; 0 \in M \vee \{1, -1\} \subseteq M$$
$$\forall M \in \{\mathbb{N}_0, \mathbb{Z}, \mathbb{Q}\} : \; (0 \in M \vee 1 \in M) \wedge -1 \in M.$$

Negation von (h):
$$\exists m \in M \; \forall x \in M : \; x \leq m$$

Negation von (i):

$$\neg(\forall x, y, z \in \mathbb{N} \, (x < y \implies x + z < y + z))$$
$$=$$
$$\exists x, y, z \in \mathbb{N} \, (x < y \wedge \neg(x + z < y + z))$$

Negation von (k):

$$\neg(\exists x \in \mathbb{N} : (x^2 = 1 \,\wedge\, (\forall y \in \mathbb{N}\backslash\{x\} : \; y^2 \neq 1)))$$
$$=$$
$$\forall x \in \mathbb{N} : (x^2 \neq 1 \,\vee\, (\exists y \in \mathbb{N}\backslash\{x\} : y^2 = 1))$$

Beweistechniken

Mathematik ohne Beweise ist erstens langweilig und zweitens kaum zu verstehen. Im Buch werden deshalb sämtliche wesentlichen Dinge der behandelten mathematischen Gebiete bewiesen. Zum besseren Verstehen sollte der Leser aber auch in der Lage sein, eigene Beweise zu führen. Die folgenden Aufgaben dienen dazu, gewisse Beweistechniken (Beweis durch ein Gegenbeispiel, direkter Beweis, indirekter Beweis) anhand einfacher Beispiele zu trainieren. *Bekanntlich beweist ein Beispiel zu einer Behauptung nichts, jedoch ein Gegenbeispiel alles.* Dazu die folgende Aufgabe:

Aufgabe 1.4 *(Beweis mittels Gegenbeispiel)*
Man beweise, daß die folgenden Aussagen falsch sind:

(a) Jede Primzahl ist eine ungerade Zahl.
(b) Jede natürliche Zahl größer als 1 ist Primzahl oder die Summe von zwei Primzahlen.

Lösung. **(a):** 2 ist Primzahl, jedoch keine ungerade Zahl.
(b): 27 ist keine Primzahl und läßt sich auch nicht als Summe zweier Primzahlen darstellen.   □

In Vorbereitung auf die folgenden drei Aufgaben lese man den Satz 1.2.2 mit Beweis.

Aufgabe 1.5 *(Beweis von Aussagen über natürliche Zahlen)*
Man beweise die folgenden Aussagen für natürliche Zahlen $n \in \mathbb{N}$:

(a) Wenn n ungerade ist, so ist auch n^2 ungerade.
(b) Wenn n^2 gerade ist, so ist auch n gerade.

Lösung. **(a):** Sei $n \in \mathbb{N}$ eine (beliebig gewählte) ungerade Zahl. Dann gibt es ein $k \in \mathbb{N}_0$ mit $n = 2k + 1$. Aus

$$n^2 = (2k+1)^2 = 4k^2 + 4k + 1 = 2 \cdot (2k^2 + 2k) + 1$$

folgt dann die Behauptung.

(b): Sei n^2 für $n \in \mathbb{N}$ eine gerade Zahl, d.h., es gibt ein $k \in \mathbb{N}$ mit $n^2 = 2 \cdot k$. Aus Satz 1.2.2 (siehe auch Aufgabe 1.6, (b)) folgt dann, daß 2 ein Teiler von n ist, womit n eine gerade Zahl ist.

Einfacher läßt sich (b) mit Hilfe von (a) indirekt beweisen:

Angenommen, es ist n^2 gerade und n ungerade für ein gewisses $n \in \mathbb{N}$. Nach (a) folgt jedoch aus der Eigenschaft „n ungerade", daß dann auch n^2 ungerade ist, ein Widerspruch zur Annahme. Also war die Annahme falsch und damit die Behauptung richtig.

Aufgabe 1.6 *(Beweis von zwei Aussagen über Primzahlen)*

Man beweise:

(a) Wenn $p \in \mathbb{P}$, $a \in \mathbb{N}$ und $a \notin \{n \cdot p \mid n \in \mathbb{N}\}$, dann existieren $\alpha, \beta \in \mathbb{Z}$ mit $\alpha \cdot p + \beta \cdot a = 1$.

(b) Wenn eine Primzahl ein Produkt aus zwei ganzen Zahlen teilt, dann teilt sie mindestens einen Faktor dieses Produktes.

Lösung. **(a):** Falls $p \in \mathbb{P}$, $a \in \mathbb{N}$ und $a \notin \{n \cdot p \mid n \in \mathbb{N}\}$ gilt, ist der größte gemeinsame Teiler von p und a gleich 1. Damit folgt (a) aus Satz 2.2.3.

(b): Wir beweisen (b) indirekt. Angenommen, es gibt eine Primzahl p, die ein Teiler des Produkts $a_1 \cdot a_2$, wobei $a_1, a_2 \in \mathbb{N}$, ist, jedoch weder a_1 noch a_2 teilt. Nach (a) existieren dann $\alpha_i, \beta_i \in \mathbb{Z}$ mit $\alpha_i \cdot p + \beta_i \cdot a_i = 1$ für jedes $i \in \{1, 2\}$. Hieraus folgt $(\alpha_1 \cdot p + \beta_1 \cdot a_1) \cdot (\alpha_2 \cdot p + \beta_2 \cdot a_2) = 1$. Indem man die linke Seite dieser Gleichung ausmultipliziert, sieht man, daß die linke Seite der Gleichung (wegen $p \mid a_1 \cdot a_2$) durch p teilbar ist, was offenbar der Gleichung widerspricht. Also war die Annahme falsch und damit die Behauptung richtig.

Aufgabe 1.7 *(Beweis einer Aussage über Primzahlen)*

Man beweise: Für jede Primzahl $p \in \mathbb{P}$ gilt: $\sqrt{p} \notin \mathbb{Q}$.

Hinweise: (1.) Für $p = 2$ läßt sich die Behauptung z.B. durch einen indirekten Beweis wie folgt zeigen: Angenommen, $\sqrt{2} \in \mathbb{Q}$. Dann existieren gewisse teilerfremde natürliche Zahlen s und t mit $\sqrt{2} = \frac{s}{t}$. Hieraus ergibt sich die Gleichung $2 \cdot t^2 = s^2$. Folglich ist s^2 gerade und (wegen Aufgabe 1.5, (b)) auch s gerade. Es gibt also eine natürliche Zahl α mit $s = 2 \cdot \alpha$. Aus $s = 2 \cdot \alpha$ und $s^2 = 2 \cdot t^2$ folgt dann die Gleichung $2 \cdot \alpha^2 = t^2$. Analog zu oben folgt aus der Gleichung $2 \cdot \alpha^2 = t^2$, daß 2 ein Teiler von t ist. Wir haben damit 2 als Teiler von s und t nachgewiesen, was jedoch unserer Voraussetzung „s und t sind teilerfremd" widerspricht. Also war die Annahme $\sqrt{2} \in \mathbb{Q}$ falsch.

(2.) Für den allgemeinen Beweis verwende man Aufgabe 1.6, (b).

Lösung. Sei $p \in \mathbb{P}$ beliebig gewählt. Angenommen, $\sqrt{p} \in \mathbb{Q}$. Dann existieren gewisse teilerfremde natürliche Zahlen s und t mit $\sqrt{p} = \frac{s}{t}$. Hieraus ergibt sich die Gleichung $p \cdot t^2 = s^2$. Wegen der Aussage (b) aus Aufgabe 1.6 teilt p die Zahl s, d.h., es gibt eine natürliche Zahl α mit $s = p \cdot \alpha$. Aus $s = p \cdot \alpha$ und

$s^2 = p \cdot t^2$ folgt dann die Gleichung $p \cdot \alpha^2 = t^2$. Analog zu oben folgt aus der Gleichung $p \cdot \alpha^2 = t^2$, daß p ein Teiler von t ist. Wir haben damit p als Teiler von s und t nachgewiesen, was jedoch unserer Voraussetzung „s und t sind teilerfremd" widerspricht. Also war die Annahme $\sqrt{p} \in \mathbb{Q}$ falsch. □

Vollständige Induktion

Die vollständige Induktion ist eine wichtige Beweismethode für Aussagen, die in Abhängigkeit von natürlichen Zahlen formuliert sind. Grundlage dieser Methode ist Satz 1.2.1.

Aufgabe 1.8 *(Vollständige Induktion)*

Man beweise durch vollständige Induktion die folgenden Aussagen:

(a) $\forall n \in \mathbb{N} : \sum_{i=1}^{n} i = \frac{n(n+1)}{2}$.

(b) $\forall n \in \mathbb{N} : \sum_{i=1}^{n} i^2 = \frac{n(n+1)(2n+1)}{6}$.

(c) $\forall n \in \mathbb{N} : \sum_{i=1}^{n} i^3 = \frac{n^2(n+1)^2}{4}$.

(d) $\forall n \in \mathbb{N} : \sum_{i=1}^{n} (2i - 1) = n^2$.

(e) $\forall n \in \mathbb{N} : \sum_{i=1}^{n} \frac{1}{i(i+1)} = \frac{n}{n+1}$.

(f) $\forall n \in \mathbb{N} : \sum_{i=1}^{n} \frac{1}{(3i-1)(3i+2)} = \frac{n}{2(3n+2)}$.

(g) $\forall n \in \mathbb{N}_0 \, \forall q \in \mathbb{R} \backslash \{1\} : \sum_{i=0}^{n} q^i = \frac{1 - q^{n+1}}{1-q}$.

(h) Es sei $a_0 = 0$, $a_1 = 1$ und $a_{n+1} = \frac{1}{2}(3a_n - a_{n-1})$ für $n \in \mathbb{N}$. Dann gilt für alle $n \in \mathbb{N}_0$: $a_n = \frac{2^n - 1}{2^{n-1}}$.

(i) Jede natürliche Zahl n, welche größer als 7 ist, läßt sich mit geeigneten $a, b \in \mathbb{N}_0$ in der Form $n = 3a + 5b$ darstellen.

(j) $n^2 - 1$ ist für ungerade $n \geq 3$ durch 8 teilbar.

(k) Für alle $n \in \mathbb{N}$ ist $n^3 - n$ durch 6 teilbar.

(l) Für alle $n \in \mathbb{N}_0$ ist $11^{n+2} + 12^{2n+1}$ durch 133 teilbar.

(m) Die Summe der dritten Potenzen dreier aufeinanderfolgender Zahlen aus $\mathbb{N}_0$ ist durch 9 teilbar.

(n) Für alle $n \in \mathbb{N}$ mit $n \geq 5$ gilt $2^n > n^2$.

(o) Für alle $n \in \mathbb{N}$ mit $n \geq 10$ gilt $2^n > n^3$.

(p) Für alle $n \in \mathbb{N}$ mit $n \geq 3$ gilt: $n! > 2^{n-1}$.

(q) Sei $a > 0$ oder $-1 < a < 0$. Dann gilt:

$$\forall n \in \mathbb{N} \backslash \{1\} : (1 + a)^n > 1 + n \cdot a \qquad (\textit{„Bernoullische Ungleichung"})$$

(r) Für alle $n \in \mathbb{N}$ und alle $a, b \in \mathbb{R}$ gilt: $(a + b)^n = \sum_{i=0}^{n} \binom{n}{i} a^{n-i} b^i$.

Lösung. **(a):**
(I) $n = 1$: Offenbar gilt $1 = \frac{1 \cdot 2}{2}$.

(II) $k \longrightarrow k + 1$: Angenommen, $\sum_{i=1}^{k} i = \frac{k(k+1)}{2}$ für gewisses $k \in \mathbb{N}$. Dann gilt:

$$\begin{aligned}
\sum_{i=1}^{k+1} i &= k + 1 + \sum_{i=1}^{k} i \\
&= k + 1 + \frac{k(k+1)}{2} \quad \text{(nach Annahme)} \\
&= \frac{k+1}{2} \cdot (2 + k), \quad \text{q.e.d.}
\end{aligned}$$

(b):
(I) $n = 1$: Offenbar gilt $1^2 = \frac{1 \cdot 2 \cdot 3}{6}$.

(II) $k \longrightarrow k + 1$: Angenommen, $\sum_{i=1}^{k} i^2 = \frac{k(k+1)(2k+1)}{6}$ für gewisses $k \in \mathbb{N}$. Dann gilt:

$$\begin{aligned}
\sum_{i=1}^{k+1} i^2 &= (k + 1)^2 + \sum_{i=1}^{k} i^2 \\
&= (k + 1)^2 + \frac{k(k+1)(2k+1)}{6} \quad \text{(nach Annahme)} \\
&= \frac{k+1}{6} \cdot (6k + 6 + k(2k + 1)) \\
&= \frac{k+1}{6} \cdot (2k^2 + 7k + 6) \\
&= \frac{(k+1)(k+2)(2(k+1)+1)}{6}, \qquad \text{q.e.d.}
\end{aligned}$$

(c):
(I) $n = 1$: Offenbar gilt $1^3 = \frac{1^2 \cdot 2^2}{4}$.

(II) $k \longrightarrow k + 1$: Angenommen, $\sum_{i=1}^{k} i^3 = \frac{k^2(k+1)^2}{4}$ für gewisses $k \in \mathbb{N}$. Dann gilt:

$$\begin{aligned}
\sum_{i=1}^{k+1} i^3 &= (k + 1)^3 + \sum_{i=1}^{k} i^3 \\
&= (k + 1)^3 + \frac{k^2(k+1)^2}{4} \quad \text{(nach Annahme)} \\
&= \frac{(k+1)^2}{4} \cdot (4k + 4 + k^2) \\
&= \frac{(k+1)^2(k+2)^2}{4}, \qquad \text{q.e.d.}
\end{aligned}$$

(d):
(I) $n = 1$: Offenbar gilt $2 \cdot 1 - 1 = 1^2$.

(II) $k \longrightarrow k + 1$: Angenommen, $\sum_{i=1}^{k}(2i - 1) = k^2$ für gewisses $k \in \mathbb{N}$. Dann gilt:

$$\begin{aligned}
\sum_{i=1}^{k+1}(2i - 1) &= 2(k + 1) - 1 + \sum_{i=1}^{k}(2i - 1) \\
&= 2(k + 1) - 1 + k^2 \quad \text{(nach Annahme)} \\
&= k^2 + 2k + 1 \\
&= (k + 1)^2, \qquad \text{q.e.d.}
\end{aligned}$$

(e):
(I) $n = 1$: Offenbar gilt $\frac{1}{1\cdot2} = \frac{1}{2}$.

(II) $k \longrightarrow k+1$: Angenommen, $\sum_{i=1}^{k} \frac{1}{i(i+1)} = \frac{k}{k+1}$ für gewisses $k \in \mathbb{N}$. Dann gilt:

$$
\begin{aligned}
\sum_{i=1}^{k+1} \tfrac{1}{i(i+1)} &= \tfrac{1}{(k+1)(k+2)} + \sum_{i=1}^{k} \tfrac{1}{i(i+1)} \\
&= \tfrac{1}{(k+1)(k+2)} + \tfrac{k}{k+1} \qquad \text{(nach Annahme)} \\
&= \tfrac{1}{(k+1)(k+2)} \cdot (1 + k(k+2)) \\
&= \tfrac{1}{(k+1)(k+2)} \cdot (k+1)^2 \\
&= \tfrac{k+1}{k+2}, \qquad\qquad\qquad\qquad \text{q.e.d.}
\end{aligned}
$$

(f):
(I) $n = 1$: Offenbar gilt $\frac{1}{(3-1)(3+2)} = \frac{1}{2\cdot5}$.

(II) $k \longrightarrow k+1$: Angenommen, $\sum_{i=1}^{k} \frac{1}{(3i-1)(3i+2)} = \frac{k}{2(3k+2)}$ für gewisses $k \in \mathbb{N}$. Dann gilt:

$$
\begin{aligned}
\sum_{i=1}^{k+1} \tfrac{1}{(3i-1)(3i+2)} &= \tfrac{1}{(3(k+1)-1)(3(k+1)+2)} + \sum_{i=1}^{k} \tfrac{1}{(3i-1)(3i+2)} \\
&= \tfrac{1}{(3(k+1)-1)(3(k+1)+2)} + \tfrac{k}{2(3k+2)} \qquad \text{(nach Annahme)} \\
&= \tfrac{1}{2(3(k+1)+2)} \cdot \left(\tfrac{2}{3k+2} + \tfrac{k(3k+5)}{3k+2} \right) \\
&= \tfrac{1}{2(3(k+1)+2)} \cdot \tfrac{3k^2+5k+2}{3k+2} \\
&= \tfrac{1}{2(3(k+1)+2)} \cdot \tfrac{(k+1)(3k+2)}{3k+2} \\
&= \tfrac{k+1}{2(3(k+1)+2)}, \qquad\qquad\qquad \text{q.e.d.}
\end{aligned}
$$

(g):
(I) $n = 0$: Offenbar gilt $q^0 = \frac{1-q^1}{1-q}$.

(II) $k \longrightarrow k+1$: Angenommen, $\sum_{i=0}^{k} q^i = \frac{1-q^{k+1}}{1-q}$ für gewisses $k \in \mathbb{N}_0$. Dann gilt:

$$
\begin{aligned}
\sum_{i=0}^{k+1} q^i &= q^{k+1} + \sum_{i=0}^{k} q^i \\
&= q^{k+1} + \tfrac{1-q^{k+1}}{1-q} \qquad \text{(nach Annahme)} \\
&= \tfrac{1}{1-q} \cdot (q^{k+1}(1-q) + 1 - q^{k+1}) \\
&= \tfrac{1-q^{k+2}}{1-q}, \qquad\qquad\qquad \text{q.e.d.}
\end{aligned}
$$

(h):
(I) $n = 0$ und $n = 1$: Offenbar gilt die Behauptung für $n \in \{0,1\}$.

(II) $k-1, k \longrightarrow k+1$: Angenommen, für gewisses $k \in \mathbb{N}$ ist $a_n = \frac{2^n-1}{2^{n-1}}$ für alle $n \in \mathbb{N}_0$ mit $0 \leq n \leq k$.

Dann gilt:

$$\begin{aligned}
a_{k+1} &= \tfrac{1}{2}(3a_k - a_{k-1}) \\
&= \tfrac{1}{2}(3\tfrac{2^k-1}{2^{k-1}} - \tfrac{2^{k-1}-1}{2^{k-2}}) && \text{(nach Annahme)} \\
&= \tfrac{1}{2^k}(3 \cdot 2^k - 3 - 2(2^{k-1} - 1)) \\
&= \tfrac{1}{2^k}(3 \cdot 2^k - 3 - 2^k + 2) \\
&= \tfrac{2^{k+1}-1}{2^k}, && \text{q.e.d.}
\end{aligned}$$

(i):
(I) $n = 8$: Offenbar gilt $8 = 3 \cdot 1 + 5 \cdot 1$.
(II) $k \longrightarrow k+1$: Angenommen, es gilt $k = 3 \cdot a + 5 \cdot b$ für gewisses $k \in \mathbb{N}$ mit $k \geq 8$ und passend gewählte $a, b \in \mathbb{N}_0$. Dann gilt:

$$\begin{aligned}
k + 1 &= 3 \cdot a + 5 \cdot b + 1 && \text{(nach Annahme)} \\
&= 3 \cdot (a+2) + 5 \cdot (b-1)
\end{aligned}$$

Im Fall $b \geq 1$ haben wir eine Darstellung der behaupteten Art für $k + 1$ bereits vorliegen. Ist $b = 0$, so muß (wegen $k + 1 \geq 9$) $a \geq 3$ sein, und unsere Behauptung ergibt sich aus

$$3 \cdot a + 5 \cdot b + 1 = 3 \cdot a + 1 = 3 \cdot (a - 3) + 5 \cdot 2.$$

(j): Wir beweisen:

$$\forall n \in \mathbb{N} \ \exists t \in \mathbb{N} : \ (2n + 1)^2 - 1 = 8 \cdot t.$$

(I) $n = 1$: Offenbar gilt unsere Behauptung für $n = 1$.
(II) $k \longrightarrow k+1$: Angenommen, es gilt $(2k+1)^2 - 1 = 8 \cdot t$ für gewisse $k, t \in \mathbb{N}$. Dann haben wir:

$$\begin{aligned}
(2(k + 1) + 1)^2 - 1 &= ((2k + 1) + 2)^2 - 1 = (2k + 1)^2 + 4(2k + 1) + 3 \\
&= ((2k + 1)^2 - 1) + 8(k + 1) \\
&= 8 \cdot t + 8(k + 1) && \text{(nach Annahme)} \\
&= 8 \cdot (t + k + 1), && \text{q.e.d.}
\end{aligned}$$

(k): Wir beweisen:

$$\forall n \in \mathbb{N} \ \exists t \in \mathbb{N}_0 : \ n^3 - n = 6 \cdot t.$$

(I) $n = 1$: Offenbar gilt unsere Behauptung für $n = 1$.
(II) $k \longrightarrow k + 1$: Angenommen, es gilt $k^3 - k = 6 \cdot t$ für gewisse $k, t \in \mathbb{N}$. Dann haben wir:

$$\begin{aligned}
(k + 1)^3 - (k + 1) &= k^3 + 3k^2 + 2k \\
&= (k^3 - k) + (3k^2 + 3k) \\
&= 6 \cdot t + 3k(k + 1) && \text{(nach Annahme)} \\
&= 6 \cdot t + 6 \cdot \binom{k+1}{2} \\
&= 6 \cdot (t + \binom{k+1}{2}), && \text{q.e.d.}
\end{aligned}$$

(l): Wir beweisen:

$$\forall n \in \mathbb{N}_0 \; \exists t \in \mathbb{N}: \; 11^{n+2} + 12^{2n+1} = 133 \cdot t.$$

(I) $n = 0$: Offenbar gilt unsere Behauptung für $n = 0$: $11^2 + 12 = 133$.

(II) $k \longrightarrow k + 1$: Angenommen, es gilt $11^{k+2} + 12^{2k+1} = 133 \cdot t$ für gewisse für gewisse $k \in \mathbb{N}_0$ und $t \in \mathbb{N}$. Dann haben wir:

$$11^{k+1+2} + 12^{2(k+1)+1}$$
$$= 11 \cdot 11^{k+2} + 12^2 \cdot 12^{2k+1}$$
$$= 11 \cdot (11^{k+2} + 12^{2k+1}) + (144 - 11) \cdot 12^{2k+1}$$
$$= 133 \cdot 11 \cdot t + 133 \cdot 12^{2k+1} \qquad \text{(nach Annahme)}$$
$$= 133 \cdot (11 \cdot t + 12^{2k+1}), \qquad \text{q.e.d.}$$

(m): Wir beweisen:

$$\forall n \in \mathbb{N}_0 \; \exists t \in \mathbb{N}: \; n^3 + (n+1)^3 + (n+2)^3 = 9 \cdot t.$$

(I) $n = 0$: Offenbar gilt unsere Behauptung für $n = 0$: $0^3 + 1^3 + 2^3 = 9$.

(II) $k \longrightarrow k + 1$:

Angenommen, es gilt $k^3 + (k+1)^3 + (k+2)^3 = 9 \cdot t$ für gewisse für gewisse $k \in \mathbb{N}_0$ und $t \in \mathbb{N}$. Dann haben wir:

$$(k+1)^3 + (k+2)^3 + (k+3)^3$$
$$= (k+1)^3 + (k+2)^3 + (k^3 + 9k^2 + 27k + 27)$$
$$= (k^3 + (k+1)^2 + (k+2)^2) + 9 \cdot (k^2 + 3k + 3)$$
$$= 9 \cdot t + 9 \cdot (k^2 + 3k + 3) \qquad \text{(nach Annahme)}$$
$$= 9 \cdot (t + k^2 + 3k + 3) \qquad \text{q.e.d.}$$

(n):
(I) $n = 5$: Offenbar gilt unsere Behauptung für $n = 5$: $2^5 = 32 > 25 = 5^2$.

(II) $k \longrightarrow k + 1$: Angenommen, es gilt $2^k > k^2$ für gewisses $k \in \mathbb{N}$ mit $k \geq 5$. Dann haben wir:

$$2^{k+1} = 2 \cdot 2^k$$
$$> 2 \cdot k^2 = k^2 + k \cdot k \qquad \text{(nach Annahme)}$$
$$\geq k^2 + 5 \cdot k \qquad \text{(wegen } k \geq 5\text{)}$$
$$> k^2 + 2k + 1 = (k+1)^2, \quad \text{q.e.d.}$$

(o): **(I)** $n = 10$: Die Behauptung gilt für $n = 10$, da $2^{10} = 1024 > 1000 = 10^3$.

(II) $k \longrightarrow k + 1$: Angenommen, es gilt $2^k > k^3$ für gewisses $k \in \mathbb{N}$ mit $k \geq 10$.

Dann haben wir:

$$2^{k+1} = 2 \cdot 2^k$$
$$> 2 \cdot k^3 = k^3 + k \cdot k^2 \qquad \text{(nach Annahme)}$$
$$\geq k^3 + 10 \cdot k^2 \qquad \text{(wegen } k \geq 10\text{)}$$
$$\geq k^3 + 3k^2 + 7 \cdot k \cdot k$$
$$\geq k^3 + 3k^2 + 70k \qquad \text{(wegen } k \geq 10\text{)}$$
$$> k^3 + 3k^2 + 3k + 1 = (k+1)^3, \quad \text{q.e.d.}$$

(p):
(I) $n = 3$: Offenbar gilt unsere Behauptung für $n = 3$: $3! = 6 > 2^2$.

(II) $k \longrightarrow k+1$: Angenommen, es gilt $k! > 2^{k-1}$ für gewisses $k \in \mathbb{N}$ mit $k \geq 3$. Dann haben wir:

$$(k+1)! = (k!) \cdot (k+1)$$
$$> 2^{k-1} \cdot (k+1) \qquad \text{(nach Annahme)}$$
$$> 2^{k-1} \cdot 2 = 2^k, \qquad \text{q.e.d.}$$

(q):
(I) $n = 2$:
Linke Seite der Ungleichung: $(1+a)^2 = 1 + 2a + a^2$.
Rechte Seite der Ungleichung: $1 + 2a$.
Also gilt die Behauptung für $n = 2$, da $a^2 > 0$.

(II) $k \longrightarrow k+1$: Angenommen, es gilt $(1+a)^k > 1 + k \cdot a$ für gewisses $k \in \mathbb{N}$ mit $k \geq 2$. Dann haben wir:

$$(1+a)^{k+1} = (1+a)^k \cdot (1+a)$$
$$> (1 + k \cdot a) \cdot (1+a) \qquad \text{(nach Annahme und wegen } 1 + a > 0\text{)}$$
$$> 1 + k \cdot a + a + k \cdot a^2$$
$$> 1 + (k+1) \cdot a \qquad \text{(da } k \cdot a^2 > 0\text{)}$$
$$\text{q.e.d.}$$

Bemerkung Ist $1 + a < 0$, so gilt *nicht* $(1+a)^k \cdot (1+a) > (1 + k \cdot a) \cdot (1+a)$, da z.B. für $a = -2$ und $k = 2$: $(1+a)^k \cdot (1+a) = -1$, $(1 + k \cdot a) \cdot (1+a) = 3$.

(r): Für den Beweis der Behauptung (r) benötigen wir die folgende (leicht zu beweisende) Eigenschaft der Binomialkoeffizienten:

$$\binom{k}{i-1} + \binom{k}{i} = \binom{k+1}{i}. \tag{1.1}$$

Außerdem prüft man leicht nach, daß gilt:

$$\sum_{i=0}^{k-1} a_i = \sum_{i=1}^{k} a_{i-1}. \tag{1.2}$$

Die Behauptung

$$\forall n \in \mathbb{N}\, \forall a, b \in \mathbb{R} : \ (a + b)^n = \sum_{i=0}^{n} \binom{n}{i} a^{n-i} b^i$$

läßt sich wie folgt durch vollständige Induktion beweisen:
(I) $n = 1$: Offenbar gilt:

$$(a + b)^1 = \binom{1}{0} a + \binom{1}{1} b = \sum_{i=0}^{1} \binom{1}{i} a^{1-i} b^i.$$

(II) $k \longrightarrow k + 1$: Angenommen, es ist $(a + b)^k = \sum_{i=0}^{n} \binom{k}{i} a^{k-i} b^i$ für gewisses $k \in \mathbb{N}$. Dann gilt:

$$(a + b)^{k+1}$$

$$= (a + b) \cdot (a + b)^k$$

$$= (a + b) \cdot \sum_{i=0}^{k} \binom{k}{i} a^{k-i} b^i \qquad \text{(nach Annahme)}$$

$$= \sum_{i=0}^{k} \binom{k}{i} a^{k+1-i} b^i + \sum_{i=0}^{k} \binom{k}{i} a^{k-i} b^{i+1}$$

$$= a^{k+1} + \left(\sum_{i=1}^{k} \binom{k}{i} a^{k+1-i} b^i \right) +$$

$$\left(\sum_{i=0}^{k-1} \binom{k}{i} a^{k-i} b^{i+1} \right) + b^{k+1}$$

$$= a^{k+1} + \left(\sum_{i=1}^{k} \binom{k}{i} a^{k+1-i} \right) b^i \right) +$$

$$\left(\sum_{i=1}^{k} \binom{k}{i-1} a^{k-(i-1)} b^{i-1+1} \right) + b^{k+1} \qquad \text{(wegen (1.2))}$$

$$= a^{k+1} + \left(\sum_{i=1}^{k} \left(\binom{k}{i} + \binom{k}{i-1} \right) a^{k+1-i} b^i \right) + b^{k+1}$$

$$= a^{k+1} + \left(\sum_{i=1}^{k} \binom{k+1}{i} a^{k+1-i} b^i \right) + b^{k+1} \qquad \text{(wegen (1.1))}$$

$$= \sum_{i=0}^{k+1} \binom{k+1}{i} a^{k+1-i} b^i \qquad \text{q.e.d.}$$

Aufgabe 1.9 *(Vollständige Induktion; Turm von Hanoi)*
Unter den Begriff „Turm von Hanoi" faßt man einige Spiele zusammen, bei dem es um das Umsetzen von gelochten Scheiben, die auf einem Stab gesteckt sind auf einen anderen Stab nach gewissen Regeln geht. Die klassische Variante, die von dem französischen Mathematiker Édouard Lucas (1842–1891) stammen soll, läßt sich wie folgt beschreiben: Gegeben seien drei Stäbe, die senkrecht auf einer Unterlage befestigt sind. Außerdem sind n hölzerne Kreisscheiben mit Bohrungen durch die Mittelpunkte und paarweise verschiedenen Durchmessern gegeben, die auf dem ersten Stab der Größe nach gesteckt sind, wobei sich die größte Scheibe unten befindet. Ziel des

Spiels ist es, die n Scheiben auf einen anderen Stab so umzusetzen, daß sie sich in der gleichen Reihenfolge wie auf den ersten Stab befinden. Für das Umsetzen gelten folgende zwei Regeln: (1) Man darf in jedem Spielschritt immer nur eine Scheibe von einem Stab auf einen anderen Stab legen. (2) Man darf eine größere Scheibe nicht auf eine kleinere Scheibe legen. Wie viele Spielschritte reichen aus, um alle n Scheiben in der genannten Art vom ersten auf einen zweiten Stab (unter Verwendung des dritten Stabs) umzusetzen?

Lösung. Sei $u(n) := 2^n - 1$. Wir zeigen durch Induktion über n, daß $u(n)$ $(n \in \mathbb{N})$ Spielschritte ausreichen, um alle n Scheiben in der genannten Art vom ersten auf den zweiten Stab umzusetzen.

(I) $n = 1$: Offenbar genügt eine Bewegung, um eine Scheibe von einem Stab auf einen zweiten zu setzen.

(II) $k \longrightarrow k+1$: Angenommen, für alle $i \in \{1, 2, ..., k\}$ reichen $u(i)$ Bewegungen von Scheiben aus, um i der Größe nach geordnete Scheiben in der oben angegebenen Art umzusetzen.
Seien nun $k + 1$ Scheiben (nach abnehmender Größe geordnet und mit $k + 1, k, ..., 2, 1$ numeriert) auf Stab 1 gesteckt. Das Umsetzen der „Spitze" (bestehend aus den Scheiben mit den Nummern $k, k - 1, ..., 2, 1$ von Stab 1 auf Stab 3 erfordert (nach Annahme) $u(k)$ Bewegungen. Nach diesem Umsetzen, ist es dann möglich, die Scheibe mit der Nummer $k + 1$ auf Stab 2 zu stecken. Abschließend sind noch einmal $u(k)$ Bewegungen erforderlich, um die Scheiben von Stab 3 auf Stab 2 umzusetzen (ebenfalls nach Annahme). Insgesamt sind dies

$$2 \cdot u(k) + 1 = 2 \cdot (2^k - 1) + 1 = 2^{k+1} - 1 = u(k + 1)$$

Bewegungen, q.e.d.

Aufgabe 1.10 *(Vollständige Induktion)*
Wo steckt der Fehler im folgenden „Beweis" durch vollständige Induktion:
Behauptung: Wenn von n Mädchen eines blaue Augen hat, dann haben alle n Mädchen blaue Augen $(n \in \mathbb{N})$.
Beweis:
1. Induktionsanfang: $n = 1$ richtig (klar!)
2. Induktionsannahme: Die Behauptung sei richtig für $k \leq n$.
3. Induktionsbehauptung: Die Behauptung ist richtig für $n + 1$.
4. Induktionsbeweis: Wir betrachten $n + 1$ Mädchen, von denen eins blauäugig ist und bezeichnen sie mit $M_1, M_2, ..., M_{n+1}$, wobei M_1 die Blauäugige sein soll. Wir betrachten die beiden Mengen $\{M_1, ..., M_n\}$ und $\{M_1, ..., M_{n-1}, M_{n+1}\}$. Beide enthalten M_1 und haben n Elemente, bestehen also laut Induktionsannahme aus lauter blauäugigen Mädchen. Da jedes der $n + 1$ Mädchen in einer dieser beiden Mengen vorkommt, sind alle $n + 1$ Mädchen blauäugig.

Lösung. Die Bildung der Mengen $\{M_1, ..., M_n\}$ und $\{M_1, ..., M_{n-1}, M_{n+1}\}$ ist nur für $n \geq 2$ möglich, da $M_{n-1} = M_0$ für $n = 1$ nicht definiert ist. Um obigen Induktionsbeweis führen zu können, ist folglich der Induktionsanfang für $n = 2$ erforderlich. Für zwei Mädchen ist aber obige Behauptung offensichtlich falsch!

Aufgabe 1.11 *(Vollständige Induktion)*

Beweisen Sie Satz 1.2.3: *Sei M eine endliche, nichtleere Menge und bezeichne $|M|$ die Anzahl ihrer Elemente. Dann gilt $|\mathfrak{P}(M)| = 2^{|M|}$.*

Lösung. **(I)** $n = 1$: Ist M einelementig, so gilt offenbar: $\mathfrak{P}(M) = \{\emptyset, M\}$ und damit $|\mathfrak{P}(M)| = 2 = 2^1$, d.h., unsere Behauptung ist für $n = 1$ richtig.

(II) $k \longrightarrow k+1$: Angenommen, die Potenzmenge jeder k-elementigen Menge hat die Mächtigkeit 2^k für gewisses $k \in \mathbb{N}$. Bezeichne M eine $(k+1)$-elementige Menge und sei a ein gewisses Element aus M. Dann läßt sich die Menge $\mathfrak{P}(M)$ wie folgt in zwei disjunkte Mengen M_1 und M_2 zerlegen:

$$\mathfrak{P}(M) = \underbrace{\{T \mid T \subseteq M \backslash \{a\}\}}_{=:M_1} \cup \underbrace{\{T \cup \{a\} \mid T \subseteq M \backslash \{a\}\}}_{=:M_2}.$$

Offenbar gilt $|M_1| = |M_2|$ und (nach Annahme) $|M_1| = 2^k$. Zusammengefaßt erhalten wir damit:

$$|\mathfrak{P}(M)| = |M_1| + |M_2| = 2 \cdot 2^k = 2^{k+1}, \text{ q.e.d.}$$

Aufgabe 1.12 *(Vollständige Induktion)*

Beweisen Sie Satz 1.2.5: Für beliebige nichtleere endliche Mengen A_1, A_2, ..., A_n gilt:

$$|A_1 \times A_2 \times ... \times A_n| = |A_1| \cdot |A_2| \cdot ... \cdot |A_n|.$$

Lösung. Sei n fest (aber beliebig) gewählt. Außerdem seien $m_1 := |A_1|$, ..., $m_n := |A_n|$. Wir führen den Beweis durch vollständige Induktion über

$$t := m_1 + m_2 + ... + m_n.$$

Da die Mengen $A_1, ..., A_n$ alle nichtleer sind, ist $t \geq n$.

(I) $t = n$: In diesem Fall sind die Mengen A_i ($i = 1, 2, ..., n$) alle einelementig und $A_1 \times A_2 \times ... \times A_m$ besteht ebenfalls nur aus einem Element, d.h., unsere Behauptung gilt für $t = n$.

(II) $k \longrightarrow k+1$: Angenommen, unsere Behauptung ist für alle t mit $n \leq t \leq k$ für gewisses $k \in \mathbb{N}$ richtig. Sei nun $m_1 + m_2 + ... + m_n = k + 1$. Dann gibt es unter den Mengen A_i mindestens eine mit mindestens zwei Elementen.

O.B.d.A. sei $|A_1| \geq 2$ und $a \in M_1$. Dann läßt sich die Menge $A_1 \times ... \times A_n$ wie folgt zerlegen:

$$A_1 \times ... \times A_n =$$
$$\{(a, x_2, ..., x_n) \,|\, x_2 \in A_2 \wedge ... \wedge x_n \in A_n\} \cup$$
$$\{(x_1, x_2, ..., x_n) \,|\, x_1 \in A_1 \backslash \{a\} \wedge x_2 \in A_2 \wedge ... \wedge x_n \in A_n\}.$$

Hieraus ergibt sich:

$$|A_1 \times ... \times A_n|$$
$$= |\{a\} \times A_2 \times ... \times A_n| + |(A_1 \backslash \{a\}) \times A_2 \times ... \times A_n|$$
$$= 1 \cdot m_2 \cdot m_3 \cdot ... \cdot m_n + (m_1 - 1) \cdot m_2 \cdot ... \cdot m_n \qquad \text{(nach Annahme)}$$
$$= (1 + m_1 - 1) \cdot m_2 \cdot ... \cdot m_n$$
$$= m_1 \cdot m_2 \cdot ... \cdot m_n, \quad \text{q.e.d.}$$

Aufgabe 1.13 *(Vollständige Induktion)*

Ermitteln Sie die Anzahl d_n der Diagonalen in einem (ebenen) n-Eck ($n \geq 4$) und beweisen Sie die gefundene Formel per Induktion.

Lösung.   Wir beweisen:

$$\forall n \in \mathbb{N} \backslash \{1, 2, 3\} : \ d_n = \frac{n(n-3)}{2}.$$

(I) $n = 4$: Offenbar hat ein Viereck 2 Diagonalen und es ist $d_2 = \frac{4(4-3)}{2} = 2$, d.h., unsere Behauptung ist für $n = 4$ richtig.

(II) $k \longrightarrow k+1$: Angenommen, es gilt $d_k = \frac{k(k-3)}{2}$ für gewisses $k \in \mathbb{N}$ mit $k \geq 4$.
Bekanntlich ist jede Strecke von einem Eckpunkt P eines ebenen $(k+1)$-Ecks zu einem anderen Eckpunkt Q, der kein Nachbarpunkt von P ist, eine Diagonale des betrachteten $(k+1)$-Ecks. Die Anzahl der Diagonalen in einem $(k+1)$-Eck läßt sich durch

$$d_{k+1} = d_k + (k-2) + 1, \tag{1.3}$$

berechnen, wie man sich wie folgt überlegen kann:
Man bilde aus einem k-Eck ein $(k+1)$-Eck, indem man eine Kante $\overline{AB}$ des k-Ecks durch einen Punkt P und gewisse Strecken $\overline{AP}$ und $\overline{PB}$ ersetzt. Dann sind die Diagonalen des k-Ecks auch Diagonalen des $(k+1)$-Ecks und als neue Diagonalen kommen nur hinzu: alle Diagonalen, die von P ausgehen, sowie die Strecke $\overline{AB}$. Mit Hilfe von (1.3) und der Annahme folgt dann:

$$d_{k+1} = \frac{k(k-3)}{2} + k - 1 = \frac{1}{2} \cdot (k^2 - 3k + 2k - 2) = \frac{(k+1)(k-2)}{2}, \quad \text{q.e.d.}$$

Mengen und Mengenoperationen

Aufgabe 1.14 *(Mengenbeschreibungen)*

Man beschreibe die folgenden Mengen durch die Angabe wenigstens einer Eigenschaft $E(x)$ in der Form $\{x \mid E(x)\}$.

(a) $\{7, 35, 14, 42, 28, 21\}$,
(b) $\{2, 3, 5, 9, 17, 33, 65\}$,
(c) $\{2, 11, 101, 1001, 10001\}$,
(d) $\{-12, -7, -2, 3, 8, 13, 18\}$,
(e) $\{a, bab, bbabb, bbbabbb, bbbbabbbb\}$,
(f) $\{\frac{1}{4}, \frac{2}{3}, \frac{3}{2}, \frac{4}{1}\}$,
(g) $\{1, -1\}$.

Lösung. Z.B.:

(a): $\{x \in \mathbb{N} \mid \exists k \in \{1, 2, 3, 4, 5, 6\} : x = 7 \cdot k\}$,

(b): $\{x \in \mathbb{N} \mid \exists k \in \{0, 1, 2, 3, 4, 5, 6\} : x = 2^k + 1\}$,

(c): $\{x \in \mathbb{N} \mid \exists n \in \{0, 1, 2, 3, 4\} : x = 10^n + 1\}$,

(d): $\{x \in \mathbb{Z} \mid \exists k \in \{-3, -2, -1, 0, 1, 2, 3\} : x = 3 + 5 \cdot k\}$,

(e): $\{x \mid \exists k \in \{0, 1, 2, 3, 4\} : x = \underbrace{bb...b}_{k\text{-mal}} \, a \, \underbrace{bb...b}_{k\text{-mal}}\}$

(f): $\{x \in \mathbb{Q} \mid \exists k \in \{1, 2, 3, 4\} : x = \frac{k}{5-k}\}$,

(g): $\{x \in \mathbb{Z} \mid x^2 = 1\}$.

Aufgabe 1.15 *(Venn-Diagramme)*

Für die Menge aller Dreiecke G seien folgende Teilmengen definiert:

$$A := \{x \in G \mid x \text{ ist gleichseitiges Dreieck}\}$$
$$B := \{x \in G \mid x \text{ ist gleichschenkliges Dreieck}\}$$
$$C := \{x \in G \mid x \text{ ist rechtwinkliges Dreieck}\}$$
$$D := \{x \in G \mid x \text{ ist Dreieck mit wenigstens einem } 45°\text{-Winkel}\}$$

Man stelle die Beziehungen zwischen diesen Mengen durch ein Venn-Diagramm dar!

Lösung. Offenbar gilt:

$$\forall X, Y \in \{A, B, C, D\} : (X \subset Y \implies (X = A \wedge Y = B))$$

und

$$B \cap C \neq \emptyset, \quad A \cap C = \emptyset, \quad A \cap D = \emptyset, \quad D \cap C = B \cap C, ...$$

Damit ergibt sich folgendes Venn-Diagramm, wobei $D_1 := \{x \in D \mid x \notin B \cap C\}$ und $D = (B \cap C) \cup D_1$:

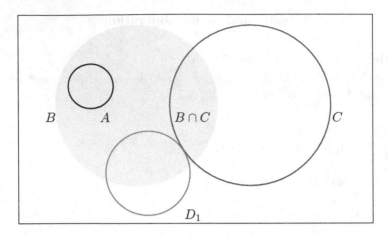

B A $B \cap C$ C

D_1

Aufgabe 1.16 *(Verwendung der Zeichen $\in, \subseteq, \subset$)*

Gegeben seien die Mengen

$$A := \{1,2\}, \; B := \{1,2,3,4\}, \; C := \{2\}, D := \{1,A,B,C\}.$$

Welche der folgenden Beziehungen sind richtig?

$(a)\; 4 \in B$	$(b)\; A \subset B$	$(c)\; A \in D$	$(d)\; A \subset D$	$(e)\; 2 \in D$
$(f)\; 1 \in D$	$(g)\; \emptyset \in C$	$(h)\; \emptyset \subset D$	$(i)\; C \in B$	$(j)\; 1 \subset D$
$(k)\; \{1,B\} \subseteq D$	$(l)\; A \cup C \subset B$	$(m)\; C \subset D$	$(n)\; C \in D$	$(o)\; \{C\} \subset D$

Lösung.   Richtig sind: (a), (b), (c), (f), (h), (k), (l), (n), (o).
(Falsch: (d), (e), (g), (i), (j), (m).)

Aufgabe 1.17 *(Beweise für Mengengleichungen)*

Welche der folgenden Mengengleichungen sind für beliebige Mengen A, B und C richtig?

(a) $(A\backslash B)\backslash C = A\backslash(B \cup C)$,
(b) $(A \Delta B) \cap C = (A \cap C)\Delta(B \cap C)$,
(c) $(A \Delta B)\backslash C = (A \cup B)\Delta(B \cup C)$.

Lösung.   Im Beweis von Satz 1.2.4 findet man ausführlich erläutert, auf welche Weise man mittels 0,1-Tabellen die obigen Mengengleichungen beweisen kann. Die folgende Tabelle gibt deshalb nur die Ergebnisspalten zu obigen Aufgaben an, wobei man feststellt, daß die Aussage (c) falsch ist:

A	B	C	(a)	(b)	$(A\Delta B)\backslash C$	$(A\cup C)\Delta(B\cup C)$
0	0	0	0	0	0	0
0	0	1	0	0	0	1
0	1	0	0	0	1	0
0	1	1	0	0	0	0
1	0	0	1	0	1	1
1	0	1	0	1	0	0
1	1	0	0	0	0	0
1	1	1	0	1	0	0

Aufgabe 1.18 *(Beweise für Mengengleichungen)*

Seien A, B, C Mengen. Man beweise:

(a) $(A\backslash B)\times C = (A\times C)\backslash(B\times C)$,
(b) $(A\cap B)\times C = (A\times C)\cap(B\times C)$,
(c) $(A\cup B)\times C = (A\times C)\cup(B\times C)$.

Lösung.   Die bei der Lösung von Aufgabe 1.17 verwendete Beweismethode ist für das Lösen der vorliegenden Aufgabe ungeeignet.

Da zwei Mengen X und Y nach Definition genau dann gleich sind, wenn $X\subseteq Y$ und $Y\subseteq X$ gilt, ergibt sich der Beweis für (a) aus dem Beweis für zwei Mengeninklusionen:

$(A\backslash B)\times C \subseteq (A\times C)\backslash(B\times C)$ folgt aus

$$\begin{aligned}
& (x,y)\in(A\backslash B)\times C \\
\Longrightarrow\ & (x\in A\backslash B)\ \wedge\ (y\in C) \\
\Longrightarrow\ & (x\in A\ \wedge\ x\notin B)\ \wedge\ (y\in C) \\
\Longrightarrow\ & ((x,y)\in A\times C)\ \wedge\ ((x,y)\notin(B\times C)) \\
\Longrightarrow\ & (x,y)\in(A\times C)\backslash(B\times C),
\end{aligned}$$

$(A\times C)\backslash(B\times C)\subseteq(A\backslash B)\times C$ folgt aus

$$\begin{aligned}
& (x,y)\in(A\times C)\backslash(B\times C) \\
\Longrightarrow\ & ((x,y)\in A\times C)\ \wedge\ ((x,y)\notin B\times C) \\
\Longrightarrow\ & (x\in A\ \wedge\ y\in C)\wedge(x\notin B\ \vee\ y\notin C) \\
\Longrightarrow\ & (x\in A\ \wedge\ y\in C)\ \wedge\ x\notin B \\
\Longrightarrow\ & (x\in A\backslash B)\ \wedge y\in C \\
\Longrightarrow\ & (x,y)\in(A\backslash B)\times C.
\end{aligned}$$

Die Behauptungen (b) und (c) beweist man analog.

Aufgabe 1.19 *(Beweis einer Mengeninklusion)*

Seien A_1, A_2, B_1, B_2 Mengen. Man beweise

$$(A_1 \times B_1) \cup (A_2 \times B_2) \subseteq (A_1 \cup A_2) \times (B_1 \cup B_2) \qquad (1.4)$$

und gebe ein Beispiel an, für das in (1.4) $\subset$ anstelle von $\subseteq$ steht.

Lösung.   (1.4) folgt aus

$$(x, y) \in (A_1 \times B_1) \cup (A_2 \times B_2)$$
$$\implies ((x, y) \in A_1 \times B_1) \lor ((x, y) \in A_2 \times B_2)$$
$$\implies (x \in A_1 \land y \in B_1) \lor (x \in A_2 \land y \in B_2)$$
$$\implies (x \in A_1 \cup A_2) \land (y \in B_1 \cup B_2)$$
$$\implies (x, y) \in (A_1 \cup A_2) \times (B_1 \cup B_2)$$

Z.B. steht $\neq$ in (1.4) für die Mengen $A_i := \{a_i\}$ und $B_i := \{b_i\}$ ($i \in \{1, 2\}$) mit $a_1 \neq a_2$ und $b_1 \neq b_2$, da in diesem Fall

$$(A_1 \times B_1) \cup (A_2 \times B_2) = \{(a_1, b_1), (a_2, b_2)\}$$

und

$$(A_1 \cup A_2) \times (B_1 \cup B_2) = \{(a_1, b_1), (a_2, b_2), (a_1, b_2), (a_2, b_1)\}.$$

Aufgabe 1.20 *(Beweis einer Mengeneigenschaft)*

Seien A, B, C Mengen. Folgt aus $A \cup B = A \cup C$, daß $B = C$ ist? Folgt aus $A \cap B = A \cap C$, daß $B = C$ ist?

Lösung.   Beide Aussagen sind falsch, wie man anhand folgender Beispiele sieht:

Seien $A = \{a, b, c\}$, $B_1 = \{c, d\}$, $B_2 = \{c\}$, $C_1 = \{d\}$ und $C_2 = \{c, d\}$. Dann gilt:

$$A \cup B_1 = A \cup C_1 = \{a, b, c, d\}, \ B_1 \neq C_1$$

und

$$A \cap B_2 = A \cap C_2 = \{c\}, \ B_2 \neq C_2.$$

Aufgabe 1.21 *(Mächtigkeit von Mengen)*

Ein Meinungsforscher sendet seinem Chef das Ergebnis seiner Umfrage über die Beliebtheit von Bier und Wein:

Anzahl der Befragten: 100
Anzahl derer, die Bier trinken: 75
Anzahl derer, die Wein trinken: 68
Anzahl derer, die beides trinken: 42
Warum wurde der Mann entlassen? (Begründung mittels Mengen!)

Lösung.   Sei P die Menge der befragten Personen und bezeichne B die Menge der Biertrinker aus P sowie W die Menge der Weintrinker aus P. Dann gilt nach obigen Angaben:

$$|B \cap W| = 42,\ |B \backslash (B \cap W)| = 75 - 42 = 33,\ |W \backslash (B \cap W)| = 68 - 42 = 26.$$

Damit erhalten wir einen Widerspruch zu $|P| = 100$ wie folgt:

$$|P| \geq |B \cup W| = |B \backslash (B \cap W)| + |W \backslash (B \cap W)| + |B \cap W| = 33 + 26 + 42 = 101.$$

Aufgabe 1.22 *(Beweis einer Mengengleichung)*

Man zeige, daß die Mengen $\{\{x_1, y_1\}, \{x_1\}\}$ und $\{\{x_2, y_2\}, \{x_2\}\}$ genau dann gleich sind, wenn $x_1 = x_2$ und $y_1 = y_2$ gilt.

Lösung.   „$\Longrightarrow$": Sei

$$\{\{x_1, y_1\}, \{x_1\}\} = \{\{x_2, y_2\}, \{x_2\}\}. \tag{1.5}$$

Folgende zwei Fälle sind dann möglich:

Fall 1: $x_1 \neq y_1$.

Wegen (1.5) gilt dann $\{x_1, y_1\} = \{x_2, y_2\}$ und $\{x_1\} = \{x_2\}$, womit $x_1 = x_2$ und dann auch $y_1 = y_2$ ist. Also gilt unsere Behauptung im Fall 1.

Fall 2: $x_1 = y_1$.

In diesem Fall folgt aus (1.5) $x_2 = y_2 = x_1$. Also gilt auch im Fall 2 unsere Behauptung.

„$\Longleftarrow$": Es sei $x_1 = x_2$ und $y_1 = y_2$.

Dann gilt offensichtlich (1.5).   □

Binäre Relationen

Aufgabe 1.23 *(Eigenschaften binärer Relationen)*

Welche der Eigenschaften

   Symmetrie, Asymmetrie, Reflexivität, Antisymmetrie, Transitivität

sind bei den folgenden Relationen vorhanden?

(a) $R_1 := \{(x, y) \mid x \in \mathbb{R} \ \wedge \ y \in \mathbb{R} \ \wedge \ x = y\}$,

(b) $R_2 := \{(X, Y) \mid X \subseteq M \ \wedge \ Y \subseteq M \ \wedge \ Y = M \backslash X\}$ (M bezeichne eine gewisse nichtleere Menge),

(c) $R_3 := \{(x, y) \mid x \in \mathbb{R} \ \wedge \ y \in \mathbb{R} \ \wedge \ x < y\}$,

(d) $R_4 := \{(x, y) \mid x \in \mathbb{N} \ \wedge \ y \in \mathbb{N} \ \wedge \ x \text{ teilt } y\}$,

(e) $R_5 := \{(x, y) \mid x \in \mathbb{Z} \ \wedge \ y \in \mathbb{Z} \ \wedge \ x + y \text{ gerade}\}$.

Lösung.

	R_1	R_2	R_3	R_4	R_5
Symmetrie	+	+	−	−	+
Asymmetrie	−	−	+	−	−
Reflexivität	+	−	−	+	+
Antisymmetrie	+	−	+	+	−
Transitivität	+	−	+	+	+

(+: Eigenschaft vorhanden; −: Eigenschaft nicht vorhanden)

Aufgabe 1.24 *(Binäre Relation)*

Welche Relation $R \subseteq A \times A$ (A nichtleere Menge) ist reflexiv, symmetrisch, transitiv und antisymmetrisch?

Lösung.   Es gibt nur eine Relation mit den oben angegebenen Eigenschaften: $R := \{(x,x) \mid x \in A\}$.

Aufgabe 1.25 *(Binäre Relation)*

Man gebe auf der Menge $A := \{1,2,3,4\}$ eine binäre Relation R an, die nicht reflexiv, nicht irreflexiv, jedoch transitiv und symmetrisch ist.

Lösung.   Ein mögliches Beispiel ist $R := \{(1,1)\}$.

Aufgabe 1.26 *(Finden eines Fehlers in einem Beweis)*

Man begründe, wo in dem folgenden „Beweis" der Herleitung der Reflexivität aus der Symmetrie und Transitivität einer binären Relation R über der Menge A der Fehler steckt.

Behauptung: Jede symmetrische und transitive Relation $R \subseteq A \times A$ ist auch reflexiv (d. h., $\forall a \in A: aRa$).

„Beweis": Wir betrachten ein beliebiges a aus A und ein $b \in A$ mit aRb. Wegen der Symmetrie von R ist dann auch bRa und aus aRb und bRa folgt dann wegen der Transitivität von R die Beziehung aRa. Daher ist R reflexiv.

Lösung.   Der Fehler steckt im ersten Satz. Nicht zu jedem $a \in A$ muß ein $b \in A$ mit $(a,b) \in R$ existieren (z.B. für $R = \emptyset$).

Aufgabe 1.27 *(Binäre Relationen)*

Sei M die Menge aller Menschen (tot oder lebendig). Seien die Relationen R und S definiert durch:

$$(x,y) \in R \quad :\Longleftrightarrow \quad x \text{ ist Schwester von } y,$$
$$(x,y) \in S \quad :\Longleftrightarrow \quad x \text{ ist Vater von } y.$$

Was bedeuten umgangssprachlich $(x,y) \in R \square S$ und $(x,y) \in S \square R$?

Lösung.   Aus den Definitionen der Relationen R und S ergibt sich:

$$(x,y) \in R\square S \iff \exists z \in M : \underbrace{(x,z) \in R}_{\substack{x \text{ ist} \\ \text{Schwester} \\ \text{von } z}} \wedge \underbrace{(z,y) \in S}_{\substack{z \text{ ist} \\ \text{Vater} \\ \text{von } y}}$$

$$\iff x \text{ ist Tante (väterlicherseits) von } y$$

und

$$(x,y) \in S\square R \iff \exists z \in M : \underbrace{(x,z) \in S}_{\substack{x \text{ ist} \\ \text{Vater} \\ \text{von } z}} \wedge \underbrace{(z,y) \in R}_{\substack{z \text{ ist} \\ \text{Schwester} \\ \text{von } y}}$$

$$\iff x \text{ ist Vater von } y \text{ und } y \text{ hat eine Schwester.}$$

Aufgabe 1.28 *(Mathematisieren von Sachverhalten)*

Ein Theater verfüge über 27 Reihen zu je 19 Plätzen. Jeder Platz ist durch seine Reihennummer r und seine Sitznummer s, also das Paar (r,s) eindeutig festgelegt. Seien $R := \{1, 2, ..., 27\}$ und $S := \{1, 2, ..., 19\}$. Demzufolge kann man jede Vorstellung M als Menge der verkauften Plätze ansehen und es gilt $M \subseteq R \times S$. Man mathematisiere damit folgende Sachverhalte:
(a) von jeder Reihe wurde mindestens ein Platz verkauft; (b) die Vorstellung ist ausverkauft; (c) die Menge aller möglichen Vorstellungen; (d) keine Karte wurde verkauft; (e) wenigstens eine Reihe ist vollständig besetzt; (f) keine Reihe ist vollständig besetzt.

Lösung.
(a): $D(M) = R$
(b): $M = R \times S$
(c): $\mathfrak{P}(R \times S)$
(d): $M = \emptyset$
(e): $\exists r \in \{1, 2, ..., 27\} : \{x \in S \mid (r, x) \in M\} = S$
(f): $\forall r \in \{1, 2, ..., 27\} : \{x \in S \mid (r, x) \in M\} \neq S$

Aufgabe 1.29 *(Beweis einer Mengengleichung)*

Seien R, S und T binäre Relationen über A. Man beweise:

(a) $(R \cup S)\square T = (R\square T) \cup (S\square T)$,
(b) $(R \backslash S)^{-1} = R^{-1} \backslash S^{-1}$.

Lösung.   (a) folgt aus:

$$
\begin{aligned}
(x,y) \in (R \cup S) \square T &\iff \exists z \in A: \ (x,z) \in R \cup S \ \wedge \ (z,y) \in T \\
&\iff \exists z \in A: \ ((x,z) \in R \ \vee \ (x,z) \in S) \ \wedge \ (z,y) \in T \\
&\iff (\exists z \in A: \ (x,z) \in R \ \wedge \ (z,y) \in T) \ \vee \\
&\qquad (\exists z \in A: \ (x,z) \in S \ \wedge \ (z,y) \in T) \\
&\iff (x,y) \in R \square T \ \vee \ (x,y) \in S \square T \\
&\iff (x,y) \in (R \square T) \cup (S \square T)
\end{aligned}
$$

(b) folgt aus:

$$
\begin{aligned}
(x,y) \in (R \backslash S)^{-1} &\iff (y,x) \in R \backslash S \\
&\iff (y,x) \in R \ \wedge \ (y,x) \notin S \\
&\iff (x,y) \in R^{-1} \ \wedge \ (x,y) \notin S^{-1} \\
&\iff (x,y) \in R^{-1} \backslash S^{-1}
\end{aligned}
$$

Äquivalenzrelationen

Aufgabe 1.30 *(Äquivalenzrelation)*

Sei $A := \{1,3,4,5,7,8,9\}$. Wie hat man $x, y \in A$ zu wählen, damit

$$
\begin{aligned}
R := \ \{&(x,7),(1,8),(4,4),(9,8),(7,3),(5,5),(9,1), \\
&(8,9),(8,1),(1,9),(3,3),(8,8),(7,7),(1,1),(y,y)\}
\end{aligned}
$$

eine Äquivalenzrelation auf A ist? Man gebe außerdem

(a) die Äquivalenzklassen von R,
(b) die zu R gehörende Zerlegung Z von A und
(c) die zu den Äquivalenzrelationen $Q \subset R$ gehörenden Zerlegungen

an!

Lösung.   Wegen $(7,3) \in R$ und $(3,7) \notin R$ muß $x = 3$ sein, damit R symmetrisch ist. R ist nur für $y = 9$ reflexiv. Man prüft leicht nach, daß mit den so gewählten x, y die Relation R auch transitiv ist.

(a): $[1] = \{1,8,9\} = [8] = [9]$, $[3] = \{3,7\} = [7]$, $[4] = \{4\}$, $[5] = \{5\}$.

(b): $Z = \{\, \{1,8,9\}, \{3,7\}, \{4\}, \{5\} \,\}$

(c):

$$\{\{1\}, \{8,9\}, \{3,7\}, \{4\}, \{5\}\},$$
$$\{\{1,9\}, \{8\}, \{3,7\}, \{4\}, \{5\}\},$$
$$\{\{1,8\}, \{9\}, \{3,7\}, \{4\}, \{5\}\},$$
$$\{\{1,8,9\}, \{3\}, \{7\}, \{4\}, \{5\}\},$$

$$\{\{1\}, \{8\}, \{9\}, \{3,7\}, \{4\}, \{5\}\},$$
$$\{\{1\}, \{8,9\}, \{3\}, \{7\}, \{4\}, \{5\}\},$$
$$\{\{1,9\}, \{8\}, \{3\}, \{7\}, \{4\}, \{5\}\},$$
$$\{\{1,8\}, \{9\}, \{3\}, \{7\}, \{4\}, \{5\}\},$$
$$\{\{1\}, \{8\}, \{9\}, \{3\}, \{7\}, \{4\}, \{5\}\}.$$

Aufgabe 1.31 *(Satz 1.3.2)*

Man gebe die durch die folgenden Zerlegungen Z_i ($i \in \{1,2,3\}$) der Menge $\mathbb{R}$ charakterisierten Äquivalenzrelationen R_i an:

(a) $Z_1 := \{\{x, -x\} \mid x \in \mathbb{R}\}$,
(b) $Z_2 := \{\{y + x \mid x \in \mathbb{R} \wedge 0 \le x < 1\} \mid y \in \mathbb{Z}\}$,
(c) $Z_3 := \{\{y + x \mid y \in \mathbb{Z}\} \mid x \in \mathbb{R} \wedge 0 \le x < 1\}$.

Lösung.   **(a):** $R_1 := \{(x,y) \in \mathbb{R}^2 \mid |x| = |y|\}$
(b): $R_2 := \{(x,y) \in \mathbb{R}^2 \mid \exists z \in \mathbb{Z} : \{x,y\} \subset [z, z+1)\}$
(c): $R_3 := \{(x,y) \in \mathbb{R}^2 \mid x - y \in \mathbb{Z}\}$

Aufgabe 1.32 *(Binäre Relationen; Satz 1.3.2)*

Man gebe Eigenschaften der nachfolgenden Relationen $R \subseteq A \times A$ an und bestimme, falls R eine Äquivalenzrelation ist, die zugehörige Zerlegung von A.

(a) $\{((a,b),(c,d)) \in \mathbb{N}^2 \times \mathbb{N}^2 \mid a + c = b + d\}$,
(b) $\{(a,b) \in \mathbb{N}^2 \mid a \cdot b \text{ ist eine gerade Zahl oder } a = b\}$,
(c) $\{(a,b) \in \mathbb{N}^2 \mid a \cdot b \text{ ist eine ungerade Zahl oder } a = b\}$,
(d) $\{(a,b) \in \mathbb{N}^2 \mid \exists c \in \mathbb{N} : b = c \cdot a\}$,
(e) $\{((a,b),(c,d)) \in \mathbb{N}^2 \times \mathbb{N}^2 \mid (a < c \vee a = c) \wedge b \le d\}$.

Lösung.   **(a):** R ist offenbar symmetrisch, jedoch nicht reflexiv (da z.B. $((1,2),(1,2)) \notin R$ wegen $1 + 1 \ne 2 + 2$) und auch nicht transitiv, da z.B. $((1,2),(3,2)) \in R$, $((3,2),(5,6)) \in R$, jedoch $((1,2),(5,6)) \notin R$ gilt.
(b): R ist reflexiv, symmetrisch und nicht transitiv, da $(3,2) \in R$ und $(2,5) \in R$, jedoch $(3,5) \notin R$.
(c): R ist eine Äquivalenzrelation, da R offenbar reflexiv, symmetrisch und (da ein Produkt von Zahlen $a, b \in \mathbb{N}$ genau dann ungerade ist, wenn a und b ungerade) transitiv ist. Die zu R gehörende Zerlegung ist

$$\{\,\{x \in \mathbb{N} \mid x \text{ ist ungerade}\}\,\} \cup \{\,\{x\} \mid x \in \mathbb{N} \text{ ist gerade}\}.$$

(d): Offenbar ist $(a, b) \in R$ identisch mit der Forderung: a teilt b. Die Teilbarkeitsrelation ist reflexiv, transitiv, aber nicht symmetrisch.

(e): R ist offenbar reflexiv, nicht symmetrisch und transitiv.

Aufgabe 1.33 *(Eigenschaft von Äquivalenzrelationen)*

Es seien R und Q Äquivalenzrelationen auf der Menge A. Man beweise, daß dann $R \cap Q$ ebenfalls eine Äquivalenzrelation auf A ist und beschreibe die Äquivalenzklassen von $R \cap Q$ durch die von R und Q. Ist $R \cup Q$ auch eine Äquivalenzrelation auf A?

Lösung. Sind R und Q Äquivalenzrelationen, so ist $R \cap Q$ offenbar reflexiv und symmetrisch. Die Transitivität von $R \cap Q$ folgt aus:

$$\{(a,b),(b,c)\} \subseteq R \cap Q \implies \{(a,b),(b,c)\} \subseteq R \wedge \{(a,b),(b,c)\} \subseteq Q$$
$$\implies (a,c) \in R \wedge (a,c) \in Q \implies (a,c) \in R \cap Q.$$

Die Äquivalenzklassen von $R \cap Q$ erhält man durch Durchschnittsbildung:

$$[a]_{R \cap Q} = [a]_R \cap [a]_Q$$

$(a \in A)$.

$R \cup Q$ ist im allgemeinen keine Äquivalenzrelation, wie folgendes Beispiel zeigt: Sei $A = \{1, 2, 3\}$. Dann sind

$$R := \{(1,1), (2,2), (3,3), (1,2), (2,1)\}$$

und

$$Q := \{(1,1), (2,2), (3,3), (1,3), (3,1)\}$$

Äquivalenzrelationen auf A, jedoch ist $R \cup Q$ keine transitive Relation, womit $R \cup Q$ keine Äquivalenzrelation ist.

Aufgabe 1.34 *(Beispiel für eine Äquivalenzrelation)*

Auf der Menge $A := \mathbb{R} \times \mathbb{R}$ sei die Relation R wie folgt erklärt:

$$(a,b)R(c,d) :\Longleftrightarrow a^2 + b^2 = c^2 + d^2$$

$(a, b, c, d \in \mathbb{R})$.

(a) Man zeige, daß R eine Äquivalenzrelation auf A ist.
(b) Wie lauten die Äquivalenzklassen von R?
(c) Man gebe eine geometrische Deutung der Äquivalenzklassen von R an.

Lösung.   **(a):** R ist eine Äquivalenzrelation, da $=$ eine Äquivalenzrelation ist. Ausführlich:

R ist reflexiv, da $a^2 + b^2 = a^2 + b^2$ für alle $(a, b) \in A$.
R ist symmetrisch, da

$$(a, b)R(c, d) \implies a^2 + b^2 = c^2 + d^2 \implies c^2 + d^2 = a^2 + b^2 \implies (c, d)R(a, b).$$

R ist transitiv, da

$$(a, b)R(c, d) \wedge (c, d)R(e, f) \implies a^2 + b^2 = c^2 + d^2 \wedge c^2 + d^2 = e^2 + f^2$$
$$\implies a^2 + b^2 = e^2 + f^2$$
$$\implies (a, b)R(e, f).$$

(b), (c): Zu jedem $r \in \mathbb{R}$ mit $r \geq 0$ gibt es eine Äquivalenzklasse:

$$\{(x, y) \in A \mid x^2 + y^2 = r\},$$

die gedeutet werden kann als die Menge aller Punkte in der Ebene, die auf einen Kreis mit dem Mittelpunkt im Koordinatenursprung und dem Radius $\sqrt{r}$ liegen.

Aufgabe 1.35 *(Eigenschaft von Äquivalenzrelationen)*
Man wähle auf alle Arten zwei der drei Bedingungen „reflexiv", „symmetrisch", „transitiv" aus und gebe jeweils ein Beispiel für eine Relation an, die diese zwei Bedingungen, aber nicht die dritte Bedingung erfüllt.

Lösung.   Sei $A := \{1, 2, 3\}$. Dann ist die Relation

$$R_1 := \{(1, 1)\}$$

nicht reflexiv, aber symmetrisch und transitiv (ein weiteres Beispiel ist die leere Menge); die Relation

$$R_2 := \{(1, 1), (2, 2), (3, 3), (1, 2), (2, 3), (1, 3)\}$$

nicht symmetrisch, aber reflexiv und transitiv; und die Relation

$$R_3 := \{(1, 1), (2, 2), (3, 3), (1, 2), (2, 1), (2, 3), (3, 2)\}$$

nicht transitiv, aber reflexiv und symmetrisch.

Aufgabe 1.36 *(Beispiel für eine Äquivalenzrelation)*
Man zeige, daß die sogenannte Kongruenz modulo n (Bezeichnung: $\equiv_n$) eine Äquivalenzrelation auf $\mathbb{Z}$ ist, die mit der üblichen Addition und Multiplikation auf $\mathbb{Z}$ verträglich (kompatibel) ist.

Lösung.   Nach Definition haben wir

$$(a,b) \in \equiv_n \; :\Longleftrightarrow \; \exists p,q,r \in \mathbb{Z} : \; a = p \cdot n + r \; \wedge \; b = q \cdot n + r \; \wedge \; 0 \le r < n$$

beziehungsweise

$$(a,b) \in \equiv_n \; :\Longleftrightarrow \; n \mid (a - b).$$

$\equiv_n$ ist reflexiv, da $n \mid (a - a)$ für alle $a \in \mathbb{Z}$ gilt.

$\equiv_n$ ist symmetrisch, da

$$(a,b) \in \equiv_n \; \Longrightarrow \; n \mid (a - b) \; \Longrightarrow \; n \mid (b - a) \; \Longrightarrow \; (b,a) \in \equiv_n \, .$$

$\equiv_n$ ist transitiv, da

$$
\begin{aligned}
(a,b) \in \equiv_n \; \wedge \; (b,c) \in \equiv_n \; \Longrightarrow \; & \exists p,q,r,s \in \mathbb{Z} : \\
& a = p \cdot n + r \; \wedge \; b = q \cdot n + r \; \wedge \; c = s \cdot n + r \; \wedge \\
& 0 \le r < n \\
\Longrightarrow \; & n \mid (a - c) \\
\Longrightarrow \; & (a,c) \in \equiv_n \, .
\end{aligned}
$$

Zwecks Nachweis der Verträglichkeit von $\equiv_n$ mit den Operationen $+$ und $\cdot$ seien $(a,b), (a',b') \in \equiv_n$ beliebig gewählt. Wir haben $(a+a', b+b'), (a \cdot a', b \cdot b') \in \equiv_n$ zu zeigen. Aus $(a,b), (a',b') \in \equiv_n$ folgt zunächst

$$
\begin{aligned}
& \exists q,q',r,r' \in \mathbb{Z} : \\
& a = p \cdot n + r \; \wedge \; b = q \cdot n + r \; \wedge \; 0 \le r < n \quad \wedge \\
& a' = p' \cdot n + r' \; \wedge \; b' = q' \cdot n + r' \; \wedge \; 0 \le r' < n.
\end{aligned}
$$

Hieraus ergibt sich

$$
\begin{aligned}
(a + a') - (b + b') & = (p \cdot n + r + p' \cdot n + r') - (q \cdot n + r + q' \cdot n + r') \\
& = (p + p' - q - q') \cdot n
\end{aligned}
$$

und

$$
\begin{aligned}
(a \cdot a') - (b \cdot b') & = (p \cdot n + r) \cdot (p' \cdot n + r') - (q \cdot n + r) \cdot (q' \cdot n + r') \\
& = ((p \cdot p' \cdot n + p \cdot r' + r \cdot p') \cdot n + r \cdot r') - \\
& \quad \; ((q \cdot q' \cdot n + q \cdot r' + r \cdot q') \cdot n + r \cdot r') \\
& = (p \cdot p' \cdot n + p \cdot r' + r \cdot p' - q \cdot q' \cdot n - q \cdot r' - r \cdot q') \cdot n,
\end{aligned}
$$

woraus $(a + a', b + b') \in \equiv_n$ und $(a \cdot a', b \cdot b') \in \equiv_n$ folgt, d.h., $+$ und $\cdot$ sind mit $\equiv_n$ verträglich.

Aufgabe 1.37 *(Kongruenzen)*

Man bestimme alle Äquivalenzrelationen auf $\{1, 2, 3, 4\}$, die mit der folgenden inneren Verknüpfung $\circ$ auf $\{1, 2, 3, 4\}$ verträglich sind:

$\circ$	1	2	3	4
1	1	2	3	4
2	2	4	2	4
3	3	2	1	4
4	4	4	4	4

Lösung. Man prüft leicht nach, daß die zu den folgenden Zerlegungen der Menge $A := \{1, 2, 3, 4\}$ gehörenden Äquivalenzrelationen mit $\circ$ kompatibel sind:

$$Z_1 := \{\{x\} \mid x \in A\},$$
$$Z_2 := \{\{1, 3\}, \{2\}, \{4\}\},$$
$$Z_3 := \{\{2, 4\}, \{1\}, \{3\}\},$$
$$Z_4 := \{\{1, 2, 3, 4\}\},$$

Angenommen, es gibt noch eine von den oben beschriebenen Relationen verschiedene Äquivalenzrelation R auf der Menge A, die mit $\circ$ kompatibel ist. Dann gilt

$$R \cap \{(1, 2), (1, 4), (2, 3), (3, 4)\} \neq \emptyset.$$

Folgende Fälle sind damit möglich:

Fall 1: $(1, 2) \in R$.
Dann gilt $(1 \circ 2, 2 \circ 2) = (2, 4) \in R$ und $(1 \circ 3, 2 \circ 3) = (3, 2) \in R$, womit $R = Z_4$ ist, was wir ausgeschlossen hatten. Also ist Fall 1 nicht möglich.
Fall 2: $(1, 4) \in R$.
Dann gilt $(1 \circ 2, 4 \circ 2) = (2, 4) \in R$ und $(1 \circ 3, 4 \circ 3) = (3, 4) \in R$, womit $R = Z_4$ ist, was wir ausgeschlossen hatten. Also ist Fall 2 nicht möglich.
Fall 3: $(2, 3) \in R$.
Dann gilt $(2 \circ 2, 3 \circ 2) = (4, 2) \in R$ und $(2 \circ 3, 3 \circ 3) = (2, 1) \in R$, womit $R = Z_4$ ist, was wir ausgeschlossen hatten. Also ist Fall 3 nicht möglich.
Fall 4: $(3, 4) \in R$.
Dann gilt $(3 \circ 2, 4 \circ 2) = (2, 4) \in R$ und $(3 \circ 3, 4 \circ 3) = (1, 4) \in R$, womit $R = Z_4$ ist, was wir ausgeschlossen hatten. Also ist Fall 4 ebenfalls nicht möglich.
Folglich gibt es nur die oben angegebenen Äquivalenzrelationen, die mit $\circ$ verträglich sind.

Aufgabe 1.38 *(Anzahl von Äquivalenzrelationen)*

(a) Man gebe alle Äquivalenzrelationen auf der Menge $M := \{1, 2, 3, ..., m\}$ für $m \in \{2, 3, 4\}$ an.

(b) Bezeichne $\mu(k)$ die Anzahl aller Äquivalenzrelationen auf einer k-elementigen Menge $(k \in \mathbb{N})$. Nach der von W. Harnau gefundenen Formel kann man $\mu(k)$ wie folgt berechnen:

$$\mu(k) = \sum_{i=1}^{k}(-1)^{i}\sum_{t=1}^{i}(-1)^{t}\frac{t^{k}}{t!(i-t)!}. \tag{1.6}$$

Mit Hilfe von (1.6) berechne man $\mu(k)$ für $k \in \{2,3,4,5,6,7\}$.

Lösung.   **(a):** Die trivialen Äquivalenzrelationen auf der Menge M sind nachfolgend mit $\kappa_0 := \{(x,x) \mid x \in M\}$ und $\kappa_1 := M \times M$ bezeichnet.

Indem man sich die möglichen Zerlegungen auf einer k-elementigen Menge $(k \in \{2,3,4\})$ überlegt, erhält man die folgenden Äquivalenzrelationen auf M für $k \in \{2,3,4\}$:

$k = 2$: κ_0, κ_1.

$k = 3$: κ_0, κ_1, $\kappa_0 \cup \{(1,2),(2,1)\}$, $\kappa_0 \cup \{(1,3),(3,1)\}$, $\kappa_0 \cup \{(2,3),(3,2)\}$.

$k = 4$: κ_0, κ_1; sechs Relationen der Form $\kappa_0 \cup \{(a,b),(b,a)\}$ mit $a,b \in M$ und $a \neq b$; vier Relationen der Form $\kappa_0 \cup \{(a,b),(a,c),(b,c),(b,a),(c,a),(c,b)\}$ mit $\{a,b,c\} \subset M$ und a,b,c paarweise verschieden; drei Relationen der Form $\kappa_0 \cup \{(a,b),(b,a),(c,d),(d,c)\}$, wobei $(a,b,c,d) \in \{(1,2,3,4),(1,3,2,4),(1,4,2,3)\}$.

(b): Es gilt (unter Beachtung von $0! := 1$):

$$\mu(2) = \sum_{i=1}^{2}(-1)^{i}\sum_{t=1}^{i}(-1)^{t}\frac{t^{2}}{t!(i-t)!}$$

$$= (-1)^{1}\underbrace{\sum_{t=1}^{1}(-1)^{t}\frac{t^{2}}{t!(1-t)!}}_{=-1} + (-1)^{2}\underbrace{\sum_{t=1}^{2}(-1)^{t}\frac{t^{2}}{t!(2-t)!}}_{-1+2}$$

$$= 2.$$

Analog berechnet man die anderen Werte für $\mu(k)$ der folgenden Tabelle.

k	2	3	4	5	6	7
$\mu(k)$	2	5	15	52	203	877

Aufgabe 1.39 *(Eigenschaft von Äquivalenzrelationen)*

Es seien R und Q Äquivalenzrelationen auf der Menge A. Man beweise: $R \square Q$ ist genau dann eine Äquivalenzrelation, wenn $R \square Q = Q \square R$ gilt.

Lösung.   Offenbar gilt für eine beliebige Relation $S \subseteq A \times A$:

$$S \text{ ist symmetrisch} \iff S^{-1} = S;$$

$$S \text{ ist transitiv} \iff S \square S \subseteq S;$$

$$S \text{ ist reflexiv und transitiv} \implies S \square S = S.$$

Sei nachfolgend $S := R \square Q$, wobei R und Q Äquivalenzrelationen bezeichnen. Die Reflexivität von S folgt unmittelbar aus der Reflexivität von R und Q sowie der Definition von $\square$. Wegen der Eigenschaft

$$(F \square G)^{-1} = G^{-1} \square F^{-1}$$

(siehe Satz 1.4.1, (2)) und obiger Bemerkung haben wir

$$S \text{ symmetrisch} \iff S^{-1} = S$$
$$\iff (R \square Q)^{-1} = Q^{-1} \square R^{-1} = Q \square R = R \square Q$$

Sei nun $R \square Q = Q \square R$. Unter Verwendung des Assoziativgesetzes für $\square$ (siehe Satz 1.4.1, (1)) läßt sich dann die Transitivität von S wie folgt zeigen:

$$(R \square Q) \square (R \square Q) = R \square (Q \square R) \square Q = R \square (R \square Q) \square Q = (R \square R) \square (Q \square Q) = R \square Q.$$

Zusammenfassend haben wir damit bewiesen:

$$R \square Q = Q \square R \implies S \text{ ist Äquivalenzrelation.}$$

Zwecks Beweis der Umkehrung obiger Aussage sei $R \square Q$ eine Äquivalenzrelation. Dann gilt:

$$R \square Q = (R \square Q)^{-1} = Q^{-1} \square R^{-1} = Q \square R,$$

d.h., $R \square Q = Q \square R$. $\square$

Ordnungsrelationen

Aufgabe 1.40 *(Beispiele für Ordnungsrelationen)*
Bei welchen der folgenden Relationen R_i ($i = 1, 2, 3, 4$) handelt es sich um eine reflexive, teilweise Ordnung auf der Menge $A := \{1, 2, 3\}$?

$$R_1 := \{(1,1), (1,2), (2,2)\},$$
$$R_2 := \{(1,1), (1,2), (2,2), (2,3), (3,3)\},$$
$$R_3 := \{(1,1), (1,2), (1,3), (2,2), (2,3), (3,3)\},$$
$$R_4 := \{(1,1), (1,2), (2,1), (2,2), (3,3)\}.$$

Lösung. Reflexive Halbordnungen sind R_1 und R_3. R_2 ist nicht transitiv. R_4 ist nicht antisymmetrisch.

Aufgabe 1.41 *(Beispiele für Ordnungsrelationen)*

Welche der folgenden Diagramme sind Hasse-Diagramme einer halbgeordneten Menge?

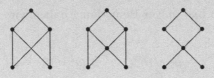

Lösung.   Nur das zweite Diagramm ist kein Hasse-Diagramm, da Beziehungen, die sich durch Transitivität ergeben, teilweise durch Striche angegeben sind.

Aufgabe 1.42 *(Reflexive Halbordnung)*

Auf $A = \{a, b, c\}$ sei eine reflexive, teilweise Ordnung R definiert. Welche Möglichkeiten gibt es dann für das zugehörige Hasse-Diagramm H_R dieser Relation, wobei die Knoten (Punkte) dieses Diagramms nicht bezeichnet sein sollen. Man gebe für jedes gefundene Diagramm auch ein Beispiel für $R \subseteq A^2$ in Relationenschreibweise an.

Lösung.

H_R	Beispiel für R
$\bullet\ \ \bullet\ \ \bullet$	$R_1 := \{(a,a), (b,b), (c,c)\}$
$\begin{smallmatrix}\bullet\\\bullet\end{smallmatrix}\quad\bullet$	$R_1 \cup \{(a,b)\}$
$\wedge$	$R_1 \cup \{(a,c), (b,c)\}$
$\vee$	$R_1 \cup \{(a,b), (a,c)\}$
$\begin{smallmatrix}\bullet\\\bullet\\\bullet\end{smallmatrix}$	$R_1 \cup \{(a,b), (a,c), (b,c)\}$

Aufgabe 1.43 *(Irreflexive Halbordnung)*

Sei $A := \mathbb{R} \times \mathbb{R}$. Auf A seien durch

$$(x_1, y_1) + (x_2, y_2) := (x_1 + x_2, y_1 + y_2),$$
$$(x_1, y_1) \cdot (x_2, y_2) := (x_1 \cdot x_2 - y_1 \cdot y_2, x_1 \cdot y_2 + x_2 \cdot y_1)$$

eine Addition und eine Multiplikation definiert. Man zeige, daß man auf A *keine* irreflexive Halbordnung $<$ mit den folgenden drei Eigenschaften definieren kann:

(a) $\forall z \in A : z = (0,0) \ \vee \ z < (0,0) \ \vee (0,0) < z$,
(b) $\forall z, w \in A : (((0,0) < z \ \wedge \ (0,0) < w) \implies ((0,0) < z \cdot w \ \wedge \ (0,0) < z + w))$,
(c) $\forall z, w \in A : ((z < (0,0) \ \wedge \ w < (0,0)) \implies (0,0) < z \cdot w)$.

Lösung. Angenommen, es gibt eine irreflexive Halbordnung $<$ auf A mit den oben angegebenen Eigenschaften (a), (b) und (c).
Sei $z := (x, y) \neq (0,0)$. Dann ist wegen (a) entweder $z < (0,0)$ oder $(0,0) < z$. Mit (b) und (c) folgt $z \cdot z = (x^2 - y^2, 2xy) > (0,0)$. Speziell bedeutet dies für $z \in \{(1,0), (0,1)\}$:

$$(0,0) < (1,0) \cdot (1,0) = (1,0) \quad \text{und} \quad (0,0) < (0,1) \cdot (0,1) = (-1,0).$$

Bildet man nun $(1,0) + (-1,0) = (0,0)$, so muß nach (b) und dem oben Gezeigten $(0,0) < (0,0)$ gelten, was nicht sein kann.
Also ist unsere Annahme falsch und damit die Behauptung richtig.

Aufgabe 1.44 *(Eigenschaft von Halbordnungen)*

Man wähle auf alle Arten zwei der drei Bedingungen „reflexiv", „antisymmetrisch", „transitiv" aus und gebe jeweils ein Beispiel für eine Relation an, die diese zwei Bedingungen, aber nicht die dritte Bedingung erfüllt.

Lösung. Sei $A := \{1, 2, 3\}$. Dann ist die Relation

$$R_1 := \{(1,2), (1,3), (2,3)\}$$

nicht reflexiv, aber antisymmetrisch und transitiv; die Relation

$$R_2 := \{(1,1), (2,2), (3,3), (1,2), (2,1)\}$$

nicht antisymmetrisch, aber reflexiv und transitiv; und die Relation

$$R_3 := \{(1,1), (2,2), (3,3), (1,2), (2,3)\}$$

nicht transitiv, aber reflexiv und antisymmetrisch. $\square$

Korrespondenzen, Abbildungen und Verknüpfungen

Aufgabe 1.45 *(Hintereinanderausführen von Abbildungen)*
Seien $A := \{x \in \mathbb{R} \mid 0 \le x \le 1\}$ und

$$f_1 : A \longrightarrow A, \ x \mapsto \sin x,$$
$$f_2 : A \longrightarrow A, \ x \mapsto x^2,$$
$$f_3 : A \longrightarrow A, \ x \mapsto \sqrt{x}.$$

Durch welche Zuordnungsvorschriften sind dann $f_i \square f_j$ für $\{i, j\} \subset \{1, 2, 3\}$ und $i \ne j$ bestimmt?

Lösung.   Es gilt

$$f_1 \square f_2 \ = \ \{(x, y) \in [0, 1]^2 \mid \exists z \in [0, 1] : \ \underbrace{(x, z) \in f_1}_{\substack{\text{d.h.,} \\ z = \sin x}} \ \wedge \ \underbrace{(z, y) \in f_2}_{\substack{\text{d.h.,} \\ y = z^2}} \ \}$$

$$= \ \{(x, y) \in [0, 1]^2 \mid y = (\sin x)^2\}$$

beziehungsweise

$$f_1 \square f_2 : A \longrightarrow A, \ x \mapsto (\sin x)^2.$$

Analog kann man sich überlegen:

$$f_2 \square f_1 : A \longrightarrow A, \ x \mapsto \sin x^2,$$
$$f_1 \square f_3 : A \longrightarrow A, \ x \mapsto \sqrt{\sin x},$$
$$f_3 \square f_1 : A \longrightarrow A, \ x \mapsto \sin \sqrt{x},$$
$$f_2 \square f_3 : A \longrightarrow A, \ x \mapsto x,$$
$$f_3 \square f_2 : A \longrightarrow A, \ x \mapsto x.$$

Aufgabe 1.46 *(Injektive, surjektive und bijektive Abbildungen)*
Man untersuche, ob die angegebene Abbildung f injektiv, surjektiv oder bijektiv ist:

(a) $f : \mathbb{N} \to \mathbb{N}, \ n \mapsto 2n + 1$,
(b) $f : \mathbb{Z} \to \mathbb{Z}, \ z \mapsto -z + 3$,
(c) $f : \mathbb{Q} \to \mathbb{Q}, \ q \mapsto 5q + 9$,
(d) $f : \mathbb{R} \to \mathbb{R}, \ r \mapsto (r - 1)(r - 2)(r - 3)$.

Lösung.
(a): f ist injektiv, nicht surjektiv und damit auch nicht bijektiv.
(b): f ist injektiv, surjektiv und damit bijektiv.

(c): f ist injektiv, surjektiv und damit bijektiv.

(d): f ist nicht injektiv (z.B. wegen $f(1) = f(2) = 0$), surjektiv (da ein Polynom 3. Grades immer eine reelle Nullstelle hat, womit die Gleichung

$$(r - 1)(r - 2)(r - 3) = s$$

für jedes $s \in \mathbb{R}$ stets mindestens eine reelle Lösung r besitzt) und damit nicht bijektiv.

Aufgabe 1.47 *(Surjektive Abbildung)*

Man gebe eine Abbildung $f : \mathbb{N} \longrightarrow \mathbb{N}$ an, die surjektiv, aber nicht bijektiv ist.

Lösung.   Z.B. ist die Abbildung f mit

$$f(1) = f(2) = 1, \ \forall x \in \mathbb{N}\backslash\{1,2\} : f(x) = x - 1$$

surjektiv, aber nicht injektiv, womit sie nicht bijektiv ist.

Aufgabe 1.48 *(Surjektive und injektive Abbildung)*

Man löse die folgende Aufgabe für die Menge
(a) $A = \mathbb{Z}$,
(b) $A = \mathbb{Q}$.
Sei $c \in A$ und f_c die durch

$$f_c : A \longrightarrow A, \ x \mapsto x + c - x \cdot c$$

definierte Abbildung. Für welche $c \in A$ ist

(1) f_c surjektiv;

(2) f_c injektiv?

Lösung.   **(a), (1):** f_c ist nur für $c \in \{0,2\}$ surjektiv, da kein $x \in \mathbb{Z}$ mit $f_c(x) = (1 - c)x + c = 0$ und $c \in \mathbb{Z} \backslash \{0,2\}$ existiert.

(a), (2): Offenbar ist f_1 nicht injektiv. Jedoch ist f_c injektiv für alle $c \in \mathbb{Z}\backslash\{1\}$, da im Fall $c \neq 1$ gilt:

$$(1 - c) \cdot x_1 + c = (1 - c) \cdot x_2 + c \implies x_1 = x_2.$$

(b), (1): f_c ist genau dann surjektiv, wenn $c \neq 1$ ist.

(b), (2): f_c ist genau dann injektiv, wenn $c \neq 1$ ist.

Aufgabe 1.49 *(Bijektive Abbildung)*

Sei f eine Abbildung von $A := \mathbb{R} \times \mathbb{R}$ in $B := \mathbb{R} \times \mathbb{R}$ vermöge

$$(x, y) \mapsto (\alpha x + \beta y, \gamma x + \delta y),$$

wobei $\alpha, \beta, \gamma, \delta$ gewisse fest gewählte Zahlen aus $\mathbb{R}$ sind. Unter welchen Bedingungen für $\alpha, \beta, \gamma, \delta$ ist f eine bijektive Abbildung? Wie lautet in diesem Fall f^{-1}?

Lösung. f ist offenbar genau dann bijektiv, wenn man für jedes $(y_1, y_2) \in \mathbb{R} \times \mathbb{R}$ genau ein $(x_1, x_2) \in \mathbb{R} \times \mathbb{R}$ mit

$$\begin{aligned} \alpha x_1 \;+\; \beta x_2 &= y_1 \\ \gamma x_1 \;+\; \delta x_2 &= y_2 \end{aligned}$$

finden kann. Analog zur Rechnung zu Beginn von Abschnitt 3.1 (siehe auch Satz 3.1.11) erhalten wir hieraus:

$$f \text{ ist bijektiv} \iff \alpha \cdot \delta - \gamma \cdot \beta \neq 0.$$

Falls $\alpha \cdot \delta - \gamma \cdot \beta \neq 0$, lautet die inverse Abbildung

$$f^{-1}: \ \mathbb{R}^2 \longrightarrow \mathbb{R}^2, \ (y_1, y_2) \mapsto \left(\frac{y_1 \delta - y_2 \beta}{\alpha \cdot \delta - \gamma \cdot \beta}, \frac{\alpha y_2 - \gamma y_1}{\alpha \cdot \delta - \gamma \cdot \beta} \right).$$

Aufgabe 1.50 *(Abbildungen)*

Welche der folgenden Relationen R_i ($i \in \{1, 2, ..., 6\}$) sind Abbildungen von $D(R_i) \subseteq \mathbb{R}$ in $\mathbb{R}$?

(a) $R_1 := \{(x, y) \in \mathbb{R}^2 \,|\, y = \sin x\}$, $D(R_1) := \mathbb{R}$;
(b) $R_2 := \{(x, y) \in \mathbb{R}^2 \,|\, y = \tan x\}$, $D(R_2) := \mathbb{R}$;
(c) $R_3 := \{(x, y) \in \mathbb{R}^2 \,|\, 0 \leq x \leq 1 \ \wedge \ y = \frac{1}{x^2 - 1}\}$, $D(R_3) := [0, 1]$;
(d) $R_4 := \{(x, y) \in \mathbb{R}^2 \,|\, x > 0 \ \wedge \ y = \ln x\}$, $D(R_4) := \mathbb{R}^+$;
(e) $R_5 := \{(x, y) \in \mathbb{R}^2 \,|\, -5 \leq x \leq 5 \ \wedge \ x^2 + y^2 = 25\}$, $D(R_5) = [-5, 5]$;
(f) $R_6 := \{(x, y) \in \mathbb{R}^2 \,|\, y + x = 0\}$, $D(R_6) = \mathbb{R}$.

Lösung. Nur R_1, R_4 und R_6 sind Abbildungen. R_2 ist keine Abbildung von $\mathbb{R}$, da z.B. $x = \frac{\pi}{2} \in \mathbb{R}$ kein Bildelement hat. R_3 ist keine Abbildung, da $\frac{1}{x^2 - 1}$ für $x \in \{1, -1\}$ nicht definiert ist. R_5 ist keine Abbildung, da z.B. die Paare $(3, 4)$ und $(3, -4)$ jeweils die Relationsvorschrift $x^2 + y^2 = 25$ erfüllen.

Aufgabe 1.51 *(Eigenschaft von Abbildungen)*

Es sei A eine endliche Menge und $f : A \longrightarrow A$ eine Abbildung. Man beweise:

$$f \text{ ist injektiv} \iff f \text{ ist surjektiv} \iff f \text{ ist bijektiv}.$$

Lösung.   „f ist injektiv $\Longrightarrow$ f ist surjektiv": Da f eine Abbildung ist, gilt $D(f) = A$. Da f außerdem injektiv, folgt hieraus $|W(f)| = |D(f)| = |A|$. Wegen der Endlichkeit von A geht dies nur im Fall $W(f) = A$, d.h., f ist surjektiv.

„f ist surjektiv $\Longrightarrow$ f ist bijektiv": Da f eine surjektive Abbildung ist, haben wir $D(f) = W(f) = A$. Wegen der Endlichkeit von A geht dies nur, wenn f auch injektiv, d.h., bijektiv ist.

„f ist bijektiv $\Longrightarrow$ f ist injektiv": Dies folgt unmittelbar aus der Definition von „bijektiv".

Aufgabe 1.52 *(Korrespondenz)*

Es sei F die Menge der Paare $(x, y) \in \mathbb{N}_0 \times \mathbb{N}_0$, die den folgenden Ungleichungen genügen:
$$10x - 2y \geq 0, \ 10y - 2x \geq 0, \ x + y \leq 12.$$

Offenbar ist F eine Korrespondenz aus $\mathbb{N}_0$ in $\mathbb{N}_0$ und die Elemente $(x, y) \in F$ kann man als Koordinaten von Punkten in der x, y-Ebene auffassen. Man gebe (a) eine Skizze für F an und bestimme (b) $D(F)$ und $W(F)$, (c) F^{-1}, (d) $F \square F$.

Lösung.   (a): Die möglichen Elemente $(x, y) \in F$ kann man sich wie folgt als Punkte in der Ebene geometrisch veranschaulichen:

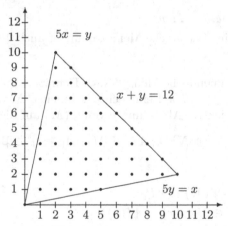

(b): $D(F) = W(F) = \{0, 1, 2, 3, 4, 5, 6, 7, 8, 9, 10\}$.

(c): $F^{-1} = F$

(d): $F \square F = \{(0, 0)\} \cup \{(x, y) \mid x, y \in \{1, 2, ..., 10\}\}$, da

$$\forall x, z \in \{1, 2, ..., 10\} : \ (x, 2) \in F \ \wedge \ (2, z) \in F$$

(siehe obige Zeichnung) und folglich

$$F \square F = \{(x,z) \in D(F) \times W(F) \mid \exists y : (x,y) \in F \wedge (y,z) \in F\}$$
$$= \{(0,0)\} \cup \{(x,y) \mid x,y \in \{1,2,...,10\}\}.$$

Aufgabe 1.53 *(Eigenschaft von Abbildungen)*

Seien $f : A \longrightarrow B$, $g : B \longrightarrow C$ Abbildungen. Man beweise:

$$f, g \text{ surjektiv (injektiv)} \implies f \square g \text{ surjektiv (injektiv)}.$$

Lösung. Seien f und g surjektiv. Angenommen, $f \square g$ ist nicht surjektiv. Dann gibt es ein $c \in C$ mit der Eigenschaft, daß $(f \square g)(x) \neq c$ für alle $x \in A$. Da g und f surjektiv sind, existiert ein $b \in B$ mit $g(b) = c$ und dazu passend ein $a \in A$ mit $f(a) = b$. Folglich gilt $(f \square g)(a) = g(f(a)) = g(b) = c$ im Widerspruch zu unserer Annahme. Also gilt die Behauptung.

Seien f und g injektiv. Angenommen, $(f \square g)(a_1) = f \square g)(a_2)$ für gewisse $a_1, a_2 \in A$, d.h., es gilt $g(f(a_1)) = g(f(a_2))$. Da g injektiv ist, ergibt sich hieraus $f(a_1) = f(a_2)$. Da auch f injektiv ist, folgt $a_1 = a_2$. Also ist $f \square g$ injektiv. $\square$

Mächtigkeit von Mengen

Aufgabe 1.54 *(Unendliche Menge)*

Man beweise: Ist M eine unendliche Menge, dann ist auch $\mathfrak{P}(M)$ eine unendliche Menge.

Lösung. Sei M eine unendliche Menge. Nach Definition gibt es folglich eine bijektive Abbildung f von M auf eine echte Teilmenge N von M. Mit Hilfe von f läßt sich eine bijektive Abbildung g von $\mathfrak{P}(M)$ auf die Menge

$$P := \{\,\{x\} \mid x \in N\} \cup \{A \in \mathfrak{P}(M) \mid |A| \geq 2\} \subset \mathfrak{P}(M)$$

wie folgt definieren:

$$g : \mathfrak{P}(M) \longrightarrow P,$$
$$\forall x \in M : \{x\} \mapsto \{f(x)\},$$
$$\forall X \in \{A \in \mathfrak{P}(M) \mid |A| \geq 2\} : X \mapsto X.$$

Aufgabe 1.55 *(Gleichmächtigkeit von gewissen Intervallen aus $\mathbb{R}$)*

Man beweise, daß die Intervalle $(0,1)$ und $[0,1]$ aus reellen Zahlen gleichmächtig sind.

Lösung. Obige Behauptung ist ein Spezialfall von Satz 1.5.5, (b).

Aufgabe 1.56 *(Abzählbare Mengen)*

Man beweise: Je zwei der Mengen $\mathbb{N}$, $\mathbb{N}_0$, $\mathbb{N} \times \mathbb{N}$, $\mathbb{N} \times \mathbb{Z}$ sind gleichmächtig (und damit abzählbar).

Lösung.   Eine bijektive Abbildung von $\mathbb{N}$ auf $\mathbb{N}_0$ ist z.B.

$$f : \mathbb{N} \longrightarrow \mathbb{N}_0, x \mapsto x - 1.$$

Zwecks Nachweis, daß $\mathbb{N} \times \mathbb{N}$ abzählbar ist, deute man die Paare $(x, y) \in \mathbb{N} \times \mathbb{N}$ als Punkte in der x, y-Ebene und „zähle" die Punkte mit $(1, 1)$ beginnend über die „Diagonalen" wie folgt ab:

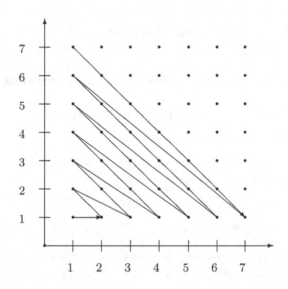

Die Abzählbarkeit von $\mathbb{N} \times \mathbb{N}$ läßt sich aber auch wie folgt zeigen:

Für $(x, y) \in \mathbb{N} \times \mathbb{N}$ wollen wir die Zahl $x + y$ als Höhe von (x, y) bezeichnen. Die Anzahl aller Paare mit gegebener Höhe h (> 1) ist gleich $h - 1$, da nur genau die folgenden Paare die Höhe h besitzen:

$$(1, h - 1), (2, h - 2), ..., (h - 1, 1).$$

Bezeichne P_h die Menge aller Paare der Höhe h. Dann ist $\mathbb{N} \times \mathbb{N} = \bigcup_{h=2}^{\infty} P_h$ als Vereinigung von abzählbar vielen endlichen Mengen wieder eine abzählbare Menge (siehe Satz 1.5.3, (c) bzw. die folgenden Aufgabe).

Die Abzählbarkeit von $\mathbb{N} \times \mathbb{Z}$ beweist man analog.

Aufgabe 1.57 *(Abzählbare Mengen)*

Seien A_i für alle $i \in \mathbb{N}$ abzählbare Mengen. Man beweise, daß dann auch $\bigcup_{i=1}^{\infty} A_i$ eine abzählbare Menge ist.

Lösung. Da unsere vorgegebenen Mengen abzählbar sind, können wir sie wie folgt beschreiben:

$$A_1 := \{a_{11}, a_{12}, a_{13}, a_{14}, ..., a_{1n}, ...\},$$
$$A_2 := \{a_{21}, a_{22}, a_{23}, a_{24}, ..., a_{2n}, ...\},$$
$$A_3 := \{a_{31}, a_{32}, a_{33}, a_{34}, ..., a_{3n}, ...\},$$
$$A_4 := \{a_{41}, a_{42}, a_{43}, a_{44}, ..., a_{4n}, ...\},$$
$$.................$$
$$A_m := \{a_{m1}, a_{m2}, a_{m3}, a_{m4}, ..., a_{mn}, ...\},$$
$$.................$$

Dann kann man die Menge $A := \bigcup_{i=1}^{\infty} A_i$ wie folgt als abzählbare Folge schreiben:

$$a_{11};\ a_{12}, a_{21};\ a_{13}, a_{22}, a_{31};\ a_{14}, a_{23}, a_{32}, a_{41};\ ...$$

(siehe Beweis von Satz 1.5.3, (b)).

Aufgabe 1.58 *(Überabzählbare Menge)*

Man beweise: Die Menge

$$F := \{(a_1, a_2, a_3, ..., a_i, ...) \mid \forall i \in \mathbb{N}:\ a_i \in \{0, 1\}\}$$

(Menge aller Folgen, deren Folgeglieder 0 oder 1 sind) ist nicht abzählbar. (*Hinweis*: $(a_1, a_2, ..., a_i, ...) = (b_1, b_2, ..., b_i, ...)\ :\Longleftrightarrow\ \forall i \in \mathbb{N}: a_i = b_i$)

Lösung. Angenommen, F ist abzählbar, d.h., es existiert eine bijektive Abbildung

$$f: \mathbb{N} \longrightarrow F,\ n \mapsto (a_{n1}, a_{n2}, a_{n3}, ...).$$

Wählt man dann $b := (b_1, b_2, b_3, ...) \in F$ mit

$$b_i := \begin{cases} 0 & \text{falls } a_{ii} = 1, \\ 1 & \text{falls } a_{ii} = 0 \end{cases}$$

($i \in \mathbb{N}$), so sieht man leicht, daß $b \neq (a_{n1}, a_{n2}, a_{n3}, ...) = f(n)$ für alle $n \in \mathbb{N}$ gilt, womit f keine bijektive Abbildung ist, im Widerspruch zu unserer Annahme. Also gilt unsere Behauptung.

Aufgabe 1.59 *(Gleichmächtige Mengen)*
Sei F wie in Aufgabe 1.58 definiert. Man zeige, daß die Menge $F \times F$ zu F gleichmächtig ist.

Lösung.   Eine bijektive Abbildung von $F \times F$ auf F ist z.B. die Abbildung

$$g: \ F \times F \longrightarrow F, \ ((a_1, a_2, a_3, ...), (b_1, b_2, b_3, ...)) \mapsto (a_1, b_1, a_2, b_2, a_3, b_3, ...).$$

Aufgabe 1.60 *(Gleichmächtige Mengen)*
Sei F wie in Aufgabe 1.58 definiert. Man zeige, daß F sowohl zu $\mathfrak{P}(\mathbb{N})$ als auch zu $\mathfrak{P}(\mathbb{Z})$ gleichmächtig ist.

Lösung.   Bezeichne A ein beliebiges Element aus $\mathfrak{P}(\mathbb{N})$. Dann läßt sich der Menge A auf eineindeutige Weise das Tupel

$$(a_1, a_2, a_3, ...) \in F$$

mit

$$a_i := \begin{cases} 0 & \text{falls } i \notin A, \\ 1 & \text{falls } i \in A \end{cases}$$

$(i \in \mathbb{N})$ zuordnen. Folglich gibt es eine bijektive Abbildung

$$g : \mathfrak{P}(\mathbb{N}) \longrightarrow F, \ A \mapsto g(A) := (a_1, a_2, a_3, ...),$$

d.h., $\mathfrak{P}(\mathbb{N})$ und F sind gleichmächtig.

Die zweite Behauptung beweist man analog:
Offenbar gibt es eine bijektive Abbildung f von $\mathbb{Z}$ auf $\mathbb{N}$ (siehe dazu Beispiel (2.) für gleichmächtige Mengen aus Abschnitt 1.5 und Aufgabe 1.56). Mit Hilfe dieser Abbildung und der gerade oben definierten Abbildung g läßt sich dann die Abbildung $h : \mathfrak{P}(\mathbb{Z}) \longrightarrow F$ wie folgt definieren:

$$\forall A \in \mathfrak{P}(\mathbb{Z}) : \ h(A) := g(\{f(a) \mid a \in A\}).$$

Man prüft leicht nach, daß h eine bijektive Abbildung von $\mathfrak{P}(\mathbb{Z})$ auf F ist.

Aufgabe 1.61 *(Gleichmächtige Mengen)*
Sei F wie in Aufgabe 1.58 definiert und bezeichne $F^\star$ die Menge derjenigen Tupel aus F, die keine 1-Periode besitzen, d.h., für kein $(a_1, a_2, a_3, ...) \in F^\star$ existiert ein $k \in \mathbb{N}_0$, so daß $a_{k+1} = a_{k+2} = ... = 1$ ist. Man beweise, daß F und $F^\star$ gleichmächtig sind.

Lösung.   Sei $T_k := \{(a_1, a_2, ..., a_k, 1, 1, 1, ...) \mid \{a_1, ..., a_k\} \subseteq \{0, 1\}\}$ $(k \in \mathbb{N}_0)$. Offenbar gilt

$$F^\star = F \backslash (\bigcup_{k=0}^{\infty} T_k).$$

Für jedes $k \in \mathbb{N}$ ist T_k eine endliche Menge und damit $\bigcup_{k=0}^{\infty} T_k$ eine abzählbare Menge. Die Menge F ist dagegen nach Satz 1.5.5 eine überabzählbare Menge. Unsere Behauptung folgt damit aus Satz 1.5.5.

Aufgabe 1.62 *(Gleichmächtige Mengen)*

Man beweise, daß die Menge M aller reellen Zahlen x mit $0 < x < 1$ zur Menge F (siehe Aufgabe 1.58) gleichmächtig ist.

Lösung.   Sei $a \in M$. Dann existieren gewisse $a_1, a_2, ... \in \{0, 1\}$ mit

$$x = a_1 \cdot \frac{1}{2} + a_2 \cdot \frac{1}{2^2} + a_3 \cdot \frac{1}{2^3} + ...$$

Genauer:

$$x = \lim_{n \to \infty} \sum_{i=1}^{n} a_i \cdot \frac{1}{2^i}.$$

Diese Darstellung ist nur dann eineindeutig, wenn $(a_1, a_2, a_3, ...)$ keine 1-Periode besitzt. Folglich ist M zu $F^\star$ (siehe Aufgabe 1.61) gleichmächtig. Unsere Behauptung folgt dann aus der Lösung von Aufgabe 1.61.

Aufgabe 1.63 *(Gleichmächtige Mengen)*

Man beweise, daß $\mathbb{R}$ zur Menge $\mathfrak{P}(\mathbb{N})$ gleichmächtig ist.

Lösung.   Im Abschnitt 1.5 wurde gezeigt, daß $\mathbb{R}$ zur Menge $M := \{x \in \mathbb{R} \mid 0 < x < 1\}$ gleichmächtig ist. Unsere Behauptung ergibt sich damit aus den Lösungen der Aufgaben 1.62 und 1.60.   □

Boolesche Funktionen und Aussagenlogik

Aufgabe 1.64 *(Aufschreiben eines Satzes der Umgangssprache als aussagenlogische Formel)*

Man überführe die folgende Aussage A in einen aussagenlogischen Term: *Sonntags besuchen wir unsere Freunde und, sofern es nicht gerade regnet, machen wir eine Wanderung oder eine Radpartie.*

Lösung. A läßt sich wie folgt in die Einzelaussagen B, C, D, E, F zerlegen:

          B: *Es ist Sonntag.*

          C: *Wir besuchen unsere Freunde.*

          D: *Es regnet.*

          E: *Wir machen eine Wanderung.*

          F: *Wir machen eine Radpartie.*

Logisch präzise lautet dann A:

> **Wenn** *es Sonntag ist,* **dann**
> *besuchen wir unsere Freunde* **und,**
> **falls** *es nicht regnet,* **dann**
> *machen wir eine Wanderung* **oder** *wir machen eine Radpartie.*

beziehungsweise

$$B \implies (C \wedge (\neg D \implies (E \vee F))).$$

Aufgabe 1.65 *(Logische Analyse von zwei Sätzen der Umgangssprache)*

Oft sind Sätze der Umgangssprache unpräzise oder mehrdeutig, was man meist erst bei der logischen Analyse entdeckt. Man erläutere dies anhand der folgenden zwei Aussagen A_1 und A_2.

A_1: *Unsere Zimmer sind mit Fernseher und Telefon oder Internetanschluß ausgestattet.*

A_2: *Werktags außer samstags verkehrt um 23.20 Uhr entweder ein Zug oder ein Bus von X nach Y.*

Lösung.   Wir benutzen die folgenden Teilaussagen von A_1:

          B: *Unsere Zimmer sind mit Fernseher ausgestattet.*

          C: *Unsere Zimmer sind mit Telefon ausgestattet.*

          D: *Unsere Zimmer sind mit Internetanschluß ausgestattet.*

Der Term $B \wedge C \vee D$ ist kein zulässiger Ausdruck! Korrekte Terme sind $(B \wedge C) \vee D$ oder $B \wedge (C \vee D)$, deren zugehörigen Booleschen Funktionen voneinander verschieden sind. Damit hat obiger Satz A_1 zwei unterschiedliche logische Interpretationen:

- $(B \wedge C) \vee D$: *Unsere Zimmer sind mit Fernseher und Telefon – oder mit Internetanschluß ausgestattet.*
- $B \wedge (C \vee D)$: *Unsere Zimmer sind mit Ferseher – und zusätzlich mit Telefon oder Internetanschluß ausgestattet.*

Kommen wir nun zur logischen Analyse von A_2, wobei wir die folgenden Teilaussagen von A_2 benutzen:

          B: *Es ist werktags.*

          C: *Es ist sonntags.*

          D: *Es verkehrt um 23.20 Uhr ein Zug von X nach Y.*

          E: *Es verkehrt um 23.20 Uhr ein Bus von X nach Y.*

Übersetzt man die obige Aussage ohne viel Überlegung, so erhält man:

$$\varphi := (B \wedge (\neg C)) \implies ((D \wedge (\neg E)) \vee ((\neg D) \wedge E).$$

Dies ist zwar eine aussagenlogisch korrekte Formel, sie stimmt aber nicht mit dem überein was mit A_2 offenbar gemeint ist. Denn, wählt man z.B. $B = 0$ und $C = 0$ („*sonntags*"), so ist $\varphi = 1$, was

Sonntags verkehrt ... ein Zug und ein Bus ...

als wahre Aussage zur Folge hat. So will aber obiger Text sicher nicht verstanden werden! Eine mögliche Textergänzung bei A zwecks Eindeutigkeit ist

... und falls es nicht werktags außer samstags ist, dann
verkehrt um 23.20 Uhr weder ein Zug noch ein Bus ...

beziehungsweise formalisiert:

$$\psi := \neg(B \wedge (\neg C)) \implies ((\neg D) \wedge (\neg E)).$$

Der korrekte Ersatzausdruck für A_2 lautet dann

$$\varphi \wedge \psi,$$

wie man anhand folgender Tabelle überprüfen kann:

B	C	D	E	φ	ψ	$\varphi \wedge \psi$	Bemerkung
0	0	0	0	1	1	1	werktags
0	0	0	1	1	0	0	
0	0	1	0	1	0	0	
0	0	1	1	1	0	0	
0	1	0	0	1	1	1	nicht
0	1	0	1	1	0	0	interpretierbar
0	1	1	0	1	0	0	
0	1	1	1	1	0	0	
1	0	0	0	0	1	0	werktags
1	0	0	1	1	1	1	
1	0	1	0	1	1	1	
1	0	1	1	0	1	0	
1	1	0	0	1	1	1	samstags
1	1	0	1	1	0	0	
1	1	1	0	1	0	0	
1	1	1	1	1	0	0	

Aufgabe 1.66 *(Überprüfen einer Schlußfolgerung mittels Aussagenlogik)*
Man entscheide, ob der folgende Schluß korrekt ist, wenn man die Voraussetzungen als Aussagen aufschreibt und nachprüft, ob die Konjunktion dieser Aussagen die Behauptung impliziert.
Falls die Beschäftigten eines Betriebes nicht streiken, so ist eine notwendige und hinreichende Bedingung für eine Gehaltserhöhung, daß die Arbeitsstundenzahl erhöht wird. Im Falle einer Gehaltserhöhung wird nicht gestreikt. Falls die Arbeitsstundenzahl erhöht wird, so gibt es keine Gehaltserhöhung. Folglich werden die Gehälter nicht erhöht.

Lösung.   Wir benutzen folgende Abkürzungen:

S: *Die Beschäftigten des Betriebes streiken.*
G: *Es gibt eine Gehaltserhöhung.*
A: *Die Arbeitsstundenzahl wird erhöht.*

Die obigen Voraussetzungen sind damit wie folgt beschreibbar:

$$\varphi_1 := (\neg S) \Longrightarrow (G \Longleftrightarrow A),$$
$$\varphi_2 := G \Longrightarrow (\neg S),$$
$$\varphi_3 := A \Longrightarrow (\neg G).$$

Die Folgerung lautet dann $\neg G$.
Der oben angegebene Schluß ist korrekt, da

$$\varphi := (\varphi_1 \wedge \varphi_2 \wedge \varphi_3) \Longrightarrow (\neg G)$$

eine Tautologie ist, was man z.B. mit Hilfe einer Wahrheitswertetabelle nachprüfen kann:

S	G	A	φ_1	φ_2	φ_3	$\varphi_1 \wedge \varphi_2 \wedge \varphi_3$	$\neg G$	φ
0	0	0	1	1	1	1	1	1
0	0	1	0	1	1	0	1	1
0	1	0	0	1	1	0	0	1
0	1	1	1	1	0	0	0	1
1	0	0	1	1	1	1	1	1
1	0	1	1	1	1	1	1	1
1	1	0	1	0	1	0	0	1
1	1	1	1	0	0	0	0	1

Etwas schneller zum Beweis kommt man durch folgende Überlegung:
Angenommen, es gibt $s, g, a \in \{0, 1\}$ mit

$$(((\neg s \Longrightarrow (g \Longleftrightarrow a)) \wedge (g \Longrightarrow \neg s) \wedge (a \Longrightarrow \neg g)) \Longrightarrow \neg g) = 0.$$

Dann gilt $(\neg s \Longrightarrow (g \Longleftrightarrow a)) \wedge (g \Longrightarrow \neg s) \wedge (a \Longrightarrow \neg g) = 1$ und $\neg g = 0$.
Folglich haben wir $g = 1$ und

$$(\neg s \Longrightarrow (g \Longleftrightarrow a)) = (g \Longrightarrow \neg s) = (a \Longrightarrow \neg g) = 1.$$

Aus $(g \Longrightarrow \neg s) = 1$ und $g = 1$ folgt dann $s = 0$. Wegen $(\neg s \Longrightarrow (g \Longleftrightarrow a)) = 1$ folgt hieraus $g = a = 1$. Die Gleichung $(a \Longrightarrow \neg g) = 1$ liefert dann den Widerspruch $g = 0$.

Aufgabe 1.67 *(Lösen einer Aufgabe mittels Aussagenlogik)*

Ein Polizeibericht enthält folgende Informationen über einen Einbruchs:
Der/Die Täter ist/sind mit Sicherheit unter den drei Personen A, B, C zu finden.
Wenn A und B nicht beide zugleich am Einbruch beteiligt waren, scheidet C als Täter aus.
Ist B schuldig oder C unschuldig, so kommt A als Täter nicht in Frage.
Wer hat den Einbruch begangen?

Lösung.   Wir benutzen die folgenden Bezeichnungen für die angegebenen Aussagen:

$$X: A \text{ ist Täter},$$
$$Y: B \text{ ist Täter},$$
$$Z: C \text{ ist Täter}.$$

Der oben angegebene Polizeibericht läßt sich dann in der Form

$$\varphi := (X \vee Y \vee Z) \wedge (\overline{X \wedge Y} \Longrightarrow \overline{Z}) \wedge ((Y \vee \overline{Z}) \Longrightarrow \overline{X}) = 1$$

aufschreiben. Mit Hilfe einer Wahrheitswertetabelle prüft man leicht nach, daß diese Gleichung nur für $X = Z = 0$ und $B = 1$ gilt:

X	Y	Z	$X \vee Y \vee Z$	$\overline{X \wedge Y} \Longrightarrow \overline{Z}$	$(Y \vee \overline{Z}) \Longrightarrow \overline{X}$	φ
0	0	0	0	1	1	0
0	0	1	1	0	1	0
0	1	0	1	1	1	1
0	1	1	1	0	1	0
1	0	0	1	1	0	0
1	0	1	1	0	1	0
1	1	0	1	1	0	0
1	1	1	1	1	0	0

Also ist B der Täter.

Aufgabe 1.68 *(Übersetzen von umgangssprachlichen Sätzen in die Sprache der Aussagenlogik)*

Man überführe den folgenden Satz in einen aussagenlogischen Term und untersuche, unter welchen Umständen das Verhalten eines Teilnehmers an der Klausur nach dieser Formulierung korrekt ist:

A: Zugelassene Hilfsmittel bei der Klausur sind Vorlesungsmitschriften oder das Buch zur Vorlesung.

Lösung.   Wir formalisieren die Aussage A mit Hilfe von

V: Die Vorlesungsmitschrift wird vom Studenten benutzt.,
B: Das Buch zur Vorlesung wird vom Studenten benutzt.

in der Form

$$A(V, B) = 1 \iff \text{das Verhalten des Studenten ist korrekt.}$$

Der Ausdruck $A(V, B) = V \vee B$ ist falsch, da $A(0, 0) = 0$ und dies sicher nicht dem Anliegen von A entspricht. Richtig ist dagegen:

$$A(V, B) = (V \wedge B) \vee (V \wedge (\neg(B))) \vee ((\neg V) \wedge B) \vee ((\neg(V)) \wedge (\neg(B))).$$

Was ist aber, wenn der Student einen Laptop oder ein Buch ($\neq$ Buch zur Vorlesung) benutzt? Im Sinne der mathematischen Logik handelt er trotzdem korrekt, da obiges A eine Tautologie ist. Um dies zu vermeiden, muß A ergänzt werden durch:

Weitere Hilfsmittel sind nicht erlaubt.

Formal benötigen wir also noch

H: Ein weiteres Hilfsmittel wird benutzt.

und erhalten

$$A(V, B, H) = 1 \iff \neg H.$$

Aus rechtslogischer Sicht sieht dies etwas anders aus:

§ 133 BGB:

„Bei der Auslegung ist der wirkliche Wille zu erforschen und nicht an dem buchstäblichen Sinne des Ausdrucks zu haften."

Ein Jurist würde in obiger Aussage außerdem das *oder* im Sinne von *entweder–oder* interpretieren. Ist unser aussagenlogisches *oder* gemeint, so würde ein Jurist anstelle von A die Aussage A': „*Zugelassene Hilfsmittel bei einer Klausur sind Vorlesungsmitschriften und das Buch zur Vorlesung.*" verwenden.

Aufgabe 1.69 *(Übersetzen von umgangssprachlichen Sätzen in die Sprache der Aussagenlogik)*

Gegeben seien die Aussagen

A_1: *Die Sonne scheint.*
A_2: *Ein Auftrag liegt vor.*
A_3: *Miss Peel übt Karate.*
A_4: *Miss Peel besucht Mr. Steed.*
A_5: *Mr. Steed spielt Golf.*
A_6: *Mr. Steed luncht mit Miss Peel.*

Mit Hilfe der Aussagen $A_1, ..., A_6$ und Aussagenverbindungen stelle man die folgenden Aussagen dar.

A: Wenn die Sonne scheint, spielt Mr. Steed Golf.
B: Wenn die Sonne nicht scheint und kein Auftrag vorliegt, luncht Mr. Steed mit Miss Peel.
C: Entweder übt Miss Peel Karate oder sie besucht Mr. Steed.
D: Miss Peel übt Karate genau dann, wenn Mr. Steed Golf spielt – oder ein Auftrag liegt vor.
E: Entweder scheint die Sonne und Mr. Steed spielt Golf – oder Miss Peel besucht Mr. Steed und dieser luncht mit ihr.
F: Es trifft nicht zu, daß Miss Peel Mr. Steed besucht, wenn ein Auftrag vorliegt.
G: Nur dann, wenn kein Auftrag vorliegt, luncht Mr. Steed mit Miss Peel.

Lösung. Z.B. kann man die obigen Aussagen wie folgt darstellen:

$A = (A_1 \implies A_5)$,
$B = ((\neg A_1 \land \neg A_2) \implies A_6)$,
$C = ((A_3 \land \neg A_4) \lor (\neg A_3 \land A_4))$,
$D = ((A_3 \iff A_5) \lor A_2)$,
$E = (((A_1 \land A_5) \land \neg(A_4 \land A_6)) \lor (\neg(A_1 \land A_5) \land (A_4 \land A_6)))$,
$F = (\neg(A_2 \implies A_4))$,
$G = (A_6 \implies \neg A_2)$.

Aufgabe 1.70 *(Interpretation von aussagenlogischen Formeln)*

Man gebe für jede der folgenden Äquivalenzen eine sprachliche (verbale) Interpretation anhand eines Beispiels an!

(a) $(x \land x) \iff x$,
(b) $(\neg\neg x) \iff x$,
(c) $(\neg(x \land y)) \iff (\neg x \lor \neg y)$,
(d) $(\neg x \lor y) \iff (x \implies y)$,

(e) $(x \wedge (x \vee y)) \Longleftrightarrow x$,

(f) $((x \Longrightarrow y) \wedge (y \Longrightarrow x)) \Longleftrightarrow (x \Longleftrightarrow y)$.

Lösung.   (a): Linke Seite: „Es regnet und regnet.". Rechte Seite: „Es regnet".

(b): L.S.: „Eva ist nicht unbegabt.", R.S.: „Eva ist begabt."

(c): L.S.: „Es trifft nicht zu, daß Adam raucht und trinkt", R.S.: „Adam raucht nicht oder Adam trinkt nicht".

(d): L.S.: „Das Haus ist nicht neu oder groß.", R.S.: „Wenn das Haus neu ist, dann ist es auch groß."

(e): L.S.: „20 ist durch 10 teilbar und 20 ist durch 10 oder 2 teilbar.", R.S.: „20 ist durch 10 teilbar."

(f): L.S.: „Wenn zwei Mengen äquivalent sind, dann haben sie die gleiche Mächtigkeit – und wenn sie die gleiche Mächtigkeit haben, dann sind sie äquivalent.", R.S.: „Zwei Mengen sind genau dann äquivalent, wenn sie die gleiche Mächtigkeit haben."

Aufgabe 1.71 *(Beschreibung von Booleschen Funktionen durch unterschiedliche Formeln)*

Die Booleschen Funktionen f bzw. g seien durch

$$f(x,y) := (\overline{x} \Rightarrow \overline{y}) \wedge (\overline{x} \vee y)$$

bzw.

$$g(x,y,z) := (x \Leftrightarrow \overline{z}) + y$$

definiert.

(a) Man gebe die Wertetabellen und die disjunktiven Normalformen von f und g an.

(b) Wie läßt sich f nur unter Verwendung der Zeichen $\wedge$ und $^{-}$ darstellen?

Lösung. **(a):**

x	y	$f(x,y)$
0	0	1
0	1	0
1	0	0
1	1	1

x	y	z	$g(x,y,z)$
0	0	0	0
0	0	1	1
0	1	0	1
0	1	1	0
1	0	0	1
1	0	1	0
1	1	0	0
1	1	1	1

Die disjunktiven Normalformen dieser Funktionen sind:

$$f(x,y) = (\overline{x} \wedge \overline{y}) \vee (x \wedge y),$$
$$g(x,y,z) = (\overline{x} \wedge \overline{y} \wedge z) \vee (\overline{x} \wedge y \wedge \overline{z}) \vee (x \wedge \overline{y} \wedge \overline{z}) \vee (x \wedge y \wedge z).$$

(b): $f(x,y) = \overline{(\overline{x} \wedge \overline{y}) \wedge \overline{(x \wedge y)}}.$

Aufgabe 1.72 *(Vereinfachung Boolescher Terme)*

Man vereinfache mit Hilfe der algebraischen Methode die folgenden Booleschen Terme:

(a) $t_1(x,y) := ((x \wedge y) \vee (x \wedge \overline{y})) \vee (\overline{x} \vee y),$
(b) $t_2(x,y,z) := \overline{((x \vee y) \vee z) \wedge (\overline{x} \vee z)},$
(c) $t_3(x,y,z) := (x \wedge (y \wedge z)) \vee (\overline{x} \wedge (\overline{y} \wedge \overline{z})) \vee ((x \vee \overline{y}) \wedge (x \vee \overline{z})),$
(d) $t_4(x,y,z,u) := (((x \wedge y) \vee \overline{z}) \vee ((\overline{x} \wedge \overline{z}) \vee (\overline{\overline{y} \wedge u}))).$

Lösung.   (a): $t_1(x,y) = 1,$
(b): $t_2(x,y,z) = (y \wedge \overline{x}) \vee z = (\overline{y} \vee x) \wedge \overline{z},$
(c): $t_3(x,y,z) = \overline{x} \wedge (y \vee z),$
(d): $t_4(x,y,z,u) = (\overline{x} \wedge z) \vee (x \wedge \overline{y} \wedge u) \vee (\overline{y} \wedge z).$

Aufgabe 1.73 *(Tautologien, Kontradiktionen, Kontingenzen)*

Eine Aussage, deren Negation eine Tautologie ist, heißt *Kontradiktion*. Eine Aussage, die weder eine Tautologie noch eine Kontradiktion ist, nennt man *Kontingenz*. Man entscheide anhand von Wahrheitstafeln, welche der folgenden Aussagen Tautologien, Kontradiktionen oder Kontingenzen sind.

(a) $(x \Longrightarrow (y \Longrightarrow z)) \Longleftrightarrow ((x \Longrightarrow y) \Longrightarrow z),$
(b) $((x \wedge z) \vee (y \wedge \overline{z})) \Longleftrightarrow ((x \wedge \overline{z}) \wedge (y \vee z)),$
(c) $((x \wedge y) \vee (x \wedge \overline{y})) \vee (\overline{x} \wedge y),$
(d) $(x \wedge \overline{x}) \wedge ((y \vee \overline{y}) \Longrightarrow z),$
(e) $(x \Longrightarrow (y \Longrightarrow z)) \Longrightarrow ((x \wedge y) \Longrightarrow z),$
(f) $(x \vee \overline{x}) \wedge ((y \wedge \overline{y}) \Longrightarrow z).$

Lösung.   Tautologien sind (e) und (f). Nur(d) ist eine Kontradiktion. Kontingenzen sind (a), (b) und (c).

Aufgabe 1.74 *(Vereinfachung Boolescher Terme)*

Für Abstimmungen in einem vierköpfigen Gremium gelten folgende Regeln: Stimmenthaltung unzulässig; die Abstimmung erfolgt dadurch, daß jedes Mitglied des Gremiums einen bei seinem Platz angebrachten Schalter in eine der beiden möglichen Stellungen „Ja" oder „Nein" bringt. Ein grünes Licht leuchtet bei Annahme eines Antrags auf, ein rotes bei Ablehnung. Bei Stimmengleichheit leuchten beide Lichter auf. Man erstelle die disjunktiven Normalformen der beiden Stromführungsfunktionen und vereinfache diese.

Lösung.   Bezeichne g die Stromführungsfunktion für die grüne Lampe und bezeichne r die Funktion für die rote Lampe. Dann gilt:

x y z u	$g(x,y,z,u)$	$r(x,y,z,u)$
0 0 0 0	0	1
0 0 0 1	0	1
0 0 1 0	0	1
0 0 1 1	1	1
0 1 0 0	0	1
0 1 0 1	1	1
0 1 1 0	1	1
0 1 1 1	1	0
1 0 0 0	0	1
1 0 0 1	1	1
1 0 1 0	1	1
1 0 1 1	1	0
1 1 0 0	1	1
1 1 0 1	1	0
1 1 1 0	1	0
1 1 1 1	1	0

Die disjunktiven Normalformen der Funktionen g und r lauten folglich (unter Verwendung der Schreibweise xy anstatt $x \wedge y$ und der Vereinbarung, daß $\wedge$ stärker bindet als $\vee$)

$$g(x,y,z,u) = \overline{x}\,\overline{y}zu \vee \overline{x}y\overline{z}u \vee \overline{x}yz\overline{u} \vee \overline{x}yzu \vee x\overline{y}\,\overline{z}\,\overline{u} \vee x\overline{y}z\overline{u} \vee x\overline{y}zu$$
$$\vee xy\overline{z}\,\overline{u} \vee xy\overline{z}u \vee xyz\overline{u} \vee xyzu$$

und

$$r(x,y,z,u) = \overline{x}\,\overline{y}\,\overline{z}\,\overline{u} \vee \overline{x}\,\overline{y}z\overline{u} \vee \overline{x}\,\overline{y}z\overline{u} \vee \overline{x}\,\overline{y}zu \vee \overline{x}y\overline{z}\,\overline{u} \vee \overline{x}y\overline{z}u \vee \overline{x}yz\overline{u}$$
$$\vee x\overline{y}\,\overline{z}\,\overline{u} \vee x\overline{y}\,\overline{z}u \vee x\overline{y}z\overline{u} \vee xy\overline{z}\,\overline{u}.$$

Vereinfachen lassen sich obige Darstellungen für die Funktionen g und r nach dem in Abschnitt 1.6 angegebenen Verfahren.
Zunächst für g:

1. geordnete Liste: 1. Zusammenfassung:

1., 2.	xyz
1., 3.	xyu
1., 4.	xzu
1., 5.	yzu
2., 8.	$yz\overline{u}$
2., 10.	$xz\overline{u}$
2., 11.	$xy\overline{u}$
3., 7.	$y\overline{z}u$
3., 9.	$x\overline{z}u$
3., 11.	$xy\overline{z}$
4., 6.	$\overline{y}zu$
4., 9.	$x\overline{y}u$
4., 10.	$x\overline{y}z$
5., 6.	$\overline{x}zu$
5., 7.	$\overline{x}yu$
5., 8.	$\overline{x}yz$

1.	$xyzu$
2.	$xyz\overline{u}$
3.	$xy\overline{z}u$
4.	$x\overline{y}zu$
5.	$\overline{x}yzu$
6.	$\overline{x}\,\overline{y}zu$
7.	$\overline{x}y\overline{z}u$
8.	$\overline{x}yz\overline{u}$
9.	$x\overline{y}\,\overline{z}u$
10.	$x\overline{y}z\overline{u}$
11.	$xy\overline{z}\,\overline{u}$

2. geordnete Liste: 2. Zusammenfassung:

1.	xyz
2.	$xy\overline{z}$
3.	$x\overline{y}z$
4.	$\overline{x}yz$
5.	xyu
6.	$xy\overline{u}$
7.	$x\overline{y}u$
8.	$\overline{x}yu$
9.	xzu
10.	$xz\overline{u}$
11.	$x\overline{z}u$
12.	$\overline{x}zu$
13.	yzu
14.	$yz\overline{u}$
15.	$y\overline{z}u$
16.	$\overline{y}zu$

1., 2.	xy
1., 3.	xz
1., 4.	yz
5., 6.	xy
5., 7.	xu
5., 8.	yu
9., 10.	xz
9., 11.	xu
9., 12.	zu

Da keine weiteren Zusammenfassungen mehr möglich sind, erhalten wir

$$g(x, y, z, u) = xy \lor xz \lor yz \lor xu \lor yu \lor zu.$$

Analog läßt sich nun die Beschreibung von r vereinfachen:

1. geordnete Liste: 1. Zusammenfassung:

1., 7.	$x\bar z\,\bar u$
1., 8.	$y\bar z\,\bar u$
2., 7.	$x\bar y\,\bar u$
2., 9.	$\bar y z\bar u$
3., 8.	$\bar x y\bar u$
3., 9.	$\bar x z\bar u$
4., 7.	$x\bar y\,\bar z$
4., 10.	$\bar y\,\bar z u$
5., 8.	$\bar x y\bar z$
5., 10.	$\bar x\,\bar z u$
6., 9.	$\bar x\,\bar y z$
6., 10.	$\bar x\,\bar y u$
7., 11.	$\bar y\,\bar z\,\bar u$
8., 11.	$\bar x\,\bar z\,\bar u$
9., 11.	$\bar x\,\bar y\,\bar u$
10., 11.	$\bar x\,\bar y\,\bar z$

1.	$xy\bar z\,\bar u$
2.	$x\bar y z\bar u$
3.	$\bar x y z\bar u$
4.	$x\bar y\,\bar z u$
5.	$\bar x y\bar z u$
6.	$\bar x\,\bar y z u$
7.	$x\bar y\,\bar z\,\bar u$
8.	$\bar x y\bar z\,\bar u$
9.	$\bar x\,\bar y z\bar u$
10.	$\bar x\,\bar y\,\bar z u$
11.	$\bar x\,\bar y\,\bar z\,\bar u$

2. geordnete Liste: 2. Zusammenfassung:

1.	$x\bar y\,\bar z$
2.	$\bar x y\bar z$
3.	$\bar x\,\bar y z$
4.	$\bar x\,\bar y\,\bar z$
5.	$x\bar y\,\bar u$
6.	$\bar x y\,\bar u$
7.	$\bar x\,\bar y u$
8.	$\bar x\,\bar y\,\bar u$
9.	$y\bar z\,\bar u$
10.	$\bar y z\bar u$
11.	$\bar y\,\bar z u$
12.	$\bar y\,\bar z\,\bar u$
13.	$x\bar z\,\bar u$
14.	$\bar x z\bar u$
15.	$\bar x\,\bar z u$
16.	$\bar x\,\bar z\,\bar u$

1., 4.	$\bar y\,\bar z$
2., 4.	$\bar x\,\bar z$
3., 4.	$\bar x\,\bar y$
5., 8.	$\bar y\,\bar u$
6., 8.	$\bar x\,\bar u$
7., 8.	$\bar x\,\bar y$
9., 12.	$\bar z\,\bar u$
10., 12.	$\bar y\,\bar u$
11., 12.	$\bar y\,\bar z$
13., 16.	$\bar z\,\bar u$
14., 16.	$\bar x\,\bar u$
15., 16.	$\bar x\,\bar z$

Da weitere Zusammenfassungen nicht mehr möglich sind, erhalten wir

$$r(x,y,z,u) = \bar x\bar y \vee \bar x\,\bar z \vee \bar y\,\bar z \vee \bar x\,\bar u \vee \bar y\,\bar u \vee \bar z\,\bar u.$$

Man prüft leicht nach, daß in den verkürzten Darstellungen für g und r keine Konjunktionen weggelassen werden können.

Aufgabe 1.75 *(Eigenschaften Boolescher Funktionen)*

Eine n-stellige Boolesche Funktion f heißt *selbstdual* (oder *autodual*), wenn für alle $x_1, ..., x_n \in \{0, 1\}$ gilt:

$$f(x_1, ..., x_n) = \overline{f(\overline{x_1}, \overline{x_2}, ..., \overline{x_n})}.$$

Eine n-stellige Boolesche Funktion f heißt *linear*, wenn es gewisse $a_0, a_1, ...,$ $a_n \in \{0, 1\}$ gibt, so daß

$$f(x_1, ..., x_n) = a_0 + a_1 \cdot x_1 + a_2 \cdot x_2 + ... + a_n \cdot x_n \ (\mathrm{mod}\, 2)$$

für alle $x_1, ..., x_n \in \{0, 1\}$ gilt.

Eine n-stellige Boolesche Funktion f heißt *monoton*, wenn

$$\forall a_1, ..., a_n, b_1, ..., b_n \in \{0, 1\}:$$
$$((\forall i \in \{1, 2, ..., n\} : a_i \leq b_i) \implies (f(a_1, ..., a_n) \leq f(b_1, ..., b_n)))$$

gilt.

(a) Wie viele selbstduale ein- oder zweistellige Boolesche Funktionen gibt es?

(b) Wie viele lineare ein- oder zweistellige Boolesche Funktionen gibt es?

(c) Wie viele monotone ein- oder zweistellige Boolesche Funktionen gibt es?

(d) Man beweise: Eine lineare n-stellige Boolesche Funktion f mit

$$f(x_1, ..., x_n) = a_0 + a_1 \cdot x_1 + a_2 \cdot x_2 + ... + a_n \cdot x_n \ (\mathrm{mod}\, 2)$$

ist genau dann selbstdual, wenn

$$a_1 + a_2 + ... + a_n = 1 \ (\mathrm{mod}\, 2)$$

gilt.

(e) Man beweise: Eine lineare, n-stellige Boolesche Funktion f der Form

$$f(x_1, x_2, ..., x_n) := a_0 + x_1 + x_2 + a_3 \cdot x_3 + ... + a_n \cdot x_n,$$

wobei $a_0, a_3, a_4, ..., a_n \in \{0, 1\}$, ist nicht monoton.

(f) Welche der folgenden Booleschen Funktionen sind selbstdual, welche Funktionen sind linear und welche Funktionen sind monoton?

- $f_1(x, y, z) := (x \Longleftrightarrow y) \Longleftrightarrow z$,
- $f_2(x, y, z) := (x \Longrightarrow y) \Longrightarrow z$,
- $f_3(x, y, z) := (x \Longleftrightarrow y) + z$,
- $f_4(x, y, z) := (x + y) \Longleftrightarrow z$,
- $f_5(x, y, z) := (x \wedge y) \vee (x \wedge z) \vee (y \wedge z)$.

Lösung. In den folgenden drei Tabellen sind die möglichen ein- und zwei-stelligen Booleschen Funktionen angegeben:

x	$f_1(x)$	$f_2(x)$	$f_3(x)$	$f_4(x)$
0	0	1	0	1
1	0	1	1	0

x y	$g_1(x,y)$	$g_2(x,y)$	$g_3(x,y)$	$g_4(x,y)$	$g_5(x,y)$	$g_6(x,y)$	$g_7(x,y)$	$g_8(x,y)$
0 0	0	0	0	0	0	0	0	0
0 1	0	0	0	0	1	1	1	1
1 0	0	0	1	1	0	0	1	1
1 1	0	1	0	1	0	1	0	1

x y	$h_1(x,y)$	$h_2(x,y)$	$h_3(x,y)$	$h_4(x,y)$	$h_5(x,y)$	$h_6(x,y)$	$h_7(x,y)$	$h_8(x,y)$
0 0	1	1	1	1	1	1	1	1
0 1	0	0	0	0	1	1	1	1
1 0	0	0	1	1	0	0	1	1
1 1	0	1	0	1	0	1	0	1

(a)–(c): Von den oben angegebenen Funktionen sind genau
6 selbstdual: $f_3, f_4, g_4, g_6, h_3, h_5$;
12 linear: $f_1, f_2, f_3, f_4, g_1, g_4, g_6, g_7, h_2, h_3, h_5, h_6$;
9 monoton: $f_1, f_2, f_3, g_1, g_2, g_4, g_6, g_8, h_8$.

(d): Es sei $f(x_1, ..., x_n) := a_0 + a_1 \cdot x_1 + a_2 \cdot x_2 + ... + a_n \cdot x_n \pmod 2$ und
$f_\star(x_1, ..., x_n) := \overline{f(\overline{x_1}, \overline{x_2}, ..., \overline{x_n})}$. Wegen $\overline{x} = x + 1 \pmod 2$ haben wir

$$
\begin{aligned}
& f_\star(x_1, ..., x_n) \\
= {} & (a_0 + a_1 \cdot (x_1 + 1) + ... + a_n \cdot (x_n + 1)) + 1 \pmod 2 \\
= {} & 1 + a_0 + a_1 + ... + a_n + a_1 \cdot x_1 + a_2 \cdot x_2 + ... + a_n \cdot x_n \pmod 2 \\
= {} & 1 + a_1 + a_2 + ... + a_n + f(x_1, ..., x_n) \pmod 2.
\end{aligned}
$$

Folglich gilt:

$$f = f_\star \iff a_1 + a_2 + ... + a_n = 1 \pmod 2.$$

(e): Sei $f(x_1, x_2, ..., x_n) := a_0 + x_1 + x_2 + a_3 \cdot x_3 + ... + a_n \cdot x_n \pmod 2$. Dann
gilt $f(\overline{a_0}, 0, 0, ..., 0) = 1$ und $f(\overline{a_0}, 1, 0, ..., 0) = 0$, womit f nicht monoton ist.

(f): Wegen $f_1(x, y, z) = x + y + z \pmod 2$ ist f_1 selbstdual und linear, jedoch
nicht monoton.
Anhand einer Wertetabelle von f_2 oder mittels $f_2(x, y, z) = (x \lor y \lor z) + (x \land y \land \overline{z})$ prüft man leicht nach, daß f_2 nicht selbstdual, nicht linear und
auch nicht monoton ist.
Wegen $x \iff y = x + y + 1 \pmod 2$ gilt $f_3(x, y, z) = f_4(x, y, z) = x + y + z + 1 \pmod 2$, womit f_3 und f_4 linear, selbstdual und nicht monoton sind.
Die Funktion f_5 ist selbstdual, monoton, jedoch nicht linear.   □

Prädikatenlogik erster Stufe

Aufgabe 1.76 *(Prädikat)*

Sei M eine nichtleere Menge und R eine reflexive und symmetrische Relation auf M. Man gebe das durch R induzierte zweistelliges Prädikat P auf M an. Wie überträgt sich die Reflexivität und die Symmetrie von R auf P?

Lösung. Nach Definition ist P eine Abbildung von M^2 in $\{0,1\}$ mit $P(x,y) = 1$ genau dann, wenn $(x,y) \in R$ gilt. Da R reflexiv ist, gilt $P(x,x) = 1$ für alle $x \in M$. Aus der Symmetrie von R folgt $P(y,x) = 1$, falls $P(x,y) = 1$.

Aufgabe 1.77 *(Beispiel einer wahren Formel in einer Struktur)*

Es sei $\mathfrak{A}$ eine Struktur, zu der eine einstellige Operation $f : A \longrightarrow A$, die bijektiv ist, und eine zweistellige Relation $R := \{(a,a) \,|\, a \in A\}$ gehört. Man beschreibe die Eigenschaft „f ist bijektiv" durch eine prädikatenlogischen Formel, die in $\mathfrak{A}$ wahr ist.

Lösung. Es sei P das durch R induzierte Prädikat. Die folgende Formel ist in der Struktur $\mathfrak{A}$ wahr, da f bijektiv (d.h., injektiv und surjektiv) ist:

$$((\forall x_1(\forall x_2(P(f(x_1), f(x_2))))) \Longrightarrow P(x_1, x_2))) \wedge (\forall x_3(\exists x_4 P(f(x_4), x_3))).$$

Aufgabe 1.78 *(Äquivalenz von Formeln)*

Man beweise, daß für beliebige $\alpha, \beta \in FORM$ die folgenden Äquivalenzen nicht gelten:
(a) $(\forall x_k \, \alpha) \vee (\forall x_k \, \beta) \equiv \forall x_k(\alpha \vee \beta)$,
(b) $(\exists x_k \, \alpha) \wedge (\exists x_k \, \beta) \equiv \exists x_k(\alpha \wedge \beta)$.

Lösung. Wir setzen $x := x_k$, $A := \{a, b\}$, $a \neq b$, $\alpha := P(x)$ und $\beta := \neg P(x)$, wobei $P(a) := 1$ und $P(b) := 0$. In der Struktur $\mathfrak{A}$ mit dem Prädikat P gilt dann für beliebiges $u : A \longrightarrow \{0,1\}$:

$$v_{\mathfrak{A},u}((\forall x\, P(x)) \vee (\forall x(\neg P(x)))) = (P(a) \wedge P(b)) \vee ((\neg P(a)) \wedge (\neg P(b))) = 0 \neq$$
$$v_{\mathfrak{A},u}(\forall x\,(P(x) \vee (\neg P(x)))) = (P(a) \vee (\neg P(a))) \wedge (P(b) \vee (\neg P(b))) = 1.$$

Folglich ist die Formel (a) nicht allgemeingültig. Analog zeigt man, daß auch (b) nicht allgemeingültig ist.

Aufgabe 1.79 *(Erfüllbare und allgemeingültige Formeln)*

Bei der Beschreibung der nachfolgenden Formeln aus $FORM$ sind $\alpha, \beta \in FORM$, $\{x, y, z\} \subseteq Var$ und das Operationszeichen f wie auch das Prädikatzeichen P zweistellig. Welche der folgenden Formeln aus $FORM$ sind dann

erfüllbar und welche sind allgemeingültig?
(a) $P(x,y) \wedge P(y,x)$,
(b) $\forall x \, \forall y \, \forall z \; P(f(f(x,y),z), f(x, f(y,z)))$,
(c) $(\forall x \, P(x,z)) \Longrightarrow (\forall y \, (P(y,z)))$,
(d) $\neg((\neg(\neg \exists x \, \alpha)) \Longrightarrow (\forall x(\neg \alpha)))$,
(e) $\neg((\exists x \, \alpha) \vee (\forall y \, \beta)) \Longleftrightarrow ((\forall x \, \neg \alpha) \wedge (\forall y \, \neg \beta))$

Lösung. (a) und (b) sind nicht allgemeingültig. (a) ist offenbar in einer Struktur, in der dem Prädikat P eine symmetrische Relation entspricht, erfüllbar. (b) ist z.B. erfüllbar in einer Struktur $\mathfrak{A}$ mit einer zweistelligen assoziativen Operation f und einer dem Prädikat P zugeordneten Relation $R := \{(x,x) \mid x \in A\}$.
(c) ist allgemeingültig, da $v_{\mathfrak{A},u}(\forall x \, P(x,z)) = v_{\mathfrak{A},u}(\forall y \, P(y,z))$ für beliebige $\mathfrak{A}$ und u gilt.
(d): Wegen $\neg(\exists \alpha) \equiv \forall x(\neg \alpha)$ gilt $v_{\mathfrak{A},u}((\neg(\exists x \, \alpha)) \Longrightarrow (\forall x(\neg \alpha))) = 1$, womit (d) unerfüllbar ist.
(e) ist allgemeingültig, was sich mit Hilfe von $\neg(\alpha \vee \beta) \equiv (\neg \alpha) \wedge (\neg \beta)$ und Satz 1.6.3, (a) leicht beweisen läßt.   □

Graphen

Aufgabe 1.80 *(Anwendung von Graphen)*
Geplant ist ein Tischtennisturnier mit den 5 Teilnehmern A, B, C, D, E und nur einer Tischtennisplatte. Außerdem soll gelten:
(1.) Jeder Teilnehmer spielt gegen jeden anderen genau einmal,
(2.) kein Teilnehmer spielt in zwei aufeinanderfolgenden Spielen.
Mittels Graphen kläre man, ob ein solches Tischtennisturnier möglich ist.

Lösung. Die Teilnehmer des Turniers kann man als Knoten eines Graphen auffassen und eine Kante zwischen zwei Knoten x und y gibt an, daß x und y miteinander spielen. Wegen Bedingung (1.) erhalten wir:

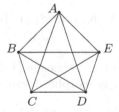

Folglich muß das Turnier aus 10 Spielen bestehen.
Zu Veranschaulichung von (2.) kann man einen Graphen verwenden, dessen Knoten die Spiele sind und eine Kante zwei Knoten genau dann verbindet, wenn sie keine gemeinsamen Spieler haben:

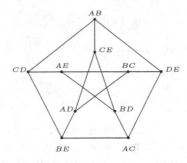

Die Linie, die die folgenden Knoten

$$AB,\ CD,\ BE,\ AC,\ DE,\ BC,\ AE,\ BD,\ CE, AD$$

verbindet, gibt dann eine Lösung für die Bedingungen (1.) und (2.) an.

Aufgabe 1.81 *(Anzahl von Graphen mit gewissen Eigenschaften)*
Man gebe die Menge aller Bäume mit der Knotenmenge $\{1, 2, 3, 4\}$ an und zerlege diese Menge in Klassen bez. Isomorphie, d.h., man entscheide, welche der Bäume untereinander isomorph sind.

Lösung.   Bäume sind zusammenhängende Graphen ohne Kreise. Haben diese Graphen genau 4 Knoten($\in \{1, 2, 3, 4\}$), so gibt es, falls die Knoten noch nicht bezeichnet sind, genau zwei Möglichkeiten:

Damit ist

$$B := \{ (\{1, 2, 3, 4\}, \{ \{a, b\}, \{b, c\}, \{c, d\} \}) \mid \{a, b, c, d\} = \{1, 2, 3, 4\} \}$$
$$\cup \{ (\{1, 2, 3, 4\}, \{ \{a, b\}, \{a, c\}, \{a, d\} \}) \mid \{a, b, c, d\} = \{1, 2, 3, 4\} \}$$

die Menge aller Bäume mit der Knotenmenge $\{1, 2, 3, 4\}$, die oben auch bereits in zwei Klassen untereinander isomorpher Graphen zerlegt wurde.

Aufgabe 1.82 *(Bestimmen eines Minimalgerüstes eines Graphen)*
Mit Hilfe der im Abschnitt 1.7 beschriebenen zwei Verfahren ermittle man ein Minimalgerüst für folgenden Graphen (Zwischenschritte angeben!).

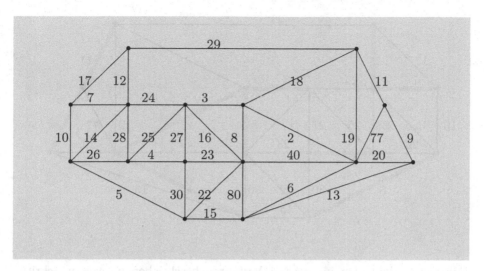

Lösung.   Das erste Verfahren liefert eine Folge von Kanten mit den Bewertungen

$$2, 3, 6, 8, 13, 9, 11, 15, 5, 10, 7, 12, 23, 4,$$

die das folgende Minimalgerüst charakterisieren:

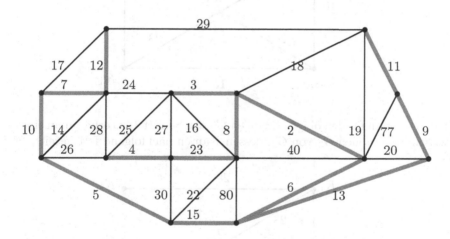

Das **zweite Verfahren** liefert im ersten Schritt den (nachfolgend mit stärkerer Strichdicke gezeichneten) Teilgraphen G_1 von G, der aus den Komponenten K_1 (2 Kanten mit den Bewertungen 7 und 12), K_2 (Kante mit der Bewertung 4), K_3 (Kante mit der Bewertung 5), K_4 (4 Kanten) und K_5 (2 Kanten mit den Bewertungen 11 und 9) besteht:

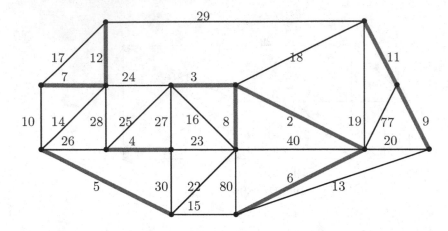

Führt man dann den im zweiten Verfahren beschriebenen zweiten Schritt durch, erhält man:

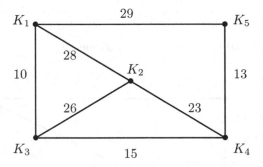

Wiederholt man für den obigen Graphen G_2 den Schritt 1, so erhält man einen gewissen Teilgraphen G_3 von G_2, dessen Kanten nachfolgend fett gezeichnet sind:

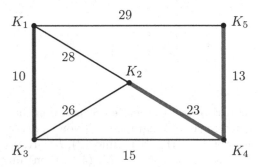

Da der Graph mit den fett gezeichneten Kanten nicht zusammenhängend ist, hat man für obigen Graphen nochmals Schritt 1 und dann Schritt 2 durchzuführen. Man erhält

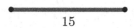

15

Da der obige Graph zusammenhängend und kreislos ist, sind wir fertig. Die Vereinigung der fett gezeichneten Kanten liefert nämlich ein Minimalgerüst des Ausgangsgraphen G, das mit dem Gerüst aus dem ersten Verfahren übereinstimmt.

2

Aufgaben zu:
Klassische algebraische Strukturen

Für die nächsten 5 Aufgaben benötigt man den Satz 2.2.3 mit Beweis und Kenntnisse über die im Abschnitt 1.4 definierte Addition und Multiplikation modulo n auf der Menge $\mathbb{Z}_n$, $n \in \mathbb{N}$. Wie im Abschnitt 2.2 vereinbart, werden nachfolgend die Elemente von $\mathbb{Z}_n$ nicht in der Form $[x]_{\equiv_n}$, sondern oft kurz durch x angegeben, wobei $x \in \{0, 1, ..., n-1\}$.

Aufgabe 2.1 *(Satz 2.2.3, Euklidischer Algorithmus)*
Man berechne den größten gemeinsamen Teiler $d := a \sqcap b$ und gewisse ganze Zahlen α, β mit $d = \alpha \cdot a + \beta \cdot b$ für

(a) $a = 362$ und $b = 22$,   (b) $a = 1033$ und $b = 52$,

(c) $a = 3584$ und $b = 498$,   (d) $a = 4823$ und $b = 975$.

Lösung. **(a):** Es gilt
$$
\begin{aligned}
362 &= 16 \cdot 22 + 10 \\
22 &= 2 \cdot 10 + 2 \\
10 &= 5 \cdot 2
\end{aligned}
$$
Also ist $a \sqcap b = 2$.
Die Vielfachsummendarstellung von 2 erhält man, indem man die obige zweite Gleichung nach 2 auflöst und eine Ersetzung mit Hilfe der ersten Gleichung vornimmt:
$$
\begin{aligned}
2 &= 22 - 2 \cdot 10 \\
2 &= 22 - 2 \cdot (362 - 16 \cdot 22) \\
2 &= (1 + 32) \cdot 22 - 2 \cdot 362
\end{aligned}
$$
Also
$$
2 = (-2) \cdot 362 + 33 \cdot 22,
$$
d.h., $\alpha = -2$ und $\beta = 33$ ist eine mögliche Lösung.

D. Lau, *Übungsbuch zur Linearen Algebra und analytischen Geometrie*, 2. Aufl., Springer-Lehrbuch,
DOI 10.1007/978-3-642-19278-4_2, © Springer-Verlag Berlin Heidelberg 2011

(b): Es gilt

$$1033 = 52 \cdot 19 + 45$$
$$52 = 45 \cdot 1 + 7$$
$$45 = 7 \cdot 6 + 3$$
$$7 = 3 \cdot 2 + 1$$
$$3 = 1 \cdot 3$$

Also ist $a \sqcap b = 1$. Die Vielfachsummendarstellung von 1 erhält man, indem man die obige vierte Gleichung nach 1 auflöst und Ersetzungen mit Hilfe der darüberstehenden Gleichungen vornimmt:

$$1 = 7 - 3 \cdot 2$$
$$1 = 7 - (45 - 7 \cdot 6) \cdot 2$$
$$1 = (1 + 12) \cdot 7 + (-2) \cdot 45$$
$$1 = 13 \cdot 7 + (-2) \cdot 45$$
$$1 = 13 \cdot (52 - 45 \cdot 1) + (-2) \cdot 45$$
$$1 = 13 \cdot 52 + (-13 - 2) \cdot 45$$
$$1 = 13 \cdot 52 + (-15) \cdot 45$$
$$1 = 13 \cdot 52 + (-15) \cdot (1033 - 52 \cdot 19)$$
$$1 = (-15) \cdot 1033 + (13 + 15 \cdot 19) \cdot 52$$

Also

$$1 = (-15) \cdot 1033 + 298 \cdot 52,$$

d.h., $\alpha = -15$ und $\beta = 298$ ist eine mögliche Lösung.

(c): Es gilt

$$3584 = 498 \cdot 7 + 98$$
$$498 = 98 \cdot 5 + 8$$
$$98 = 8 \cdot 12 + 2$$
$$8 = 2 \cdot 4$$

Also ist $a \sqcap b = 2$. Die Vielfachsummendarstellung von 2 erhält man, indem man die obige dritte Gleichung nach 1 auflöst und Ersetzungen mit Hilfe der darüberstehenden Gleichungen vornimmt:

$$2 = 98 - 8 \cdot 12$$
$$2 = 98 - (498 - 98 \cdot 5) \cdot 12$$
$$2 = (1 + 60) \cdot 98 + (-498) \cdot 12$$
$$2 = 61 \cdot (3584 - 498 \cdot 7) + (-498) \cdot 12$$
$$2 = (-61 \cdot 7 - 12) \cdot 498 + 61 \cdot 3584$$
$$2 = (-439) \cdot 498 + 61 \cdot 3584$$

Also

$$2 = 61 \cdot 3584 + (-439) \cdot 498,$$

d.h., $\alpha = 61$ und $\beta = -439$ ist eine mögliche Lösung.

(d): Es gilt

$$4823 = 975 \cdot 4 + 923$$
$$975 = 923 \cdot 1 + 52$$
$$923 = 52 \cdot 17 + 39$$
$$52 = 39 \cdot 1 + 13$$
$$39 = 3 \cdot 13$$

Also ist $a \sqcap b = 13$. Die Vielfachsummendarstellung von 13 erhält man, indem man die obige vierte Gleichung nach 13 auflöst und Ersetzungen mit Hilfe der darüberstehenden Gleichungen vornimmt:

$$13 = 52 - 39$$
$$13 = 52 - (923 - 52 \cdot 17)$$
$$13 = 18 \cdot 52 - 923$$
$$13 = 18 \cdot (975 - 923) - 923$$
$$13 = 18 \cdot 975 + (-19) \cdot 923$$
$$13 = 18 \cdot 975 + (-19) \cdot (4823 - 975 \cdot 4)$$
$$13 = (18 + 19 \cdot 4) \cdot 975 + (-19) \cdot 4823$$
$$13 = 94 \cdot 975 + (-19) \cdot 4823$$

Also

$$13 = (-19) \cdot 4823 + 94 \cdot 975,$$

d.h., $\alpha = -19$ und $\beta = 94$ ist eine mögliche Lösung.

Aufgabe 2.2 *(Lösen von Gleichungen modulo n)*

Welche $x \in \mathbb{Z}$ erfüllen jeweils eine der folgenden Gleichungen der Form $a \cdot x = b \, (\text{mod} \, n)$, wobei $a, b \in \mathbb{Z}$?

(a) $8 \cdot x = 1 \, (\text{mod} \, 5)$,
(b) $20 \cdot x = 10 \, (\text{mod} \, 25)$,
(c) $8 \cdot x = 3 \, (\text{mod} \, 14)$,
(d) $271 \cdot x = 25 \, (\text{mod} \, 119)$,
(e) $12 \cdot x = 21 \, (\text{mod} \, 97)$,
(f) $18 \cdot x = 17 \, (\text{mod} \, 71)$.

Lösung. Antworten zu (a), (b) und (c) findet man leicht durch Probieren. Zwecks Lösen der Gleichungen (d), (e) und (f) der Form $a \cdot x = b \, (\text{mod} \, n)$ bestimme man mit Hilfe des Euklidischen Algorithmus Zahlen $\alpha, \beta \in \mathbb{Z}$ mit $\alpha \cdot a + \beta \cdot n = 1$, woraus sich $a^{-1} = \alpha \, (\text{mod} \, n)$ und damit $x = \alpha \cdot b \, (\text{mod} \, n)$ ergibt.

(a): $x = 2 \, (\text{mod} \, 5)$

(b): $x = t \, (\text{mod} \, 25)$ mit $t \in \{3, 8, 13, 18, 23\}$

(c): Es existiert kein $x \in \mathbb{Z}$.

(d): $x = 26 \ (\text{mod } 119)$

(e): $x = 26 \ (\text{mod } 97)$

(f): $x = 68 \ (\text{mod } 71)$

Aufgabe 2.3 *(Lösen von Gleichungen modulo n)*

Für eine beliebige natürliche Zahl $n > 1$, die keine Primzahl ist, gebe man eine Gleichung der Form $a \cdot x = b \ (\text{mod } n)$ an, die

(a) keine Lösung,

(b) mindestens zwei Lösungen

hat.

Lösung. Es sei $n \in \mathbb{N} \setminus \{1\}$ und $a \notin \{1, n\}$ eine natürliche Zahl, die Teiler von n ist. Dann hat offenbar

$$a \cdot x = 1 \ (\text{mod } n)$$

keine Lösung und die Gleichung

$$a \cdot x = 0 \ (\text{mod } n)$$

mindestens die Lösungen 0 und b, wobei $n = a \cdot b$.

Aufgabe 2.4 *(Anwenden von Zahlenkongruenzen)*

Mit Hilfe von Zahlenkongruenzen beweise man:

(a) Für keine natürliche Zahl n ist die Zahl $6 \cdot n + 2$ das Quadrat einer ganzen Zahl.

(b) Für keine natürliche Zahl n ist die Zahl $7 \cdot n + 3$ das Quadrat einer ganzen Zahl.

(Hinweis zu (a): Man nehme indirekt $z^2 = 6 \cdot n + 2$ an und betrachte die Restklassen modulo 6.)

Lösung. **(a):** Angenommen, für eine gewisse Zahl $z \in \mathbb{Z}$ gilt $z^2 = 6 \cdot n + 2$. Die Zahl z gehört zu einer der Äquivalenzklassen $[r]_{\equiv_6}$ mit $r \in \{0, 1, 2, 3, 4, 5\}$. Also gilt

$$\exists k \in \mathbb{Z} \ \exists r \in \{0, 1, 2, 3, 4, 5\}: \ z = k \cdot 6 + r.$$

Hieraus folgt

$$z^2 = (k \cdot 6 + r)^2 = 36 \cdot k^2 + 12 \cdot k \cdot r + r^2,$$

wobei $r^2 \in \{0, 1, 4, 9, 16, 25\}$, d.h., es gilt

$$z^2 \equiv_6 c \in \{0, 1, 4, 3\},$$

im Widerspruch zur Annahme $z^2 \equiv_6 2$.

(b): Angenommen, für eine gewisse Zahl $z \in \mathbb{Z}$ gilt $z^2 = 7 \cdot n + 3$. Die Zahl z gehört zu einer der Äquivalenzklassen $[r]_{\equiv_7}$ mit $r \in \{0, 1, 2, 3, 4, 5, 6\}$. Also gilt

$$\exists k \in \mathbb{Z}\ \exists r \in \{0, 1, 2, 3, 4, 5, 6\}: \ z = k \cdot 7 + r.$$

Hieraus folgt

$$z^2 = (k \cdot 7 + r)^2 = 49 \cdot k^2 + 14 \cdot k \cdot r + r^2,$$

wobei

$$r^2 \in \{0, 1, 4, 9, 16, 25, 36\},$$

d.h., es gilt

$$z^2 \equiv_7 c \in \{0, 1, 4, 2\},$$

im Widerspruch zur Annahme $z^2 \equiv_7 3$.

Aufgabe 2.5 *(Satz 2.2.3, Vielfachsummendarstellung)*

Seien $a, b, \alpha, \beta \in \mathbb{Z}$, $d \in \mathbb{N}$ und $d = \alpha \cdot a + \beta \cdot b$. Gibt es dann gewisse $\alpha', \beta' \in \mathbb{Z} \backslash \{\alpha, \beta\}$ mit $d = \alpha' \cdot a + \beta' \cdot b$?

Lösung.   Wählt man z.B.

$$\alpha' := \alpha + z \cdot b, \ \beta' := \beta - z \cdot a,$$

wobei z eine beliebige ganze Zahl bezeichnet, so gilt

$$\alpha' \cdot a + \beta' \cdot b = (\alpha + z \cdot b) \cdot a + (\beta - z \cdot a) \cdot b = \alpha \cdot a + \beta \cdot b = d,$$

d.h., obige Frage ist mit „Ja" zu beantworten. $\square$

Für die folgenden Aufgaben 2.6–2.23 benötigt man die Abschnitte 2.1 und 2.2.

Aufgabe 2.6 *(Gruppeneigenschaften)*

Sei $\mathbf{H} := (H; \circ)$ eine endliche Halbgruppe. Wie erkennt man anhand der Verknüpfungstafel, ob $\mathbf{H}$

(a) ein neutrales Element besitzt,
(b) ein Nullelement besitzt,
(c) zu jedem $x \in H$ ein inverses Element existiert,
(d) kommutativ

ist?

Lösung.   Sei $H := \{h_1, h_2, ..., h_n\}$.

(a): Es gibt ein $i \in \{1, 2, ..., n\}$ mit

$\circ$	h_1	h_2	...	h_i	...	h_n
h_1	...	...	...	h_1	...	...
h_2	...	...	...	h_2	...	...
...	...	...	...	...	...	...
...	...	...	...	...	...	...
h_i	h_1	h_2	...	h_i	...	h_n
...	...	...	...	...	...	...
...	...	...	...	...	...	...
h_n	...	...	...	h_n	...	...

(b): Es gibt ein $i \in \{1, 2, ..., n\}$ mit

$\circ$	h_1	h_2	...	h_i	...	h_n
h_1	...	...	...	h_i	...	...
h_2	...	...	...	h_i	...	...
...	...	...	...	...	...	...
...	...	...	...	...	...	...
h_i	h_i	h_i	...	h_i	...	h_i
...	...	...	...	...	...	...
...	...	...	...	...	...	...
h_n	...	...	...	h_i	...	...

(c): Sei h_e für gewisses $e \in \{1, 2, ..., n\}$ das neutrale Element von **H**. Dann existiert zu jedem $h_i \in H$ ein inverses Element, wenn in jeder Zeile und jeder Spalte der Verknüpfungstafel das Element h_e genau einmal auftritt und, falls h_e in der i-ten Zeile an k-ter Stelle steht, h_e sich in der k-ten Spalte an i-ter Stelle befindet und umgekehrt.

(d): Die Verknüpfungstafel ändert sich nicht, wenn man im Innern der Tabelle die Elemente an der „Hauptdiagonalen" spiegelt beziehungsweise die Zeilen zu den Spalten macht ohne die Reihenfolge der Zeilen/Spalten zu ändern.

Aufgabe 2.7 *(Gruppeneigenschaft)*

Sei **G** $:= (G; \circ)$ eine endliche Gruppe. Können in der Verknüpfungstafel von **G** in einer Zeile (oder Spalte) an verschiedenen Stellen zwei gleiche Elemente stehen?

Lösung.   Nein, da aus $a \circ x = a \circ y$ stets $x = y$ und aus $x \circ b = y \circ b$ ebenfalls stets $x = y$ folgt (siehe Satz 2.2.5, (4)).

Aufgabe 2.8 *(Beispiel für eine Halbgruppe; Light-Test)*

In einer „Rindergesellschaft" von schwarzen und braunen Rindern, die ganz-farbig oder gescheckt sein können, weiß man, daß bei Kreuzungen von zwei Rindern die schwarze Farbe die braune „dominiert" und daß die Ganzfar-bigkeit dominant gegenüber der Scheckung ist. Es gibt also vier mögliche Rindertypen:

(a): schwarz, ganzfarbig,
(b): schwarz, gescheckt,
(c): braun, ganzfarbig,
(d): braun, gescheckt.

Bei Kreuzung eines schwarzen, gescheckten Rindes (b) mit einem braunen, ganzfarbigen Rind (c) ist also ein schwarzes, ganzfarbiges Rind (a) zu er-warten; dies kann man durch $b \star c = a$ symbolisieren. Man stelle für die Verknüpfung $\star$ eine Tabelle auf, aus der alle möglichen Paarungen ablesbar sind und zeige (unter Verwendung des *Light-Test*), daß $(\{a,b,c,d\}; \star)$ eine kommutative Halbgruppe mit einem Nullelement und einem Einselement ist.

Lösung.   Verknüpfungstafel für $\star$:

$\star$	a	b	c	d
a	a	a	a	a
b	a	b	a	b
c	a	a	c	c
d	a	b	c	d

Der Light-Test zeigt, daß $(\{a,b,c,d\}; \star)$ eine Halbgruppe ist: Wir wählen dazu $E := \{b,c,d\}$ und beginnen mit b:

$\star$	a	b	c	d
$a \star b = a$	a	a	a	a
$b \star b = b$	a	b	a	b
$c \star b = a$	a	a	a	a
$d \star b = b$	a	b	a	b

$\star$	$b \star a = a$	$b \star b = b$	$b \star c = a$	$b \star d = b$
a	a	a	a	a
b	a	b	a	b
c	a	a	a	a
d	a	b	a	b

Ebenso stimmen die entsprechenden Tabellen für c und d überein.
Die Verknüpfungstafel für $\star$ ist bezüglich der Hauptdiagonalen symmetrisch, womit $(\{a,b,c,d\}; \star)$ eine kommutative Halbgruppe ist.
d ist Einselement und a Nullelement dieser Halbgruppe.

Aufgabe 2.9 *(Nullelement, Einselement und invertierbare Elemente einer Halbgruppe)*

Sei $H := (\mathbb{Q}; \circ)$, wobei

$$\forall a, b \in \mathbb{Q} : a \circ b := a + b - a \cdot b.$$

Man zeige, daß H eine Halbgruppe ist und bestimme (falls vorhanden) Nullelemente, Einselemente und invertierbare Elemente von H. Ist H eine Gruppe?

Lösung.   Für alle $a, b, c \in \mathbb{Q}$ gilt:

$$\begin{aligned}
(a \circ b) \circ c &= (a + b - a \cdot b) \circ c \\
&= (a + b - a \cdot b) + c - (a + b - a \cdot b) \cdot c \\
&= a + b + c - a \cdot b - a \cdot c - b \cdot c + a \cdot b \cdot c
\end{aligned}$$

und

$$\begin{aligned}
a \circ (b \circ c) &= a \circ (b + c - b \cdot c) \\
&= a + (b + c - b \cdot c) - a \cdot (b + c - b \cdot c) \\
&= a + b + c - a \cdot b - a \cdot c - b \cdot c + a \cdot b \cdot c.
\end{aligned}$$

Folglich gilt $(a \circ b) \circ c = a \circ (b \circ c)$ und $(\mathbb{Q}; \circ)$ ist eine Halbgruppe.
$(\mathbb{Q}; \circ)$ hat das Nullelement 1 und das Einselement 0. Damit ist $(\mathbb{Q}; \circ)$ keine Gruppe, da das inverse Element zu 1 nicht existiert.
Jedes Element $a \in \mathbb{Q} \backslash \{1\}$ ist jedoch invertierbar, wie man anhand der folgenden Äquivalenzen sieht:

$$x \circ a = a \circ x = 0 \iff a + x - a \cdot x = 0 \iff x = \frac{a}{a - 1}.$$

Aufgabe 2.10 *(Beispiel für zwei isomorphe Gruppen)*

Man zeige durch Bestätigung der Gruppenaxiome, daß die Menge

$$M := \{x \in \mathbb{Q} \mid \exists n \in \mathbb{Z} : x = 2^n\}$$

zusammen mit der gewöhnlichen Multiplikation eine kommutative Gruppe bildet, die zu $(\mathbb{Z}; +)$ isomorph ist.

Lösung.   Offenbar ist $\cdot$ eine innere Verknüpfung auf M und $\cdot$ ist bekanntlich assoziativ und kommutativ. $e := 2^0 = 1$ ist das neutrale Element von M und wegen $2^n \cdot 2^{-n} = 1$ für alle $n \in \mathbb{Z}$ existiert zu jedem Element aus M ein inverses Element. Also ist $(M; \cdot)$ eine kommutative Gruppe.
Die Abbildung

$$\varphi : M \longrightarrow \mathbb{Z}, \ 2^n \mapsto n$$

bildet $(M; \cdot)$ auf $(\mathbb{Z}; +)$ isomorph ab, da φ offenbar bijektiv ist und für alle $n, m \in \mathbb{Z}$ gilt:

$$\varphi(2^n \cdot 2^m) = \varphi(2^{n+m}) = n + m = \varphi(2^n) + \varphi(2^m).$$

Aufgabe 2.11 *(Beispiel für eine Gruppe; Eigenschaften dieser Gruppe)*

Sei **G** die Gruppe der primen Restklassen modulo 14. Man berechne:

(a) die Verknüpfungstafel von **G**,
(b) die Ordnungen der Elemente von **G**,
(c) die Untergruppen von **G**.

Gibt es eine Gruppe der Form $(\mathbb{Z}_n; + (\bmod n))$, die zu **G** isomorph ist?

Lösung. Die Trägermenge der Gruppe **G** besteht aus den Äquivalenzklassen

$$[1]_{\equiv_{14}}, \ [3]_{\equiv_{14}}, \ [5]_{\equiv_{14}}, \ [9]_{\equiv_{14}}, \ [11]_{\equiv_{14}}, \ [13]_{\equiv_{14}}.$$

und die Operation dieser Restklassengruppe ist die Multiplikation modulo 14. Wir schreiben kurz

$$\mathbf{G} := (\{1, 3, 5, 9, 11, 13\}, \cdot (\bmod 14))$$

und erhalten als Verknüpfungstafel

$\cdot (\bmod 14)$	1	3	5	9	11	13
1	1	3	5	9	11	13
3	3	9	1	13	5	11
5	5	1	11	3	13	9
9	9	13	3	11	1	5
11	11	5	13	1	9	3
13	13	11	9	5	3	1

Die Ordnungen der Elemente von **G** lassen sich leicht aus obiger Tabelle ablesen und sind zusammengefaßt in der nachfolgenden Tabelle:

a	$\operatorname{ord} a$
1	1
3	6
5	6
9	3
11	3
13	2

Untergruppen von **G** sind:

$$U_1 := \{1\}, \ U_2 := \{1, 13\}, \ U_3 := \{1, 9, 11\}, \ U_4 := G.$$

Da $G = \langle \{3\} \rangle$, ist **G** zyklisch und folglich zu $(\mathbb{Z}_6; + (\bmod 6))$ isomorph.

Aufgabe 2.12 *(Beispiel für eine Gruppe; Eigenschaften dieser Gruppe)*

Sei **G** die Gruppe der primen Restklassen modulo 20. Man berechne:

(a) die Verknüpfungstafel von **G**,
(b) die Ordnungen der Elemente von **G**,
(c) die Untergruppen von **G**.

Gibt es eine Gruppe der Form $(\mathbb{Z}_n; + (\mathrm{mod}\, n))$, die zu **G** isomorph ist?

Lösung.   Die Trägermenge der Gruppe **G** besteht aus den Äquivalenzklassen

$$[1]_{\equiv_{20}},\ [3]_{\equiv_{20}},\ [7]_{\equiv_{20}},\ [9]_{\equiv_{20}},\ [11]_{\equiv_{20}},\ [13]_{\equiv_{20}},\ [17]_{\equiv_{20}},\ [19]_{\equiv_{20}}.$$

und die Operation dieser Restklassengruppe ist die Multiplikation modulo 20. Wir schreiben kurz

$$\mathbf{G} := (\{1, 3, 7, 9, 11, 13, 17, 19\}, \cdot\,(\mathrm{mod}\, 20))$$

und erhalten als Verknüpfungstafel

$\cdot\,(\mathrm{mod}\,20)$	1	3	7	9	11	13	17	19
1	1	3	7	9	11	13	17	19
3	3	9	1	7	13	19	11	17
7	7	1	9	3	17	11	19	13
9	9	7	3	1	19	17	13	11
11	11	13	17	19	1	3	7	9
13	13	19	11	17	3	9	1	7
17	17	11	19	13	7	1	9	3
19	19	17	13	11	9	7	3	1

Die Ordnungen der Elemente von **G** lassen sich leicht aus obiger Tabelle ablesen und sind zusammengefaßt in der nachfolgenden Tabelle:

a	$\mathrm{ord}\,a$
1	1
3	4
7	4
9	2
11	2
13	4
17	4
19	2

Untergruppen von **G** sind:

$U_1 := \{1\}$,

$U_2 := \{1, 9\}$, $U_3 := \{1, 11\}$, $U_4 := \{1, 19\}$,

$U_5 := \{1, 3, 7, 9\}$, $U_6 := \{1, 9, 13, 17\}$, $U_7 := \{1, 9, 11, 19\}$,

$U_8 := G$.

Da $\mathbf{G}$ keine zyklische Gruppe, jedoch $(\mathbb{Z}_n; + (\mathrm{mod}\, n))$ stets zyklisch ist, ist $\mathbf{G}$ nicht isomorph zu einer Gruppe der Form $(\mathbb{Z}_n; + (\mathrm{mod}\, n))$.

Aufgabe 2.13 *(Ein Homomorphismus und ein Isomorphismus zwischen Gruppen)*

Bezeichne $\mathbf{G} := (G; \circ)$ eine Gruppe und seien die Abbildungen f und g_a für $a \in G$ wie folgt definiert:

$$f : G \longrightarrow G,\ x \mapsto x \circ x,$$

$$g_a : G \longrightarrow G,\ x \mapsto a^{-1} \circ x \circ a.$$

Man beweise:

(a) f ist genau dann ein Homomorphismus, wenn $\circ$ kommutativ ist.
(b) g_a ist eine isomorphe Abbildung von $\mathbf{G}$ auf $\mathbf{G}$.

Lösung.   **(a):** Sei f eine homomorphe Abbildung von $\mathbf{G}$ auf $\mathbf{G}$. Dann gilt für alle $x, y \in G$; $f(x \circ y) = f(x) \circ f(y)$ beziehungsweise

$$(x \circ y) \circ (x \circ y) = (x \circ x) \circ (y \circ y).$$

Hieraus folgt

$$x^{-1} \circ ((x \circ y) \circ (x \circ y)) \circ y^{-1} = x^{-1} \circ ((x \circ x) \circ (y \circ y)) \circ y^{-1}.$$

Da $\circ$ assoziativ ist, läßt sich obige Gleichung zu

$$y \circ x = x \circ y$$

vereinfachen, womit $\circ$ kommutativ ist.

Sei nun $\circ$ kommutativ. Dann gilt

$$
\begin{aligned}
f(x \circ y) &= (x \circ y) \circ (x \circ y) \\
&= x \circ (y \circ x) \circ y \\
&= x \circ (x \circ y) \circ y \\
&= (x \circ x) \circ (y \circ y) \\
&= f(x) \circ f(y),
\end{aligned}
$$

d.h., f ist ein Homomorphismus.

(b): Wir zeigen zunächst, daß die Abbildung g_a bijektiv, d.h., injektiv und surjektiv ist:
Sei $g_a(x) = g_a(y)$ für gewisse $x, y \in G$, d.h., es gilt

$$a^{-1} \circ x \circ a = a^{-1} \circ y \circ a.$$

Indem man obige Gleichung von links mit a und von rechts mit a^{-1} verknüpft, erhält man $x = y$. Folglich ist g_a injektiv. Zum Nachweis der Surjektivität von g_a sei x beliebig aus G gewählt. Man rechnet leicht nach, daß dann $g_a(a \circ x \circ a^{-1}) = x$ gilt. Also ist g_a für jedes $a \in G$ eine bijektive Abbildung. Außerdem haben wir für alle $x, y \in G$:

$$
\begin{aligned}
g_a(x \circ y) &= a^{-1} \circ (x \circ y) \circ a \\
&= a^{-1} \circ (x \circ a \circ a^{-1} \circ y) \circ a \\
&= (a^{-1} \circ x \circ a) \circ (a^{-1} \circ y \circ a) \\
&= g_a(x) \circ g_a(y),
\end{aligned}
$$

d.h., g_a ist eine homomorphe Abbildung. Zusammengefaßt haben wir damit gezeigt, daß g_a ein Isomorphismus ist.

Aufgabe 2.14 *(Halbgruppe, Gruppe)*

Seien $\alpha, \beta \in \mathbb{R}$. Durch

$$\circ : \mathbb{R} \times \mathbb{R} \longrightarrow \mathbb{R}, \ (x, y) \mapsto \alpha \cdot x + \beta \cdot y$$

ist auf $\mathbb{R}$ eine innere Verknüpfung definiert. Wie hat man $\alpha, \beta \in \mathbb{R}$ zu wählen, damit

(a) $(\mathbb{R}; \circ)$ eine Halbgruppe,
(b) $(\mathbb{R}; \circ)$ eine Gruppe

ist?

Lösung. **(a):** Es gilt

$$x \circ (y \circ z) = x \circ (\alpha y + \beta z) = \alpha x + \beta(\alpha y + \beta z) = \alpha x + \beta \alpha y + \beta^2 z,$$
$$(x \circ y) \circ z = (\alpha x + \beta y) \circ z = \alpha(\alpha x + \beta y) + \beta z = \alpha^2 x + \alpha \beta y + \beta z.$$

Die Operation $\circ$ ist folglich genau dann assoziativ, wenn

$$\alpha^2 = \alpha \text{ und } \beta^2 = \beta$$

beziehungsweise

$$\{\alpha, \beta\} \subseteq \{0, 1\}$$

gilt.

(b): Nach (a) haben wir 4 Möglichkeiten mittels der oben angegebenen Vorschrift eine assoziative Operation auf $\mathbb{R}$ zu definieren:

$$x \circ_1 y := 0, \ x \circ_2 y := x, \ x \circ_3 y := y, \ x \circ_4 y := x + y.$$

Offenbar ist nur $\circ_4$ (d.h., man wählt $\alpha = \beta = 1$) eine Gruppenoperation.

Aufgabe 2.15 *(Kommutative Gruppen)*

Sei M eine nichtleere Menge. Auf der Potenzmenge von M seien außerdem die folgenden zwei Operationen definiert:

$$A \Delta B := (A \cup B) \backslash (A \cap B),$$
$$A \circ B := (A \cap B) \cup (M \backslash (A \cup B))$$

$(A, B \in \mathfrak{P}(M))$. Man zeige, daß

(a) $(\mathfrak{P}(M); \Delta)$,

(b) $(\mathfrak{P}(M); \circ)$

kommutative Gruppen sind.

Lösung. Nach Satz 1.2.4, (b) sind Δ und $\circ$ kommutative Operationen. Außerdem prüft man leicht nach, daß

$$A \circ B = M \backslash (A \Delta B)$$

gilt.

(a): Δ ist nach Satz 1.2.4 assoziativ. Wegen

$$\forall A \in \mathfrak{P}(M) : \ A \Delta \emptyset = A$$

ist $\emptyset$ das neutrale Element von $(\mathfrak{P}(M), \Delta)$ und wegen

$$\forall A \in \mathfrak{P}(M) : \ A \Delta A = \emptyset$$

existiert zu jedem Element aus $\mathfrak{P}(M)$ das inverse Element. Also ist $(\mathfrak{P}(M); \Delta)$ eine kommutative Gruppe.

(b): Für beliebige $A, B, C \in \mathfrak{P}(M)$ gilt:

$$(A \circ B) \circ C = A \circ (B \circ C),$$

was man mit Hilfe der im Beweis von Satz 1.2.4 erläuterten Beweismethode (unter Verwendung von 0,1-Tabellen) leicht nachprüfen kann. Man sieht dabei übrigens, daß die zu $\circ$ gehörende Boolesche Funktion f durch

$$f(x, y) := x + y + 1 \,(\mathrm{mod}\,2)$$

beschrieben werden kann.

Wegen

$$\forall A \in \mathfrak{P}(M): \; A \circ M = (A \cap M) \cup (M \backslash (A \cup M)) = A$$

ist M das neutrale Element von $(\mathfrak{P}(M), \circ)$ und wegen

$$\forall A \in \mathfrak{P}(M): \; A \Delta A = (A \cap A) \cup (M \backslash (A \cup A)) = M$$

existiert zu jedem Element aus $\mathfrak{P}(M)$ das inverse Element. Also ist $(\mathfrak{P}(M); \circ)$ eine kommutative Gruppe.

Aufgabe 2.16 *(Die Vierergruppe)*

Ist e neutrales Element einer vierelementigen Gruppe $(G; \circ)$ mit $G := \{a, b, c, e\}$, so ist die Verknüpfungstafel mit der Angabe $c \circ c = b$ bereits eindeutig bestimmt. Wie lautet demnach die Tafel?

Lösung.   Es gilt zunächst

$\circ$	e	a	b	c
e	e	a	b	c
a	a			
b	b			
c	c		b	

Bekanntlich ist die Ordnung eines Elements von G ein Teiler der Gruppenordnung. Wegen $c \circ c = b$ ist die Ordnung von c folglich gleich 4. Hieraus ergibt sich dann

$$b \circ b = (c \circ c) \circ (c \circ c) = e$$

und, da $G = \{c, c^2 = b, c^3, c^4 = e\}$, erhalten wir $b \circ c = a$ und $c \circ b = a$. Unsere obige Gruppentafel läßt sich also wie folgt ergänzen:

$\circ$	e	a	b	c
e	e	a	b	c
a	a			e
b	b		e	a
c	c	e	a	b

Da in jeder Zeile und Spalte der Gruppentafel jedes Element der Gruppe genau einmal auftritt, lautet die gesuchte Gruppentafel folglich:

$\circ$	e	a	b	c
e	e	a	b	c
a	a	b	c	e
b	b	c	e	a
c	c	e	a	b

Aufgabe 2.17 *(Eigenschaften einer homomorphen Abbildung zwischen Halb-gruppen)*

Seien $\mathbf{H} := (H; \circ)$ und $\mathbf{H}' := (H'; \circ')$ Halbgruppen und $f : H \longrightarrow H'$ eine homomorphe Abbildung von $\mathbf{G}$ auf $\mathbf{G}'$. Man beweise:

(a) Besitzt $\mathbf{H}$ das neutrale Element e und $\mathbf{H}'$ das neutrale Element e', so gilt $f(e) = e'$.

(b) Besitzt $\mathbf{H}$ das Nullelement o und $\mathbf{H}'$ das Nullelement o', so gilt $f(o) = o'$.

(c) Falls e neutrales Element von $\mathbf{H}$ und $a \in H$ ein invertierbares Element von $\mathbf{H}$, ist $f(e)$ das neutrale Element von $\mathbf{H}'$ und $f(a)$ ein invertierbares Element von $\mathbf{H}'$.

(d) Sind $\mathbf{H}$ und $\mathbf{H}'$ endliche Gruppen und ist f bijektiv, so gilt für alle $a \in H$: $\operatorname{ord} f(a) = \operatorname{ord} a$.

Lösung.   **(a):** Da f eine homomorphe Abbildung von H auf H' ist, gibt es für jedes $y \in H'$ ein $x \in H$ mit $y = f(x)$ und es gilt für ein neutrales Element $e \in H$:

$$f(x) = f(x \circ e) = f(e \circ x) = f(x) \circ' f(e) = f(e) \circ' f(x).$$

Folglich

$$\forall y \in H' : \; y = y \circ' f(e) = f(e) \circ' y,$$

d.h., $f(e)$ ist ein neutrales Element von $\mathbf{H}'$. Da es nach Satz 2.1.2 in einer Halbgruppe höchstens ein neutrales Element geben kann, gilt $f(e) = e'$.

(b): Da f eine homomorphe Abbildung ist, gibt es für jedes $y \in H'$ ein $x \in H$ mit $y = f(x)$ und es gilt für ein Nullelement $o \in H$:

$$f(o) = f(x \circ o) = f(o \circ x) = f(x) \circ' f(o) = f(o) \circ' f(x).$$

Folglich

$$\forall y \in H' : \; f(o) = y \circ' f(o) = f(o) \circ' y,$$

d.h., $f(o)$ ist ein Nullelement von $\mathbf{H}'$. Da es nach Satz 2.1.2 in einer Halb-gruppe höchstens ein Nullelement geben kann, gilt $f(o) = o'$.

(c): Falls $e \in H$ neutrales Element von $\mathbf{H}$ ist, ist $e' := f(e)$ offenbar neu-trales Element von $\mathbf{H}'$ (siehe (a)). Da f ein Homomorphismus, folgt aus $a \circ b = b \circ a = e$ und (a):

$$f(a) \circ' f(b) = f(b) \circ' f(a) = f(e) = e',$$

d.h., $f(a)$ ist invertierbar, falls a invertierbar.

(d): Es sei $\mathbf{H}$ eine endliche Gruppe mit dem neutralen Element e und $a \in H$ beliebig gewählt. Falls $a = e$, gilt $\operatorname{ord} f(a) = \operatorname{ord} a = 1$ nach (a). Sei nach-folgend $\operatorname{ord} a = t$ mit $t > 1$. Nach Definition der Ordnung eines Elements gilt dann $\underbrace{a \circ a \circ \ldots \circ a}_{t\text{-mal}} = e$ und $\underbrace{a \circ a \circ \ldots \circ a}_{s\text{-mal}} \neq e$ für alle $s < t$. Falls f eine

isomorphe Abbildung ist, folgt hieraus $\underbrace{f(a) \circ' f(a) \circ' \ldots \circ' f(a)}_{t\text{-mal}} = f(e)$ und

$\underbrace{f(a) \circ' f(a) \circ' \ldots \circ' f(a)}_{s\text{-mal}} \neq f(e)$ für alle $s < t$. Da nach (a) $f(e)$ das neutrale

Element der Gruppe $\mathbf{G}'$, folgt $ord\, f(a) = t$.

Aufgabe 2.18 *(Direkte Produkte von Gruppen)*

Seien $\mathbf{G_i} := (G_i; \circ_i)$ $(i = 1, 2, \ldots, r;\; r \geq 2)$ Gruppen. Die Gruppe $\mathbf{G} := (G; \circ)$ mit

$$G := G_1 \times G_2 \times \ldots \times G_r$$

und

$$\forall (a_1, a_2, \ldots, a_r), (b_1, b_2, \ldots, b_r) \in G:$$

$$(a_1, a_2, \ldots, a_r) \circ (b_1, b_2, \ldots, b_r) := (a_1 \circ_1 b_1, a_2 \circ_2 b_2, \ldots, a_r \circ_r b_r)$$

heißt dann das *direkte Produkt* der Gruppen $\mathbf{G_1}$, $\mathbf{G_2}$, ..., $\mathbf{G_r}$, das auch mit $\mathbf{G_1} \times \mathbf{G_2} \times \ldots \times \mathbf{G_r}$ bezeichnet wird.

Bezeichne nachfolgend $\mathbb{Z_n}$, $n \in \mathbb{N}$, die Restklassengruppe $(\mathbb{Z}_n; +)$.

(a) Man gebe die Verknüpfungstafel der Gruppe $\mathbb{Z_2} \times \mathbb{Z_3}$ an und zeige, daß die Gruppe $\mathbb{Z_2} \times \mathbb{Z_3}$ zur Gruppe $\mathbb{Z_6}$ isomorph ist.

(b) Man beweise, daß $\mathbb{Z_2} \times \mathbb{Z_2}$ nicht zu $\mathbb{Z_4}$ isomorph ist.

(Bemerkung (Nicht als Beweishilfsmittel bei (a) und (b) verwenden!): $\mathbb{Z_n} \times \mathbb{Z_m}$ ist genau dann zu $\mathbb{Z_{n \cdot m}}$ isomorph, wenn $n \sqcap m = 1$ gilt.)

Lösung.   **(a):** Die Verknüpfungstafel von $\mathbb{Z}_2 \times \mathbb{Z}_3$ lautet:

$+$	$(0,0)$	$(0,1)$	$(0,2)$	$(1,0)$	$(1,1)$	$(1,2)$
$(0,0)$	$(0,0)$	$(0,1)$	$(0,2)$	$(1,0)$	$(1,1)$	$(1,2)$
$(0,1)$	$(0,1)$	$(0,2)$	$(0,0)$	$(1,1)$	$(1,2)$	$(1,0)$
$(0,2)$	$(0,2)$	$(0,0)$	$(0,1)$	$(1,2)$	$(1,0)$	$(1,1)$
$(1,0)$	$(1,0)$	$(1,1)$	$(1,2)$	$(0,0)$	$(0,1)$	$(0,2)$
$(1,1)$	$(1,1)$	$(1,2)$	$(1,0)$	$(0,1)$	$(0,2)$	$(0,0)$
$(1,2)$	$(1,2)$	$(1,0)$	$(1,1)$	$(0,2)$	$(0,0)$	$(0,1)$

Wegen $< \{(1,2)\} > = \mathbb{Z}_2 \times \mathbb{Z}_3$ und $< \{1\} > = \mathbb{Z}_6$ ist die Abbildung

x	$f(x)$
$(1,2)$	1
$(1,2) + (1,2) = (0,1)$	2
$(0,1) + (1,2) = (1,0)$	3
$(1,0) + (1,2) = (0,2)$	4
$(0,2) + (1,2) = (1,1)$	5
$(1,1) + (1,2) = (0,0)$	0

eine isomorphe Abbildung von $\mathbb{Z}_2 \times \mathbb{Z}_3$ auf $\mathbb{Z}_6$.

(b): Die Gruppe $\mathbb{Z}_4$ ist zyklisch, da $< \{1\} >= \{1,2,3,0\}$. Dagegen gilt für jedes $(a,b) \in \mathbb{Z}_2 \times \mathbb{Z}_2$:

$$(a,b) + (a,b) = (0,0),$$

womit $\mathbb{Z}_2 \times \mathbb{Z}_2$ nicht zyklisch sein kann. Also sind $\mathbb{Z}_4$ und $\mathbb{Z}_2 \times \mathbb{Z}_2$ nicht isomorph.

Ausführlicher und unter Verwendung von Aufgabe 2.17 (a):

Angenommen, es existiert eine isomorphe Abbildung f von $\mathbb{Z}_2 \times \mathbb{Z}_2$ auf $\mathbb{Z}_4$. Dann existiert ein $(a,b) \in \mathbb{Z}_2 \times \mathbb{Z}_2$ mit $f((a,b)) = 1$. Folglich haben wir

$$f((a,b) + (a,b)) = f((a,b)) + f((a,b)) = 1 + 1 = 2,$$

im Widerspruch zu $(a,b) + (a,b) = (0,0)$ und $f((0,0)) = 0$.

Aufgabe 2.19 *(Beispiel zum Hauptsatz über abelsche Gruppen)*

Für eine natürliche Zahl n sei

$$Par(n) := \{(a_1, ..., a_t) \,|\, t \in \mathbb{N} \land \{a_1, ..., a_r\} \subset \mathbb{N} \land$$

$$a_1 \leq a_2 \leq ... \leq a_t \land a_1 + a_2 ... + a_t = n\}$$

(die Menge aller Partitionen der Zahl n). Z.B.:

$$Par(5) = \{(5), (1,4), (2,3), (1,1,3), (1,2,2), (1,1,1,2), (1,1,1,1,1)\}.$$

Der *Hauptsatz über endliche abelsche Gruppen*, dessen Beweis man z.B. im Band 2 von [Lau 2004] nachlesen kann, besagt:

Falls $n = p_1^{k_1} \cdot p_2^{k_2} \cdot ... \cdot p_r^{k_r}$ $(p_1, ..., p_r \in \mathbb{P}$ paarweise verschieden; $k_1, ..., k_r \in \mathbb{N})$ ist, so gibt es (bis auf Isomorphie) genau $m := |Par(k_1)| \cdot |Par(k_2)| \cdot ... \cdot |Par(k_r)|$ verschiedene abelsche Gruppen mit n Elementen. Beispiele für m paarweise nichtisomorphe abelsche Gruppen mit n Elementen lassen sich nach folgendem Rezept bilden:

Für jedes $i \in \{1, 2, ..., r\}$ und eine Partition $(a_1, ..., a_s) \in Par(k_i)$ bilde man das direkte Produkt

$$\mathbf{H_i} := \mathbb{Z}_{p_i^{a_1}} \times \mathbb{Z}_{p_i^{a_2}} \times ... \times \mathbb{Z}_{p_i^{a_s}}.$$

Man erhält r (Hilfs-)Gruppen, aus denen sich die n-elementige Gruppe $\mathbf{H_1} \times ... \times \mathbf{H_r}$ konstruieren läßt.

Man bestimme nach diesem Rezept (bis auf Isomorphie) alle abelschen Gruppen mit $n = 600$ Elementen.

Lösung.   Offenbar ist

$$600 = 2^3 \cdot 3^1 \cdot 5^2$$

und

$$
\begin{aligned}
Par(3) &= \{(3),(1,2),(1,1,1)\}, \\
Par(1) &= \{(1)\}, \\
Par(2) &= \{(2),(1,1)\}.
\end{aligned}
$$

Damit gibt es genau $2 \cdot 1 \cdot 3 = 6$ nichtisomorphe abelsche Gruppen mit 600 Elementen, die man nach der oben angegebenen Methode konstruieren kann:

1. $p_1 = 2$, $k_1 = 3$
   $Par(3) = \{(3),(1,2),(1,1,1)\}$.
   (3) liefert $\mathbb{Z}_{2^3} = \mathbb{Z}_8$,
   $(1,2)$ liefert $\mathbb{Z}_2 \times \mathbb{Z}_4$,
   $(1,1,1)$ liefert $\mathbb{Z}_2 \times \mathbb{Z}_2 \times \mathbb{Z}_2$.
2. $p_2 = 3$, $k_2 = 1$
   (1) liefert $\mathbb{Z}_{3^1} = \mathbb{Z}_3$.
3. $p_3 = 5$, $k_3 = 2$
   $Par(2) = \{(2),(1,1)\}$.
   (2) liefert $\mathbb{Z}_{5^2} = \mathbb{Z}_{25}$,
   $(1,1)$ liefert $\mathbb{Z}_5 \times \mathbb{Z}_5$.

Alle abelschen Gruppen mit 600 Elementen erhält man (bis auf Isomorphie), wenn man je eine Gruppe aus 1., 2., 3. (siehe oben) auswählt und das direkte Produkt bildet:

(a) $\mathbb{Z}_8 \times \mathbb{Z}_3 \times \mathbb{Z}_{25}$ $(\cong \mathbb{Z}_{600})$
(b) $\mathbb{Z}_8 \times \mathbb{Z}_3 \times \mathbb{Z}_5 \times \mathbb{Z}_5$ $(\cong \mathbb{Z}_{120} \times \mathbb{Z}_5)$
(c) $\mathbb{Z}_2 \times \mathbb{Z}_4 \times \mathbb{Z}_3 \times \mathbb{Z}_{25}$ $(\cong \mathbb{Z}_2 \times \mathbb{Z}_{300})$
(d) $\mathbb{Z}_2 \times \mathbb{Z}_4 \times \mathbb{Z}_3 \times \mathbb{Z}_5 \times \mathbb{Z}_5$ $(\cong \mathbb{Z}_{10} \times \mathbb{Z}_{60})$
(e) $\mathbb{Z}_2 \times \mathbb{Z}_2 \times \mathbb{Z}_2 \times \mathbb{Z}_3 \times \mathbb{Z}_{25}$ $(\cong \mathbb{Z}_2 \times \mathbb{Z}_2 \times \mathbb{Z}_{150})$
(f) $\mathbb{Z}_2 \times \mathbb{Z}_2 \times \mathbb{Z}_2 \times \mathbb{Z}_3 \times \mathbb{Z}_5 \times \mathbb{Z}_5$ $(\cong \mathbb{Z}_2 \times \mathbb{Z}_{10} \times \mathbb{Z}_{30})$

Aufgabe 2.20 *(Beispiel einer Permutationsgruppe)*

Seien

$$d := \begin{pmatrix} 1 & 2 & 3 & 4 \\ 2 & 3 & 4 & 1 \end{pmatrix} \text{ und } s := \begin{pmatrix} 1 & 2 & 3 & 4 \\ 2 & 1 & 4 & 3 \end{pmatrix}$$

Permutationen der Gruppe $\mathbf{S}_4$. Man zeige

$$G := <\{d,s\}> = \{e,d,d^2,d^3,s,s\square d,s\square d^2,s\square d^3\},$$

indem man die Verknüpfungstafel dieser Untergruppe der $\mathbf{S}_4$ aufstellt. Man bestimme die Ordnungen der Elemente von G. Außerdem gebe man möglichst viele Untergruppen von G der Ordnung 2 und 4 an.

Lösung.   Es gilt

$$d \quad := \begin{pmatrix} 1 & 2 & 3 & 4 \\ 2 & 3 & 4 & 1 \end{pmatrix}$$

$$s \quad := \begin{pmatrix} 1 & 2 & 3 & 4 \\ 2 & 1 & 4 & 3 \end{pmatrix}$$

$$d^2 \quad = \begin{pmatrix} 1 & 2 & 3 & 4 \\ 3 & 4 & 1 & 2 \end{pmatrix}$$

$$d^3 \quad = \begin{pmatrix} 1 & 2 & 3 & 4 \\ 4 & 1 & 2 & 3 \end{pmatrix}$$

$$e := d^4 \quad = \begin{pmatrix} 1 & 2 & 3 & 4 \\ 1 & 2 & 3 & 4 \end{pmatrix}$$

$$s \square d \quad = \begin{pmatrix} 1 & 2 & 3 & 4 \\ 3 & 2 & 1 & 4 \end{pmatrix}$$

$$s \square d^2 \quad = \begin{pmatrix} 1 & 2 & 3 & 4 \\ 4 & 3 & 2 & 1 \end{pmatrix}$$

$$s \square d^3 \quad = \begin{pmatrix} 1 & 2 & 3 & 4 \\ 1 & 4 & 3 & 2 \end{pmatrix}$$

und

$\square$	e	d	d^2	d^3	s	$s \square d$	$s \square d^2$	$s \square d^3$
e	e	d	d^2	d^3	s	$s \square d$	$s \square d^2$	$s \square d^3$
d	d	d^2	d^3	e	$s \square d^3$	s	$s \square d$	$s \square d^2$
d^2	d^2	d^3	e	d	$s \square d^2$	$s \square d^3$	s	$s \square d$
d^3	d^3	e	d	d^2	$s \square d$	$s \square d^2$	$s \square d^3$	s
s	s	$s \square d$	$s \square d^2$	$s \square d^3$	e	d	d^2	d^3
$s \square d$	$s \square d$	$s \square d^2$	$s \square d^3$	s	d^3	e	d	d^2
$s \square d^2$	$s \square d^2$	$s \square d^3$	s	$s \square d$	d^2	d^3	e	d
$s \square d^3$	$s \square d^3$	s	$s \square d$	$s \square d^2$	d	d^2	d^3	e

Aus der Tabelle erhält man die folgenden Ordnungen der Elemente der Gruppe:

x	$\operatorname{ord} x$
e	1
d	4
d^2	2
d^3	4
s	2
$s \square d$	2
$s \square d^2$	2
$s \square d^3$	2

Die Untergruppen von **G** sind folglich $\{e\}$, $\{e, d^2\}$, $\{e, s\}$, $\{e, s \square d\}$, $\{e, s \square d^2\}$, $\{e, s \square d^3\}$, $\{e, d, d^2, d^3\}$, $\{e, d^2, s \square d, s \square d^3\}$, $\{e, d^2, s, s \square d^2\}$ und G.

Aufgabe 2.21 *(Eigenschaft von Untergruppen)*

Man beweise: Der Durchschnitt von Untergruppen einer Gruppe $\mathbf{G} := (G; \circ)$ ist wieder eine Untergruppe von $\mathbf{G}$.

Lösung.   Seien U_i für $i \in I$ Untergruppen von $\mathbf{G}$. Wir zeigen, daß

$$U := \bigcap_{i \in I} U_i$$

ebenfalls eine Untergruppe von $\mathbf{G}$ ist.

Offenbar gehört das neutrale Element e von $\mathbf{G}$ zu U, da $e \in U_i$ für alle $i \in I$. Folglich ist $U \neq \emptyset$. Seien nun x und y beliebig aus U gewählt. Dann gilt $x, y \in U_i$ für alle $i \in I$ und damit auch $x \circ y^{-1} \in U_i$ für alle $i \in I$ (nach dem Untergruppenkriterium). Folglich gehört $x \circ y^{-1}$ zu U und U ist nach dem Untergruppenkriterium eine Untergrupppe von $\mathbf{G}$.

Aufgabe 2.22 *(Normalteiler von Gruppen)*

Man charakterisiere die möglichen homomorphen Abbildungen von der Gruppe $\mathbf{G}$ auf eine andere Gruppe $\mathbf{G}'$ durch die Angabe der auf $\mathbf{G}$ existierenden Normalteiler für

(a) $\mathbf{G} := (S_3; \square)$,
(b) $\mathbf{G} := (\mathbb{Z}_{10}; + (\mathrm{mod}\, 10))$,
(c) $\mathbf{G} := (\mathbb{Z}_{12}; + (\mathrm{mod}\, 12))$.

Lösung.   **(a):** $\mathbf{G}$ besitzt nach Abschnitt 2.3 (siehe Beispiel 2) genau 6 Untergruppen:

$$\{s_1\}, \ \{s_1, s_2\}, \ \{s_1, s_3\}, \ \{s_1, s_6\}, \ \{s_1, s_4, s_5\}, \ S_3.$$

Man prüft leicht nach, daß nur für

$$U \in \{\{s_1\}, \ \{s_1, s_4, s_5\}, S_3\}$$

gilt:

$$\forall x \in S_3 : \ x \square U = U \square x.$$

Folglich gibt es bis auf Isomorphie nur drei verschiedene homomorphe Bilder von $\mathbf{S_3}$:

$$(\mathbf{S_3})_{/\{s_1\}}(\cong \mathbf{S_3}), \ (\mathbf{S_3})_{/\{s_1, s_4, s_5\}}, \ (\mathbf{S_3})_{/\{s_1, \ldots, s_6\}}.$$

(b): Da $(\mathbb{Z}_{10}; + (\mathrm{mod}\, 10))$ eine kommutative Gruppe ist, ist jede Untergruppe von $\mathbb{Z}$ ein Normalteiler. Die Untergruppen U von $\mathbb{Z}$ lassen sich leicht unter

Verwendung der Eigenschaft $|U| \in \{1, 2, 5, 10\}$ (siehe Satz 2.2.12) anhand der Verknüpfungstafel von $\mathbb{Z}$ ermitteln. Es gilt

+ (mod 10)	0	1	2	3	4	5	6	7	8	9
0	0	1	2	3	4	5	6	7	8	9
1	1	2	3	4	5	6	7	8	9	0
2	2	3	4	5	6	7	8	9	0	1
3	3	4	5	6	7	8	9	0	1	2
4	4	5	6	7	8	9	0	1	2	3
5	5	6	7	8	9	0	1	2	3	4
6	6	7	8	9	0	1	2	3	4	5
7	7	8	9	0	1	2	3	4	5	6
9	9	0	1	2	3	4	5	6	7	8

und folglich sind

$$U_1 := \{0\}, \ U_2 := \{0, 5\}, \ U_3 := \{0, 2, 4, 6, 8\}, \ U_4 := \mathbb{Z}_{10}$$

die einzigen Untergruppen von $\mathbb{Z}_{10}$, d.h., bis auf Isomorphie sind

$$(\mathbb{Z}_{10})_{/U_i}$$

für $i \in \{1, 2, 3, 4\}$ die einzigen homomorphen Bilder von $\mathbb{Z}_{10}$.

(c): Analog zu (b) sind die Normalteiler von $\mathbb{Z}_{12}$ die Untergruppen von $\mathbb{Z}_{12}$ und diese Untergruppen bestimmt man leicht anhand der Verknüpfungstafel: $U_1 := \{0\}$, $U_2 := \{0, 6\}$, $U_3 := \{0, 3, 6, 9\}$, $U_4 := \{0, 4, 8\}$, $U_5 := \{0, 2, 4, 6, 8, 10\}$, $U_6 := \mathbb{Z}_{12}$.

Aufgabe 2.23 *(Eine Anwendung von Permutationsgruppen in der Chemie)*

Seien

$$d := \begin{pmatrix} 1 & 2 & 3 & \dots & n-1 & n \\ 2 & 3 & 4 & \dots & n & 1 \end{pmatrix} \text{ und } s := \begin{pmatrix} 1 & 2 & \dots & n-1 & n \\ n & n-1 & \dots & 2 & 1 \end{pmatrix}.$$

Die Untergruppe

$$D_n := <\{d, s\}> = \{d, d^2, \dots, d^n, s \square d, s \square d^2, \dots, s \square d^n\}$$

von S_n heißt *Diedergruppe*. Nachfolgend soll diese Gruppe bei der Bestimmung der Anzahl gewisser chemischer Verbindungen benutzt werden.
Gegeben sei ein Kohlenstoffring aus n Kohlenstoffatomen (im Beispiel $n = 6$):

$$
\begin{array}{ccc}
 & C\!\!-\!\!C & \\
C & & C \\
 & C\!\!-\!\!C &
\end{array}
$$

Durch „Anhängen" von Wasserstoffatomen $(-H)$ oder Methylgruppen $(-CH_3)$ an die Kohlenstoffatome kann man zahlreiche organische Verbindungen gewinnen. Z.B.

$$
\begin{array}{cc}
H\!\!\diagdown & H \\
\quad C\!\!-\!\!C \\
H\!\!-\!\!C \qquad C\!\!-\!\!H \\
\quad C\!\!-\!\!C \\
H\!\!\diagup & H
\end{array}
\qquad
\begin{array}{cc}
CH_3\!\!\diagdown & CH_3 \\
\quad C\!\!-\!\!C \\
H\!\!-\!\!C \qquad C\!\!-\!\!H \\
\quad C\!\!-\!\!C \\
H & H
\end{array}
$$

Benzol   Xylol

Problem: Wie viele chemische Verbindungen kann man durch das oben beschriebene „Anhängen" erhalten?

Offenbar kann man für einen Ring aus n Elementen 2^n verschiedene Bilder der oben angegebenen Form zeichnen. Verschiedene Bilder müssen jedoch nicht immer verschiedene chemische Verbindungen charakterisieren. Z.B. repräsentieren die nachfolgenden zwei Bilder die chemische Verbindung Xylol:

$$
\begin{array}{cc}
CH_3\!\!\diagdown & CH_3 \\
\quad C\!\!-\!\!C \\
H\!\!-\!\!C \qquad C\!\!-\!\!H \\
\quad C\!\!-\!\!C \\
H & H
\end{array}
\qquad
\begin{array}{cc}
H\!\!\diagdown & H \\
\quad C\!\!-\!\!C \\
H\!\!-\!\!C \qquad C\!\!-\!\!H \\
\quad C\!\!-\!\!C \\
CH_3 & CH_3
\end{array}
$$

Seien a_1, a_2, ..., a_{2^n} Bezeichnungen für die möglichen Bilder solcher chemischen Verbindungen und sei $A := \{a_1, a_2, ..., a_{2^n}\}$. Zwei Bilder a_i, a_j liefern genau dann die gleiche chemische Verbindung (Bezeichnung: $(a_i, a_j) \in R$), wenn es eine *Deckbewegung* (d.h., eine Kombination aus Drehungen und Spiegelungen) gibt, die das Bild a_i in das Bild a_j überführt. Genauer:

$$(a_i, a_j) \in R :\Longleftrightarrow \exists g \in D_n : g(a_i) = a_j.$$

Die Relation R ist offenbar eine Äquivalenzrelation auf der Menge A, die die Menge A in die Äquivalenzklassen

$$B_a := \{\, \alpha \in A \mid \exists g \in D_n : g(a) = \alpha \,\}$$

($a \in A$) zerlegt. Die Anzahl der verschiedenen Äquivalenzklassen (Bezeichnung: t_n) ist dann offenbar gleich der gesuchten Anzahl der chemischen Verbindungen, die sich nach dem *Satz von Burnside* auf folgende Weise berechnen läßt:

$$t_n := (\textstyle\sum_{g \in D_n} \varphi_g)/|D_n| = (\sum_{a \in A} |U_a|)/|D_n|,$$

wobei

$$\varphi_g := |\{\, a \in A \mid g(a) = a \,\}| \text{ und } U_a := \{\, g \in D_n \mid g(a) = a \,\}.$$

Man berechne

(a) t_5

(b) t_6

mit Hilfe der oben angegebenen Formel.

(c) Man beweise den Satz von Burnside.

Hinweis: Man beweise die folgenden Aussagen:

(1.) U_a ist für jedes $a \in A$ eine Untergruppe von D_n.

(2.) $\forall a \in A : |B_a| = |D_n : U_a|$.

(3.) $B_a = B_{a'} \implies |U_a| = |U_{a'}|$.

(4.) $t_n = (\sum_{a \in A} |U_a|)/|D_n|$.

(5.) $\sum_{a \in A} |U_a| = \sum_{g \in D_n} \varphi_g$.

Lösung.   Wir beginnen mit einigen Überlegungen zur Berechnung der Zahl φ_g zu einer gegebenen Permutation $g \in D_n$. Um φ_g zu berechnen, mache man sich zunächst klar, welche Bewegung die Permutation g beschreibt. Wenn dies geklärt ist, kann man einen Kohlenstoffring, an deren Kohlenstoffatome noch festzulegende Elemente aus $\{H, CH_3\}$ angehängt sind, zeichnen, der sich beim Ausführen der durch g beschriebenen Bewegung nicht ändert. Setzt man z.B. $n = 6$ und

$$g := s \square d = \begin{pmatrix} 1 & 2 & 3 & 4 & 5 & 6 \\ 1 & 6 & 5 & 4 & 3 & 2 \end{pmatrix},$$

dann überführt g den nachfolgend angegebenen Ring

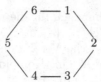

in einen der Gestalt

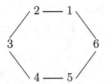

Eine chemische Verbindung der oben beschriebenen Art, deren Bild sich bei der Bewegung g nicht ändert, sieht damit wie folgt aus, wobei $w, x, y, z \in \{H, CH_3\}$ beliebig wählbar sind:

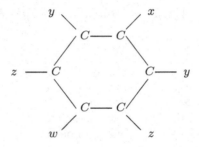

Also gilt $\varphi_g = 2^4 = 16$.

(a): Da im Fall $n = 5$ die Permutation d eine Drehung um $72°$ und s eine Spiegelung um eine Achse beschreibt, erhält man

x	φ_x
e	32
d	2
d^2	2
d^3	2
d^4	2
s	8
$s\square d$	8
$s\square d^2$	8
$s\square d^3$	8
$s\square d^4$	8

und folglich

$$t_5 = \frac{1}{10}(32 + 4 \cdot 2 + 5 \cdot 8) = 8.$$

(b): Da im Fall $n = 6$ die Permutation d eine Drehung um $60°$ und s eine Spiegelung um eine Achse beschreibt, erhält man

x	φ_x
e	64
d	2
d^2	4
d^3	8
d^4	4
d^5	2
s	8
$s\square d$	16
$s\square d^2$	8
$s\square d^3$	16
$s\square d^4$	8
$s\square d^5$	16

und folglich

$$t_6 = \frac{1}{12}(64 + 2 \cdot 2 + 2 \cdot 4 + 4 \cdot 8 + 3 \cdot 16) = 13.$$

(c): Beweis des Satzes von Burnside:
Zu (1.): Es genügt zu zeigen, daß

$$\forall g, h \in U_a : g\square h \in U_a$$

gilt. Dies ergibt sich jedoch aus folgender Überlegung:

$$g, h \in U_a \implies g(a) = h(a) = a \implies (g\square h)(a) = h(g(a)) = a \implies g\square h \in U_a.$$

Zu (2.): Sei

$$f : B_a \longrightarrow \{g\square U_a \,|\, g \in D_n\}, \; g(a) \mapsto g\square U_a$$

eine Abbildung von B_a in die Menge der Linksnebenklassen von **G** nach U_a. Unsere Behauptung (2.) ist bewiesen, wenn man zeigen kann, daß f bijektiv ist, d.h., injektiv und surjektiv.
Offenbar ist f surjektiv. Die Injektivität von f ergibt sich aus:

$$g_1\square U_a = g_2\square U_a \implies \exists u \in U_a : g_1 = g_2\square u \implies g_2^{-1}\square g_1 \in U_a$$
$$\implies (g_2^{-1}\square g_1)(a) = a \implies g_1(g_2^{-1}(a)) = a \qquad \implies g_2^{-1}(a) = g_1^{-1}(a)$$
$$\implies g_1(a) = g_2(a)$$

Zu (3.): Sei $B_a = B_{a'}$. Dann gilt (unter Verwendung von Satz 2.2.11 und (2.)):

$$|U_a| = \frac{|G|}{|D_n : U_a|} = \frac{|G|}{|B_a|} = \frac{|G|}{|B_{a'}|} = \frac{|G|}{|D_n : U_{a'}|} = |U_{a'}|,$$

d.h., (2.) ist bewiesen.

Zu (4.): Nach Definition ist

$$t_n = \frac{1}{|D_n|} \cdot \sum_{a \in A} |U_a|.$$

Wählt man aus jeder Äquivalenzklasse B_a genau einen Vertreter aus, erhält man gewisse Elemente

$$a_1, a_2, ..., a_{t_n}$$

und es gilt (unter Verwendung von (3.) und (2.)):

$$
\begin{aligned}
\sum_{a \in A} |U_a| &= \sum_{i=1}^{t_n} |U_{a_i}| \cdot |B_{a_i}| \\
&= \sum_{i=1}^{t_n} |U_{a_i}| \cdot |D_n : U_{a_i}| \\
&= \sum_{i=1}^{t_n} \frac{|D_n|}{|U_{a_i}|} \\
&= |D_n| \cdot t_n,
\end{aligned}
$$

woraus sich

$$t_n = \frac{1}{|D_n|} \cdot \sum_{a \in A} |U_a|$$

ergibt.

Zu (5.): Es gilt

$$
\begin{aligned}
\sum_{a \in A} |U_a| &= \sum_{a \in A} |\{g \in D_n \,|\, g(a) = a\}| \\
&= |\{(g, a) \,|\, g \in D_n \wedge a \in A \wedge g(a) = a\}|
\end{aligned}
$$

und

$$
\begin{aligned}
\sum_{g \in D_n} \varphi_g &= \sum_{g \in D_n} |\{a \in A \,|\, g(a) = a\}| \\
&= |\{(g, a) \,|\, g \in D_n \wedge a \in A \wedge g(a) = a\}|.
\end{aligned}
$$

Folglich haben wir

$$\sum_{a \in A} |U_a| = \sum_{g \in D_n} \varphi_g$$

und der Satz von Burnside ist bewiesen.

Aufgabe 2.24 *(Überprüfen von Ringeigenschaften)*

Sei M eine nichtleere Menge. Sind $(\mathfrak{P}(M); \Delta, \cap)$ und $(\mathfrak{P}(M); \Delta, \cup)$ Ringe?

Lösung. In der Lösung zur Aufgabe 2.15, (a) wurde bereits bewiesen, daß $(\mathfrak{P}(M); \Delta)$ eine kommutative Gruppe ist. Aus Satz 1.2.4 ergibt sich, daß sowohl $(\mathfrak{P}(M); \cap)$ als auch $(\mathfrak{P}(M); \cup)$ eine kommutative Halbgruppe bilden. Es bleibt also nur noch zu überprüfen, ob die Distributivgesetze der Form

$$(A\Delta B) \cap C = (A \cap C)\Delta(B \cap C),$$

$$(A\Delta B) \cup C = (A \cup C)\Delta(B \cup C)$$

für beliebige Mengen $A, B, C \in \mathfrak{P}(M)$ gelten. Dies ist aber leicht mittels Tabellen festzustellen: Es gilt

A	B	C	$A\Delta B$	$(A\Delta B) \cap C$	$A \cap C$	$B \cap C$	$(A \cap C)\Delta(B \cap C)$
0	0	0	0	0	0	0	0
0	0	1	0	0	0	0	0
0	1	0	1	0	0	0	0
0	1	1	1	1	0	1	1
1	0	0	1	0	0	0	0
1	0	1	1	1	1	0	1
1	1	0	0	0	0	0	0
1	1	1	0	0	1	1	0

und

A	B	C	$A\Delta B$	$(A\Delta B) \cup C$	$A \cup C$	$B \cup C$	$(A \cup C)\Delta(B \cup C)$
0	0	0	0	0	0	0	0
0	0	1	0	1	1	1	0
0	1	0	1	1	0	1	1
0	1	1	1	1	1	1	0
1	0	0	1	1	1	0	1
1	0	1	1	1	1	1	0
1	1	0	0	0	1	1	0
1	1	1	0	1	1	1	0

Also ist nur die algebraische Struktur $(\mathfrak{P}(M); \Delta, \cap)$ ein Ring.

Aufgabe 2.25 *(Ringe mit genau drei Elementen)*

Sei $\mathbf{R} := (\{o, a, b\}; +, \cdot)$ ein Ring. Wie viele Möglichkeiten (bis auf Isomorphie) gibt es für $\mathbf{R}$?

Lösung. Nach Abschnitt 2.2 gibt es (bis auf Isomorphie) für $+$ nur die folgende Möglichkeit:

$+$	o	a	b
o	o	a	b
a	a	b	o
b	b	o	a

Nach Satz 2.3.1 gilt für beliebige $x \in R$: $x \cdot o = o \cdot x = o$. Folglich haben wir

·	o	a	b
o	o	o	o
a	o		
b	o		

Aus den Distributivgesetzen, die in einem Ring gelten müssen, und obiger Festlegung von + erhalten wir:

$$o = a \cdot o = a \cdot (a + b) = a \cdot a + a \cdot b, \quad o = o \cdot a = (a + b) \cdot a = a \cdot a + b \cdot a,$$
$$o = b \cdot o = b \cdot (a + b) = b \cdot a + b \cdot b, \quad o = o \cdot b = (a + b) \cdot b = a \cdot b + b \cdot b.$$

Es genügt, die folgenden drei Fälle zu betrachten:

Fall 1: $a \cdot a = a$.
In diesem Fall ergibt sich aus obigen Überlegungen:

$$a \cdot b = -a = b, \ b \cdot a = b, \ b \cdot b = -b = a,$$

d.h., die Tabelle für · im Fall 1 lautet:

·	o	a	b
o	o	o	o
a	o	a	b
b	o	b	a

Wir haben damit eine algebraische Struktur erhalten, die zum Ring $\mathbb{Z}_3$ isomorph ist.

Fall 2: $a \cdot a = b$.
In diesem Fall erhält man die Tabelle

·	o	a	b
o	o	o	o
a	o	b	a
b	o	a	b

die zeigt, daß auch im Fall 2 **R** zum Ring $\mathbb{Z}_3$ isomorph ist.

Fall 3: $a \cdot a = o$.
Die Tabelle für · im Fall 3 lautet dann:

·	o	a	b
o	o	o	o
a	o	o	o
b	o	o	o

Offenbar ergibt eine solche Festlegung von · einen Ring, den sogenannten *Zeroring*.
Zusammengefaßt gibt es also (bis auf Isomorphie) genau zwei Ringe mit drei Elementen.

Aufgabe 2.26 *(Überprüfen von Körpereigenschaften)*

Auf der Menge $\mathbb{R} \times \mathbb{R}$ seien die folgenden Operationen definiert:

$$(x, y) \oplus (u, v) := (x + u, y + v),$$

$$(x, y) \odot (u, v) := (x \cdot u - y \cdot v, x \cdot v + y \cdot u).$$

Man zeige, daß $(\mathbb{R} \times \mathbb{R}; \oplus, \odot)$ ein Körper ist.

Lösung.   Da $(\mathbb{R}; +)$ eine kommutative Gruppe, ist offenbar auch $(\mathbb{R} \times \mathbb{R}; \oplus)$ eine kommutative Gruppe mit dem neutralen Element $(0, 0)$.

Noch zu zeigen: $(\mathbb{R}^2\backslash\{(0, 0)\}; \odot)$ ist eine kommutative Gruppe und es gelten die Distributivgesetze.

Da $(\mathbb{R}; \cdot)$ eine kommutative Halbgruppe ist, gilt in $(\mathbb{R}^2\backslash\{(0, 0)\}; \odot)$ das Kommutativgesetz. Die Assoziativität von $\odot$ folgt aus

$$((x, y) \odot (u, v)) \odot (a, b)$$

$$= (x \cdot u - y \cdot v, x \cdot v + y \cdot u) \odot (a, b)$$

$$= ((x \cdot u - y \cdot v) \cdot a - (x \cdot v + y \cdot u) \cdot b,$$
$$(x \cdot u - y \cdot v) \cdot b + (x \cdot v + y \cdot u) \cdot a)$$

$$= (x \cdot u \cdot a - y \cdot v \cdot a - x \cdot v \cdot b - y \cdot u \cdot b,$$
$$x \cdot u \cdot b - y \cdot v \cdot b + x \cdot v \cdot a + y \cdot u \cdot a)$$

und

$$(x, y) \odot ((u, v)) \odot (a, b))$$

$$= (x, y) \odot (u \cdot a - v \cdot b, u \cdot b + v \cdot a)$$

$$= (x \cdot (u \cdot a - v \cdot b) - y \cdot (u \cdot b + v \cdot a),$$
$$x \cdot (u \cdot b + v \cdot a) + y \cdot (u \cdot a - v \cdot b))$$

$$= (x \cdot u \cdot a - y \cdot v \cdot a - x \cdot v \cdot b - y \cdot u \cdot b,$$
$$x \cdot u \cdot b - y \cdot v \cdot b + x \cdot v \cdot a + y \cdot u \cdot a).$$

Wegen

$$(x, y) \odot (1, 0) = (x \cdot 1 - y \cdot 0, x \cdot 0 + y \cdot 1) = (x, y)$$

ist $(1, 0)$ das neutrale Element der Halbgruppe $(\mathbb{R}^2\backslash\{(0, 0)\}; \odot)$.
Da

$$(x, y) \odot (\tfrac{x}{x^2+y^2}, \tfrac{-y}{x^2+y^2})$$

$$= (x \cdot \tfrac{x}{x^2+y^2} - y \cdot \tfrac{-y}{x^2+y^2}, x \cdot \tfrac{-y}{x^2+y^2} + y \cdot \tfrac{x}{x^2+y^2})$$

$$= (1, 0)$$

existiert zu jedem Element aus $\mathbb{R}^2\backslash\{(0, 0)\}$ ein inverses Element.

Das Distributivgesetz

$$(x,y) \odot ((u,v) \oplus (a,b)) = ((x,y) \odot (u,v)) \oplus ((x,y) \odot (a,b))$$

ergibt sich aus

$$(x,y) \odot ((u,v) \oplus (a,b))$$
$$= (x,y) \odot ((u+a, v+b))$$
$$= (x \cdot (u+a) - y \cdot (v+b), x \cdot (v+b) + y \cdot (u+a))$$
$$= (x \cdot u + x \cdot a - y \cdot v - y \cdot b, x \cdot v + x \cdot b + y \cdot u + y \cdot a)$$

und

$$((x,y) \odot (u,v)) \oplus ((x,y) \odot (a,b))$$
$$= (x \cdot u - y \cdot v, x \cdot v + y \cdot u) \oplus (x \cdot a - y \cdot b, x \cdot b + y \cdot a)$$
$$= (x \cdot u + x \cdot a - y \cdot v - y \cdot b, x \cdot v + x \cdot b + y \cdot u + y \cdot a).$$

Das zweite Distributivgesetz müssen wir wegen der Kommutativität von $\cdot$ nicht beweisen.

Aufgabe 2.27 *(Beispiel einer Gruppe)*

Sei $\mathbf{R} := (R; +, \cdot)$ ein Ring mit der Eigenschaft, daß die Halbgruppe $(R; \cdot)$ kommutativ ist und ein Einselement 1 besitzt. Außerdem bezeichne E die Menge

$$\{x \in R \,|\, \exists y \in R : \; x \cdot y = 1\}.$$

Man beweise: $(E; \cdot)$ ist eine kommutative Gruppe.

Lösung. Wir zeigen zunächst, daß E bezüglich $\cdot$ abgeschlossen ist. Seien $a, b \in E$, d.h., es existieren $a', b' \in R$ mit $a \cdot a' = 1$ und $b \cdot b' = 1$. Aus der Assoziativität und Kommutativität von $\cdot$ folgt dann:

$$(a \cdot b) \cdot (a' \cdot b') = (a \cdot a') \cdot (b \cdot b') = 1 \cdot 1 = 1.$$

Also gehört $a \cdot b$ zu E und E ist abgeschlossen bezüglich $\cdot$.

Da $(R; \cdot)$ eine kommutative Halbgruppe mit Einselement 1 ist, ist auch $(E; \cdot)$ – wegen der Abgeschlossenheit – eine kommutative Halbgruppe, die außerdem 1 enthält. Daß zu jedem Element außerdem ein Inverses existiert, ergibt sich unmittelbar aus der Definition von E.

Aufgabe 2.28 *(Rechnen mit komplexen Zahlen)*

Man berechne für

(a) $z_1 = 1 - 2 \cdot i$ und $z_2 = 3 + 4 \cdot i$,
(b) $z_1 = 1 - 2 \cdot i$ und $z_2 = 3 + 5 \cdot i$

die komplexen Zahlen $z_1 + z_2$, $z_1 - z_2$, $z_1 \cdot z_2$, $z_1 \cdot z_2^{-1}$ und z_1^4.

Lösung.

	(a)	(b)
$z_1 + z_2 =$	$4 + 2 \cdot i$	$4 + 3 \cdot i$
$z_1 - z_2 =$	$-2 - 6 \cdot i$	$-2 - 7 \cdot i$
$z_1 \cdot z_2 =$	$11 - 2 \cdot i$	$13 - i$
$z_1 \cdot z_2^{-1} =$	$-\frac{1}{5} - \frac{2}{5} \cdot i$	$\frac{3}{34} - \frac{5}{34} \cdot i$
$z_1^4 =$	$-7 + 24 \cdot i$	$-7 + 24 \cdot i$

Aufgabe 2.29 *(Trigonometrische Darstellung von komplexen Zahlen)*

Für die nachfolgend angegebenen komplexen Zahlen berechne man die trigonometrische Darstellung:
$1 + \sqrt{3} \cdot i,\ -3 + 7 \cdot i,\ -3 - 7 \cdot i,\ (1 + i)^{100}$.

Lösung.

$$1 + \sqrt{3} \cdot i = 2 \cdot (\cos \tfrac{\pi}{3} + i \cdot \sin \tfrac{\pi}{3}),$$

$$-3 + 7 \cdot i = \sqrt{58} \cdot (\cos \tfrac{113 \cdot \pi}{180} + i \cdot \sin \tfrac{113 \cdot \pi}{180}) \approx 7.6 \cdot (\cos 1.97 + i \cdot \sin 1.97),$$

$$-3 - 7 \cdot i = \sqrt{58} \cdot (\cos \tfrac{247 \cdot \pi}{180} + i \cdot \sin \tfrac{247 \cdot \pi}{180}) \approx 7.6 \cdot (\cos 4.3 + i \cdot \sin 4.3),$$

$$(1 + i)^{100} = 2^{50} \cdot (\cos \pi + i \cdot \sin \pi).$$

Aufgabe 2.30 *(Lösen von Gleichungen in $\mathbb{C}$)*

Man berechne sämtliche komplexen Lösungen der Gleichungen:

(a) $z^2 + z + 1 = 0$,
(b) $z^3 + 1 = 0$,
(c) $z^6 + 64 = 0$,
(d) $z^6 + 729 = 0$.

Lösung. **(a):** Offenbar gilt $z^2 + z + 1 = (z + \frac{1}{2})^2 + \frac{3}{4}$. Indem man zunächst die Lösungen von $w^2 = -\frac{3}{4}$ bestimmt, erhält man als Lösungen der Gleichung $z^2 + z + 1 = 0$ folglich:

$$z_0 = -\frac{1}{2} + \frac{\sqrt{3}}{2} \cdot i \quad \text{und} \quad z_1 = -\frac{1}{2} - \frac{\sqrt{3}}{2} \cdot i.$$

(b): Es gibt genau 3 Lösungen, die man anhand der Lösungsformel aus Abschnitt 2.3 berechnen kann:

$$z_0 = \cos \tfrac{\pi}{3} + i \cdot \sin \tfrac{\pi}{3} = \tfrac{1}{2} + \tfrac{\sqrt{3}}{2} \cdot i$$

$$z_1 = \cos \pi + i \cdot \sin \pi = -1$$

$$z_2 = \cos \tfrac{5\pi}{3} + i \cdot \sin \tfrac{5\pi}{3} = \tfrac{1}{2} - \tfrac{\sqrt{3}}{2} \cdot i$$

(c): Es gibt genau 6 Lösungen, die man anhand der Lösungsformel aus Abschnitt 2.3 berechnen kann:

$$z_0 = 2 \cdot (\cos \tfrac{\pi}{6} + i \cdot \sin \tfrac{\pi}{6}) = \sqrt{3} + i$$

$$z_1 = 2 \cdot (\cos \tfrac{\pi}{2} + i \cdot \sin \tfrac{\pi}{2}) = 2 \cdot i$$

$$z_2 = 2 \cdot (\cos \tfrac{5\pi}{6} + i \cdot \sin \tfrac{5\pi}{6}) = -\sqrt{3} + i$$

$$z_3 = 2 \cdot (\cos \tfrac{7\pi}{6} + i \cdot \sin \tfrac{7\pi}{6}) = -\sqrt{3} - i$$

$$z_4 = 2 \cdot (\cos \tfrac{3\pi}{2} + i \cdot \sin \tfrac{3\pi}{2}) = -2 \cdot i$$

$$z_5 = 2 \cdot (\cos \tfrac{11\pi}{6} + i \cdot \sin \tfrac{11\pi}{6}) = \sqrt{3} - i$$

(d): Analog zu (c) erhält man die folgenden 6 Lösungen:

$$z_0 = 3 \cdot (\cos \tfrac{\pi}{6} + i \cdot \sin \tfrac{\pi}{6}) = \tfrac{3\sqrt{3}}{2} + \tfrac{3}{2} \cdot i$$

$$z_1 = 3 \cdot (\cos \tfrac{\pi}{2} + i \cdot \sin \tfrac{\pi}{2}) = 3 \cdot i$$

$$z_2 = 3 \cdot (\cos \tfrac{5\pi}{6} + i \cdot \sin \tfrac{5\pi}{6}) = -\tfrac{3\sqrt{3}}{2} + \tfrac{3}{2} \cdot i$$

$$z_3 = 3 \cdot (\cos \tfrac{7\pi}{6} + i \cdot \sin \tfrac{7\pi}{6}) = -\tfrac{3\sqrt{3}}{2} - \tfrac{3}{2} \cdot i$$

$$z_4 = 3 \cdot (\cos \tfrac{3\pi}{2} + i \cdot \sin \tfrac{3\pi}{2}) = -3 \cdot i$$

$$z_5 = 3 \cdot (\cos \tfrac{11\pi}{6} + i \cdot \sin \tfrac{11\pi}{6}) = \tfrac{3\sqrt{3}}{2} - \tfrac{3}{2} \cdot i$$

Aufgabe 2.31 *(Komplexe Zahlen)*

Man beweise:

$$\forall a, b, r, s \in \mathbb{R} \; \forall n \in \mathbb{N} : \; a + b \cdot i = (r + s \cdot i)^n \implies a^2 + b^2 = (r^2 + s^2)^n.$$

Lösung.   Bekanntlich ist die komplexe Zahl $a + b \cdot i$ auch in der trigonometrischen Form

$$\sqrt{a^2 + b^2} \cdot (\cos \varphi + i \cdot \sin \varphi)$$

mit passend gewähltem $\varphi \in [0, 2 \cdot \pi)$ darstellbar. Entsprechendes gilt für $r + s \cdot i$:

$$\sqrt{r^2 + s^2} \cdot (\cos \alpha + i \cdot \sin \alpha),$$

wobei $\alpha \in [0, 2 \cdot \pi)$. Mit Hilfe der Moivreschen Formel folgt hieraus die Behauptung:
Wegen

$$(r + s \cdot i)^n = (r^2 + s^2)^{\frac{n}{2}} (\cos n\alpha + i \cdot \sin n\alpha) = \sqrt{a^2 + b^2}(\cos \varphi + i \cdot \sin \varphi)$$

gilt

$$(r^2 + s^2)^{\frac{n}{2}} = \sqrt{a^2 + b^2},$$

d.h.,

$$(r^2 + s^2)^2 = a^2 + b^2.$$

Aufgabe 2.32 *(Lösen einer Gleichung in $\mathbb{C}$)*

Welche komplexen Zahlen z erfüllen die Gleichung $|z|^2 + 2 \cdot \mathrm{Re}\, z = 3$?

Lösung.   Setzt man $z = x + i \cdot y$, so ergibt sich aus der gegebenen Gleichung

$$x^2 + y^2 + 2x = 3$$

beziehungsweise

$$(x + 1)^2 + y^2 = 4.$$

Also: Alle z, die in der Gaußschen Zahlenebene auf einem Kreis mit dem Mittelpunkt (-1,0) und dem Radius 2 liegen, erfüllen die gegebene Gleichung.

Aufgabe 2.33 *(Eine endliche Gruppe aus komplexen Zahlen)*

Es sei $E := \{a \in \mathbb{C} \,|\, a^n = 1\}$ die Menge aller komplexen Lösungen der Gleichung $x^n = 1$. Man zeige, daß diese Menge zusammen mit der gewöhnlichen Multiplikation, die für komplexe Zahlen definiert ist, eine Gruppe bildet.

Lösung.   In Abschnitt 2.3 wurde gezeigt, daß eine Gleichung der Form

$$z^n = r(\cos \varphi + i \cdot \sin \varphi)$$

genau n paarweise verschiedene Lösungen $z_0, ..., z_{n-1}$ in $\mathbb{C}$ besitzt, die durch

$$z_k := \sqrt[n]{r} \cdot (\cos \frac{\varphi + 2\pi k}{n} + i \cdot \sin \frac{\varphi + 2\pi k}{n})$$

mit $k \in \{0, 1, 2, ..., n-1\}$ darstellbar sind. Indem man $r = 1$ und $\varphi = 0$ setzt, erhält man folglich:

$$E = \{\cos \frac{2\pi k}{n} + i \cdot \sin \frac{2\pi k}{n} \,|\, k \in \{0, 1, 2, ..., n-1\} \}.$$

Da für beliebige $z_k, z_l \in E$ mit $z_k := \cos \frac{2\pi k}{n} + i \cdot \sin \frac{2\pi k}{n}$ und $z_l := \cos \frac{2\pi l}{n} + i \cdot \sin \frac{2\pi l}{n}$ laut Abschnitt 2.3

$$z_k \cdot z_l = \cos \frac{2\pi(k + l)}{n} + i \cdot \sin \frac{2\pi(k + l)}{n}$$

gilt, ist die Menge E bezüglich $\cdot$ abgeschlossen. Zu E gehört offenbar auch 1, womit E ein Einselement besitzt. Wie man leicht nachprüft, ist

$$z_{n-k} := \cos \frac{2\pi(n-k)}{n} + i \cdot \sin \frac{2\pi(n-k)}{n}$$

das zu $z_k := \cos \frac{2\pi k}{n} + i \cdot \sin \frac{2\pi k}{n} \in E$ inverse Element. Also ist $(E; \cdot)$ eine Gruppe.

Aufgabe 2.34 *(Rechenregeln für komplexe Zahlen)*

Beweisen Sie Satz 2.3.5: Für beliebige komplexe Zahlen z, z_1, z_2 gilt:

(1) $\overline{\overline{z}} = z$,

(2) $\overline{z_1 + z_2} = \overline{z}_1 + \overline{z}_2$

(3) $\overline{z_1 \cdot z_2} = \overline{z}_1 \cdot \overline{z}_2$

(4) $\operatorname{Re} z = \frac{z + \overline{z}}{2}$

(5) $\operatorname{Im} z = \frac{\overline{z} - z}{2} \cdot i$

(6) $|z|^2 = z \cdot \overline{z}$

(7) $|z| = |\overline{z}|$

(8) $z^{-1} = \frac{\overline{z}}{|z|^2}$ für $z \neq 0$

(9) $|z_1 \cdot z_2| = |z_1| \cdot |z_2|$

(10) $|z_1 + z_2| \leq |z_1| + |z_2|$

Lösung.   Seien

$$z := a + b \cdot i, \; z_1 := x + y \cdot i, \; z_2 := u + v \cdot i \quad (a, b, x, y, u, v \in \mathbb{R}).$$

Dann ergibt sich aus den im Abschnitt 2.3 angegebenen Definitionen:

$$\overline{z} = a - b \cdot i, \; \overline{z}_1 = x - y \cdot i, \; \overline{z}_2 = u - v \cdot i,$$

$$z_1 + z_2 = (x + u) + (y + v) \cdot i,$$

$$\overline{z_1 + z_2} = (x + u) - (y + v) \cdot i,$$

$$\overline{z}_1 + \overline{z}_2 = (x + u) - (y + v) \cdot i,$$

$$z_1 \cdot z_2 = (x \cdot u - y \cdot v) + (x \cdot v + y \cdot u) \cdot i,$$

$$\overline{z_1 \cdot z_2} = (x \cdot u - y \cdot v) - (x \cdot v + y \cdot u) \cdot i,$$

$$\overline{z}_1 \cdot \overline{z}_2 = (x \cdot u - y \cdot v) - (x \cdot v + y \cdot u) \cdot i$$

$$\operatorname{Re} z = a, \; \operatorname{Im} z = b,$$

$$\frac{\overline{z} + z}{2} \cdot i = \frac{2 \cdot a}{2} = a,$$

$$\frac{\overline{z} - z}{2} \cdot i = \frac{2 \cdot b}{2} = b,$$

$$|z| = \sqrt{a^2 + b^2} = |\overline{z}|,$$

$$|z|^2 = a^2 + b^2,$$

$$z \cdot \overline{z} = (a + b \cdot i) \cdot (a - b \cdot i) = a^2 + b^2,$$

$$|z_1 \cdot z_2| = \sqrt{\underbrace{(x \cdot u - y \cdot v)^2 + (x \cdot v + y \cdot u)^2}_{=x^2 \cdot u^2 + x^2 \cdot v^2 + y^2 \cdot u^2 + y^2 \cdot v^2}},$$

$$|z_1| \cdot |z_2| = \sqrt{x^2 + y^2} \cdot \sqrt{u^2 + v^2} = \sqrt{x^2 \cdot u^2 + x^2 \cdot v^2 + y^2 \cdot u^2 + y^2 \cdot v^2}$$

$$|z_1 + z_2|^2 = |(x + u) + (y + v) \cdot i|^2 = (x + u)^2 + (y + v)^2,$$

$$(|z_1| + |z_2|)^2 = (\sqrt{x^2 + y^2} + \sqrt{u^2 + v^2})^2$$

Damit sind (1)–(7) und (9) bewiesen.

Zum Beweis von (8) hat man $z \cdot \frac{\overline{z}}{|z|^2} = 1$ für jedes $z \neq 0$ zu zeigen:

$$z \cdot \frac{\overline{z}}{|z|^2} = (a + b \cdot i) \cdot \frac{a - b \cdot i}{a^2 + b^2} = 1.$$

Offenbar gilt

$$|z_1 + z_2| \leq |z_1| + |z_2| \iff |z_1 + z_2|^2 \leq (|z_1| + |z_2|)^2.$$

(10) folgt damit aus

$$0 \leq (x \cdot v - y \cdot u)^2$$

$$\implies 0 \leq x^2 \cdot v^2 - 2 \cdot x \cdot u \cdot y \cdot v + y^2 \cdot u^2$$

$$\implies 2 \cdot x \cdot u \cdot y \cdot v \leq x^2 \cdot v^2 + y^2 \cdot u^2$$

$$\implies x^2 \cdot u^2 + 2 \cdot x \cdot u \cdot y \cdot v + y^2 \cdot v^2 \leq$$
$$x^2 \cdot u^2 + x^2 \cdot v^2 + y^2 \cdot u^2 + y^2 \cdot v^2$$

$$\implies (x \cdot u + y \cdot v)^2 \leq (x^2 + y^2) \cdot (u^2 + v^2)$$

$$\implies 2 \cdot x \cdot u + 2 \cdot y \cdot v \leq 2 \cdot \sqrt{x^2 + y^2} \cdot \sqrt{u^2 + v^2}$$

$$\implies x^2 + 2 \cdot x \cdot u + u^2 + y^2 + 2 \cdot y \cdot v + v^2 \leq$$
$$x^2 + y^2 + 2 \cdot \sqrt{x^2 + y^2} \cdot \sqrt{u^2 + v^2} + u^2 + v^2$$

$$\implies (x + u)^2 + (y + v)^2 \leq (\sqrt{x^2 + y^2} + \sqrt{u^2 + v^2})^2$$

$$\implies |z_1 + z_2|^2 \leq (|z_1| + |z_2|)^2$$

3

Aufgaben zu:
Lineare Gleichungssysteme, Determinanten und Matrizen

Aufgabe 3.1 *(Cramersche Regel, Abschnitt 3.1, Satz 3.1.11)*
Mit Hilfe der Cramerschen Regel löse man das folgende LGS über dem Körper $\mathbb{R}$:

$$5x + 3y = -5$$
$$7x - 3y = 2$$

Lösung. Es gilt

$$A := \begin{vmatrix} 5 & 3 \\ 7 & -3 \end{vmatrix} = 5 \cdot (-3) - 7 \cdot 3 = -36$$

und

$$A_1 := \begin{vmatrix} -5 & 3 \\ 2 & -3 \end{vmatrix} = 9, \quad A_2 := \begin{vmatrix} 5 & -5 \\ 7 & 2 \end{vmatrix} = 45.$$

Folglich

$$x = \frac{A_1}{A} = \frac{9}{-36} = -\frac{1}{4}$$

$$y = \frac{A_2}{A} = \frac{45}{-36} = -\frac{5}{4}.$$

Aufgabe 3.2 *(Komplexe Zahlen; Cramersche Regel, Satz 3.1.11)*
Mit Hilfe der Cramerschen Regel löse man das folgende LGS über dem Körper $\mathbb{C}$:

$$2 \cdot i \cdot x + y = -3 + i$$
$$(1 - i) \cdot x + (4 + 2 \cdot i) \cdot y = 1$$

Lösung. Es gilt

$$A := \begin{vmatrix} 2 \cdot i & 1 \\ 1 - i & 4 + 2 \cdot i \end{vmatrix} = -5 + 9 \cdot i$$

D. Lau, *Übungsbuch zur Linearen Algebra und analytischen Geometrie*, 2. Aufl., Springer-Lehrbuch,
DOI 10.1007/978-3-642-19278-4_3, © Springer-Verlag Berlin Heidelberg 2011

und

$$A_1 := \begin{vmatrix} -3+i & 1 \\ 1 & 4+2\cdot i \end{vmatrix} = -15 - 2\cdot i, \; A_2 := \begin{vmatrix} 2\cdot i & -3+i \\ 1-i & 1 \end{vmatrix} = 2 - 2\cdot i.$$

Folglich und unter Verwendung von $(a + b\cdot i)^{-1} = \frac{a}{a^2+b^2} + \frac{-b}{a^2+b^2}\cdot i$:

$$x = \tfrac{A_1}{A} = (-15 - 2i)\cdot(-5+9i)^{-1} = \tfrac{57}{106} + \tfrac{145}{106}\cdot i,$$

$$y = \tfrac{A_2}{A} = (2 - 2\cdot i)\cdot(-5+9i)^{-1} = -\tfrac{28}{106} - \tfrac{8}{106}\cdot i.$$

Aufgabe 3.3 *(Inversionszahlen)*

Berechnen Sie die Inversionszahl $I(s_i)$ $(i = 1, 2)$ für die folgenden Permutationen:

(a) $s_1 := \begin{pmatrix} 1 & 2 & 3 & 4 & 5 & 6 \\ 5 & 6 & 3 & 2 & 1 & 4 \end{pmatrix}$,

(b) $s_2 := \begin{pmatrix} 1 & 2 & 3 & 4 & 5 & 6 & 7 & 8 \\ 5 & 8 & 3 & 2 & 7 & 4 & 1 & 6 \end{pmatrix}$.

Lösung. **(a):** Inversionen der Permutation s_1 sind (5,3), (5,2), (5,1), (5,4), (6,3), (6,2), (6,1), (6,4), (3,2), (3,1) und (2,1), d.h., $I(s_1) = 11$.
(b): $I(s_2) = 16$. □

Vor der nächsten Aufgabe lese man die Sätze 3.1.4–3.1.10. Außerdem findet man im Abschnitt 3.1 fünf Beispiele zur Determinantenberechnung.

Aufgabe 3.4 *(Berechnen von Determinanten)*

Man berechne die folgenden Determinanten über dem Körper $\mathbb{R}$:

(a) $\begin{vmatrix} 10 & 8 & 10 \\ -11 & 4 & -5 \\ 10 & 0 & -2 \end{vmatrix}$,   (b) $\begin{vmatrix} 1 & 2 & 0 & 3 \\ -1 & 4 & 5 & 2 \\ 1 & 0 & 2 & 4 \\ 0 & 1 & 2 & 1 \end{vmatrix}$,

(c) $\begin{vmatrix} 1 & 1 & 1 & 0 & 3 \\ -1 & -1 & 1 & 2 & 0 \\ 1 & 0 & 2 & 1 & -5 \\ 0 & 1 & 2 & 1 & 5 \\ 1 & 2 & 1 & 1 & 0 \end{vmatrix}$,   (d) $\begin{vmatrix} 1 & 0 & -1 & -1 & 1 & 0 \\ 0 & 1 & 0 & 1 & 3 & 0 \\ 1 & 1 & 1 & 2 & 0 & 0 \\ 1 & 0 & 1 & 1 & 4 & 0 \\ 0 & 0 & 1 & 3 & 0 & 0 \\ 8 & 9 & 13 & 5 & -6 & 3 \end{vmatrix}$.

Lösung. **(a):** -1056; **(b):** -15; **(c):** 40; **(d):** -84.

Aufgabe 3.5 *(Anwenden von Determinanteneigenschaften; Satz 3.1.6)*

Sei $A := |a_{i,j}|_n$ eine Determinante mit

$$a_{i,j} := \begin{cases} 1, & \text{falls } j = n - i + 1, \\ 0 & \text{sonst,} \end{cases}$$

über dem Körper $\mathbb{R}$. Man berechne A.

Lösung. Die oben beschriebene Determinante n-ter Ordnung ist von der Gestalt

$$\begin{vmatrix} 0 & 0 & \dots & 0 & 1 \\ 0 & 0 & \dots & 1 & 0 \\ & & \dots & & \\ 0 & 1 & \dots & 0 & 0 \\ 1 & 0 & \dots & 0 & 0 \end{vmatrix}.$$

Vertauscht man in dieser Determinante die erste mit der n-ten Spalte, die zweite mit der $(n-1)$-ten Spalte, usw., so erhält man die Determinante der Einheitsmatrix. Insgesamt sind dazu

$$m := \begin{cases} k, & \text{falls } n = 2 \cdot k, \\ k - 1, & \text{falls } n = 2 \cdot k - 1, \end{cases}$$

Vertauschungen von Spalten erforderlich. Bei jedem Vertauschen von zwei Spalten ändert die Determinante ihr Vorzeichen. Folglich gilt $A = (-1)^m$.

Aufgabe 3.6 *(Anwenden von Determinanteneigenschaften; Satz 3.1.5)*

Wie ändert sich die Determinante $|\mathfrak{A}|$ für die (n,n)-Matrix $\mathfrak{A} := (a_{ij})_{n,n} \in \mathbb{R}^{n \times n}$, wenn man für alle i, j die Elemente a_{ij} von $\mathfrak{A}$ durch $t^{i-j} \cdot a_{ij}$ $(t \in \mathbb{R} \backslash \{0\})$ ersetzt?

Lösung. Sei

$$\mathfrak{B} := (t^{i-j} \cdot a_{ij})_{n,n}.$$

Dann gilt

$$|\mathfrak{B}| = \begin{vmatrix} t^0 a_{11} & t^{-1} a_{12} & t^{-2} a_{13} & \dots & t^{1-n} a_{1n} \\ t^1 a_{21} & t^0 a_{22} & t^{-1} a_{23} & \dots & t^{2-n} a_{2n} \\ t^2 a_{31} & t^1 a_{32} & t^0 a_{33} & \dots & t^{3-n} a_{3n} \\ & & \dots & & \\ t^{n-1} a_{n1} & t^{n-2} a_{n2} & t^{n-3} a_{n3} & \dots & t^0 a_{nn} \end{vmatrix}.$$

Zieht man nun aus der zweiten Zeile den gemeinsamen Faktor t^1, aus der dritten Zeile den gemeinsamen Faktor t^2, usw. aus der Determinante heraus, so erhält man:

$$|\mathfrak{B}| = t^1 \cdot t^2 \cdot \ldots \cdot t^{n-1} \cdot \begin{vmatrix} t^0 a_{11} & t^{-1} a_{12} & t^{-2} a_{13} & \ldots & t^{1-n} a_{1n} \\ t^0 a_{21} & t^{-1} a_{22} & t^{-2} a_{23} & \ldots & t^{1-n} a_{2n} \\ t^0 a_{31} & t^{-1} a_{32} & t^{-2} a_{33} & \ldots & t^{1-n} a_{3n} \\ \ldots\ldots\ldots\ldots\ldots\ldots\ldots\ldots\ldots\ldots\ldots\ldots \\ t^0 a_{n1} & t^{-1} a_{n2} & t^{-2} a_{n3} & \ldots & t^{1-n} a_{nn} \end{vmatrix}.$$

Nochmaliges Herausziehen gemeinsamer Faktoren (diesmal aus den Spalten) liefert:

$$|\mathfrak{B}| = t^1 \cdot t^2 \cdot \ldots \cdot t^{n-1} \cdot t^0 \cdot t^{-1} \cdot t^{-2} \cdot \ldots \cdot t^{1-n} \cdot |\mathfrak{A}| = |\mathfrak{A}|.$$

Also ändert sich der Wert der Determinante durch das oben beschriebene Ersetzen nicht.

Aufgabe 3.7 *(Matrizenmultiplikation, vollständige Induktion)*

Sei

$$\mathfrak{C} := \begin{pmatrix} \lambda & 1 & 0 \\ 0 & \lambda & 1 \\ 0 & 0 & \lambda \end{pmatrix}.$$

Man gebe $\mathfrak{C}^n$ für $n \in \mathbb{N}$ an und beweise diese Formel für $\mathfrak{C}^n$ durch vollständige Induktion über $n \geq 1$.

Lösung.   Wir beweisen durch vollständige Induktion über $n \in \mathbb{N}$:

$$\mathfrak{C}^n = \begin{pmatrix} \lambda^n & n \cdot \lambda^{n-1} & \binom{n}{2} \cdot \lambda^{n-2} \\ 0 & \lambda^n & n \cdot \lambda^{n-1} \\ 0 & 0 & \lambda^n \end{pmatrix}.$$

(I) Wegen $\binom{1}{2} = 0$ ist die obige Behauptung offenbar für $n = 1$ richtig.

(II) Angenommen, für ein $k \geq 1$ aus $\mathbb{N}$ ist

$$\mathfrak{C}^k = \begin{pmatrix} \lambda^k & k \cdot \lambda^{k-1} & \binom{k}{2} \cdot \lambda^{k-2} \\ 0 & \lambda^k & k \cdot \lambda^{k-1} \\ 0 & 0 & \lambda^k \end{pmatrix}.$$

Dann gilt

$$\mathfrak{C}^{k+1} = \mathfrak{C}^k \cdot \mathfrak{C} = \begin{pmatrix} \lambda^{k+1} & (k+1) \cdot \lambda^k & k \cdot \lambda^{k-1} + \binom{k}{2} \cdot \lambda^{k-1} \\ 0 & \lambda^{k+1} & (k+1) \cdot \lambda^k \\ 0 & 0 & \lambda^{k+1} \end{pmatrix},$$

woraus sich die Behauptung für $k + 1$ wegen

$$k + \binom{k}{2} = \binom{k+1}{2}$$

ergibt.

Aufgabe 3.8 *(Inverse Matrix, Rangberechnung, Matrizenoperationen)*
Man berechne
(a)

$$\begin{pmatrix} 2 & 6 & 4 \\ -2 & 1 & 1 \\ 0 & 2 & 0 \end{pmatrix}^{-1} \quad \text{(mit Hilfe von Adjunkten)},$$

(b)

$$\operatorname{rg} \begin{pmatrix} 3 & 3 & 3 & 3 & 3 \\ 3 & -2 & 5 & 1 & 0 \\ 4 & -1 & 6 & 2 & 1 \\ -2 & -1 & 7 & 0 & 1 \\ 2 & -1 & 15 & 5 & 6 \\ 1 & -3 & 12 & 1 & 1 \\ 1 & 2 & 3 & 4 & 5 \end{pmatrix},$$

(c)

$$\begin{pmatrix} 1 & 0 & 2 \\ 0 & 1 & 1 \\ 1 & 2 & 3 \end{pmatrix}^T \cdot \begin{pmatrix} 4 & 0 & -1 & 1 \\ 0 & 1 & 1 & 1 \\ 0 & 2 & 0 & 1 \end{pmatrix} \cdot \begin{pmatrix} 0 & 1 \\ 0 & 0 \\ 0 & 1 \\ 1 & 0 \end{pmatrix}.$$

Lösung. (**a**): Auf welche Weise man mit Hilfe von Adjunkten die zur gegebenen Matrix inverse Matrix berechnet, findet man im Beweis von Satz 3.2.4 erläutert. Ergebnis:

$$-\frac{1}{20} \cdot \begin{pmatrix} -2 & 8 & 2 \\ 0 & 0 & -10 \\ -4 & -4 & 14 \end{pmatrix}.$$

(**b**): 4
(**c**):

$$\begin{pmatrix} 2 & 3 \\ 3 & 1 \\ 6 & 7 \end{pmatrix}$$

Aufgabe 3.9 *(Rang einer Matrix)*

Man berechne in Abhängigkeit von $t \in \mathbb{R}$ den Rang der Matrix

$$\mathfrak{A} := \begin{pmatrix} 1 & 2 & 3 & 4 & 5 \\ 1 & t & t+1 & 2t & 5 \\ 2 & t^2 & 6 & 8 & 10 \\ 0 & 4-t & 1 & 0 & 0 \end{pmatrix} \in \mathbb{R}^{4 \times 5}.$$

Lösung.   Es gilt:

$$\operatorname{rg}\mathfrak{A} = \begin{cases} 2 & \text{für} \quad t = 2, \\ 3 & \text{für} \quad t = -2, \\ 4 & \text{sonst.} \end{cases}$$

Um dies zu begründen, kann man durch rangäquivalente Umformungen (siehe Satz 3.3.1) die gegebene Matrix in eine von Trapezform überführen. Dabei sollte man, um komplizierte Fallunterscheidungen zu vermeiden, versuchen, nicht durch die Unbekannte t zu dividieren.

Offenbar ist die 5. Spalte das 5fache der ersten Spalte und kann damit weggelassen werden. Umordnen der Spalten von $\mathfrak{A}$ liefert:

$$\operatorname{rg}\mathfrak{A} = \operatorname{rg} \begin{pmatrix} 1 & 3 & 4 & 2 \\ 1 & t+1 & 2t & t \\ 2 & 6 & 8 & t^2 \\ 0 & 1 & 0 & 4-t \end{pmatrix}.$$

Durch die rangäquivalenten Umformungen $Z_2 - Z_1$ und $Z_3 - 2 \cdot Z_1$, wobei Z_i mit $i \in \{1, 2, 3\}$ die i-te Zeile obiger Matrix bezeichnet, erhält man:

$$\operatorname{rg}\mathfrak{A} = \operatorname{rg} \begin{pmatrix} 1 & 3 & 4 & 2 \\ 0 & t-2 & 2t-4 & t-2 \\ 0 & 0 & 0 & t^2-4 \\ 0 & 1 & 0 & 4-t \end{pmatrix}.$$

Zeilenvertauschungen und Subtraktion des $(t-2)$-fachen der zweiten Zeile von der dritten Zeile führen zu

$$\operatorname{rg}\mathfrak{A}$$
$$= \operatorname{rg} \begin{pmatrix} 1 & 3 & 4 & 2 \\ 0 & 1 & 0 & 4-t \\ 0 & t-2 & 2t-4 & t-2 \\ 0 & 0 & 0 & t^2-4 \end{pmatrix} = \operatorname{rg} \begin{pmatrix} 1 & 3 & 4 & 2 \\ 0 & 1 & 0 & 4-t \\ 0 & 0 & 2t-4 & (t-2)(t-3) \\ 0 & 0 & 0 & t^2-4 \end{pmatrix}.$$

Wie man leicht nachprüft, folgen aus der letzten Matrix die oben angegebenen Rangaussagen über $\mathfrak{A}$.

Aufgabe 3.10 *(Matrizeneigenschaft)*

Man gebe zwei (2,2)-Matrizen $\mathfrak{A}$, $\mathfrak{B}$ über dem Körper $(\mathbb{Z}_5; +, \cdot)$ an, für die $\mathfrak{A} \cdot \mathfrak{B} \neq \mathfrak{B} \cdot \mathfrak{A}$ gilt.

Lösung.   Wählt man z.B.

$$\mathfrak{A} = \begin{pmatrix} 1 & 2 \\ 3 & 0 \end{pmatrix}$$

und

$$\mathfrak{B} = \begin{pmatrix} 1 & 1 \\ 3 & 1 \end{pmatrix},$$

so erhält man

$$\mathfrak{A} \cdot \mathfrak{B} = \begin{pmatrix} 2 & 3 \\ 3 & 3 \end{pmatrix} \quad \mod 5$$

und

$$\mathfrak{B} \cdot \mathfrak{A} = \begin{pmatrix} 4 & 2 \\ 1 & 1 \end{pmatrix} \quad \mod 5,$$

womit

$$\mathfrak{A} \cdot \mathfrak{B} \neq \mathfrak{B} \cdot \mathfrak{A}$$

gilt.

Aufgabe 3.11 *(Anwendung des Determinantenmultiplikationssatzes, Satz 3.2.5)*

Man berechne die Determinante von

$$\mathfrak{A} := \begin{pmatrix} a & b & c & d \\ -b & a & d & -c \\ -c & -d & a & b \\ -d & c & -b & a \end{pmatrix},$$

indem man von der Determinante $|\mathfrak{A} \cdot \mathfrak{A}^T|$ ausgeht.

Lösung.   Unter Verwenden der Bezeichnung $s := a^2 + b^2 + c^2 + d^2$ prüft man leicht nach, daß

$$\mathfrak{A} \cdot \mathfrak{A}^T = \begin{pmatrix} s & 0 & 0 & 0 \\ 0 & s & 0 & 0 \\ 0 & 0 & s & 0 \\ 0 & 0 & 0 & s \end{pmatrix}.$$

Folglich $|\mathfrak{A} \cdot \mathfrak{A}^T| = s^4 = (a^2 + b^2 + c^2 + d^2)^4$ und $|\mathfrak{A} \cdot \mathfrak{A}^T| = |\mathfrak{A}| \cdot |\mathfrak{A}^T| = |\mathfrak{A}|^2$. Also gilt

$$|\mathfrak{A}| = (a^2 + b^2 + c^2 + d^2)^2.$$

Aufgabe 3.12 *(Beweis einer Matrizeneigenschaft)*

Man beweise: Seien n ungerade, $\mathfrak{A} \in \mathbb{R}^{n \times n}$ und $\mathfrak{A} = -\mathfrak{A}^T$. Dann gilt $|\mathfrak{A}| = 0$.

Lösung.   Falls $\mathfrak{A} = -\mathfrak{A}^T$, so gilt nach den Sätzen 3.1.5 und 3.1.4 sowie der Voraussetzung, daß n ungerade ist:

$$|\mathfrak{A}| = |-\mathfrak{A}^T| = (-1)^n \cdot |\mathfrak{A}^T| = (-1)^n \cdot |\mathfrak{A}| = -|\mathfrak{A}|.$$

Aus $|\mathfrak{A}| = -|\mathfrak{A}|$ folgt dann unmittelbar die Behauptung $|\mathfrak{A}| = 0$.

Aufgabe 3.13 *(Beweis einer Matrixeigenschaft)*

Sei $\mathfrak{A}$ eine (n, n)-Matrix, die mehr als $n^2 - n$ Elemente besitzt, die gleich 0 sind. Man zeige, daß dann die Determinante von $\mathfrak{A}$ gleich 0 ist.

Lösung.   Da mehr als $n^2 - n$ Elemente von $\mathfrak{A}$ gleich 0 sind, enthält $\mathfrak{A}$ mindestens eine Nullzeile oder Nullspalte, womit $|\mathfrak{A}| = 0$ ist.

Aufgabe 3.14 *(Beweis einer Matrizeneigenschaft)*

Eine Matrix $\mathfrak{A}$ heißt *symmetrisch*, wenn $\mathfrak{A}^T = \mathfrak{A}$ ist. Eine Matrix $\mathfrak{A}$ heißt *schiefsymmetrisch*, wenn $\mathfrak{A}^T = -\mathfrak{A}$ gilt.

Man beweise: Jede (n, n)-Matrix $\mathfrak{A}$ läßt sich als Summe einer symmetrischen Matrix $\mathfrak{A}_s$ und einer schiefsymmetrischen Matrix $\mathfrak{A}_t$ darstellen.

Lösung.   Wählt man $\mathfrak{A}_s := \frac{1}{2} \cdot (\mathfrak{A} + \mathfrak{A}^T)$ und $\mathfrak{A}_t := \frac{1}{2} \cdot (\mathfrak{A} - \mathfrak{A}^T)$, so gilt offenbar $\mathfrak{A} = \mathfrak{A}_s + \mathfrak{A}_t$ und

$$\mathfrak{A}_s^T = (\tfrac{1}{2} \cdot (\mathfrak{A} + \mathfrak{A}^T))^T = \tfrac{1}{2} \cdot (\mathfrak{A}^T + \mathfrak{A}) = \mathfrak{A}_s,$$
$$\mathfrak{A}_t^T = (\tfrac{1}{2} \cdot (\mathfrak{A} - \mathfrak{A}^T))^T = \tfrac{1}{2} \cdot (\mathfrak{A}^T - \mathfrak{A}) = -\mathfrak{A}_t,$$

d.h., unsere Behauptung ist bewiesen.

Aufgabe 3.15 *(Beweis einer Matrizeneigenschaft)*

Seien $\mathfrak{A}$ und $\mathfrak{B}$ Matrizen aus $K^{n \times n}$. Man beweise:

(a) Ist $\mathfrak{A}$ symmetrisch, so ist auch $\mathfrak{B}^T \cdot \mathfrak{A} \cdot \mathfrak{B}$ symmetrisch.
(b) Ist $\mathfrak{A}$ schiefsymmetrisch, so ist auch $\mathfrak{B}^T \cdot \mathfrak{A} \cdot \mathfrak{B}$ schiefsymmetrisch.

Lösung.   Obige Behauptungen prüft man leicht unter Verwenden von $(\mathfrak{X} \cdot \mathfrak{Y})^T = \mathfrak{Y}^T \cdot \mathfrak{X}^T$ (siehe Satz 3.2.7) und $\mathfrak{X} \cdot ((-1) \cdot \mathfrak{Y}) = -(\mathfrak{X} \cdot \mathfrak{Y})$ (siehe Satz 3.2.8, (5)), wobei $\mathfrak{X}, \mathfrak{Y} \in K^{n \times n}$, nach:
Falls $\mathfrak{A}^T = \mathfrak{A}$, gilt:

$$(\mathfrak{B}^T \cdot \mathfrak{A} \cdot \mathfrak{B})^T = \mathfrak{B}^T \cdot \mathfrak{A}^T \cdot (\mathfrak{B}^T)^T = \mathfrak{B}^T \cdot \mathfrak{A} \cdot \mathfrak{B}.$$

Falls $\mathfrak{A}^T = -\mathfrak{A}$, haben wir

$$(\mathfrak{B}^T \cdot \mathfrak{A} \cdot \mathfrak{B})^T = \mathfrak{B}^T \cdot \mathfrak{A}^T \cdot \mathfrak{B} = \mathfrak{B}^T \cdot (-\mathfrak{A}) \cdot \mathfrak{B} = -\mathfrak{B}^T \cdot \mathfrak{A} \cdot \mathfrak{B}.$$

Aufgabe 3.16 *(Eigenschaft inverser Matrizen)*
Sei $\mathfrak{A}$ eine reguläre Matrix. Man beweise: $(\mathfrak{A}^{-1})^T = (\mathfrak{A}^T)^{-1}$.

Lösung.   Offenbar gilt nach Definition einer inversen Matrix und unter Verwenden von Satz 2.2.2 sowie Satz 3.2.6:

$$(\mathfrak{A}^T)^{-1} = (\mathfrak{A}^{-1})^T \iff \mathfrak{A}^T \cdot (\mathfrak{A}^{-1})^T = \mathfrak{E}.$$

Damit folgt unsere Behauptung aus:

$$\mathfrak{A}^T \cdot (\mathfrak{A}^{-1})^T = (\mathfrak{A}^{-1} \cdot \mathfrak{A})^T = \mathfrak{E}^T = \mathfrak{E}$$

(siehe auch Satz 3.2.7, (3)).

Aufgabe 3.17 *(Eigenschaften von Matrizen)*
Eine Matrix $\mathfrak{B} \in \mathbb{R}^{n \times n} \setminus \{\mathfrak{O}_{n,n}\}$ heißt *positiv definit*, wenn

$$\forall \mathfrak{x} \in \mathbb{R}^{n \times 1} : \mathfrak{x}^T \cdot \mathfrak{B} \cdot \mathfrak{x} \geq 0 \quad \wedge$$
$$(\mathfrak{x}^T \mathfrak{B} \cdot \mathfrak{x} = 0 \iff \mathfrak{x} = \mathfrak{o})$$

gilt. Man zeige, daß für eine beliebige reguläre Matrix $\mathfrak{A} \in \mathbb{R}^{n \times n}$ die Matrix $\mathfrak{B} := \mathfrak{A}^T \cdot \mathfrak{A}$ symmetrisch und positiv definit ist.

Lösung.   Wegen $(\mathfrak{A}^T \cdot \mathfrak{A})^T = \mathfrak{A}^T \cdot (\mathfrak{A}^T)^T = \mathfrak{A}^T \cdot \mathfrak{A}$ ist $\mathfrak{B}$ offenbar symmetrisch. Für $\mathfrak{x} \in \mathbb{R}^{n \times 1}$ sei $\mathfrak{y} := \mathfrak{A} \cdot \mathfrak{x}$, wobei $\mathfrak{y} := (y_1, y_2, ..., y_n)^T$. Dann gilt:

$$\mathfrak{x}^T \cdot \mathfrak{A}^T \cdot \mathfrak{A} \cdot \mathfrak{x} = (\mathfrak{A} \cdot \mathfrak{x})^T \cdot (\mathfrak{A} \cdot \mathfrak{x}) = \mathfrak{y}^T \cdot \mathfrak{y} = y_1^2 + y_2^2 + ... + y_n^2 \geq 0$$

und

$$y_1^2 + y_2^2 + ... + y_n^2 = 0 \iff y_1 = y_2 = ... = y_n = 0.$$

Da $|\mathfrak{A}| \neq 0$, gilt $\mathfrak{y} = \mathfrak{o}$ nur genau dann, wenn $\mathfrak{x} = \mathfrak{o}$ ist. Also haben wir:

$$y_1^2 + y_2^2 + ... + y_n^2 = 0 \iff \mathfrak{y} = \mathfrak{o} \iff \mathfrak{x} = \mathfrak{o}$$

Aufgabe 3.18 *(Inverse Matrix)*
Man berechne mit Hilfe der zwei im Kapitel 3 angegebenen Verfahren (siehe die Sätze 3.2.4 und 3.4.3) die zur Matrix

$$(a) \quad \mathfrak{A} := \begin{pmatrix} 1 & 0 & 0 & 0 \\ 0 & 3 & -2 & 0 \\ 0 & 5 & 0 & 1 \\ 0 & 1 & 1 & 0 \end{pmatrix} \qquad (b) \quad \mathfrak{A} := \begin{pmatrix} 1 & 3 & 1 & 2 \\ 3 & 1 & 0 & 2 \\ 1 & 0 & 1 & 2 \\ 2 & 2 & 2 & 5 \end{pmatrix}$$

inverse Matrix.

Lösung. **(a):**

$$\mathfrak{A}^{-1} = \frac{1}{5} \cdot \begin{pmatrix} 5 & 0 & 0 & 0 \\ 0 & 1 & 0 & 2 \\ 0 & -1 & 0 & 3 \\ 0 & -5 & 5 & -10 \end{pmatrix}$$

(b):

$$\mathfrak{A}^{-1} = -\frac{1}{9} \cdot \begin{pmatrix} -3 & -3 & -9 & 6 \\ -3 & 0 & 3 & 0 \\ -9 & 3 & -24 & 12 \\ 6 & 0 & 12 & -9 \end{pmatrix} = \frac{1}{3} \cdot \begin{pmatrix} 1 & 1 & 3 & -2 \\ 1 & 0 & -1 & 0 \\ 3 & -1 & 8 & -4 \\ -2 & 0 & -4 & 3 \end{pmatrix}$$

Aufgabe 3.19 *(Eine Anwendung von Matrizen in der Codierungstheorie)*

Zum Verschlüsseln einer Nachricht kann man folgendes Verfahren verwenden. Den 26 Buchstaben des Alphabets werden Zahlen von 0 bis 25 zugeordnet:

A	B	C	D	E	F	G	H	I	J	K	L	M
19	2	21	0	4	7	6	9	17	24	11	15	14

N	O	P	Q	R	S	T	U	V	W	X	Y	Z
13	12	16	18	1	25	20	3	22	5	8	23	10

Der Klartext (z.B. ALGEBRA) wird in Blöcke zu je zwei Buchstaben unterteilt, wobei man nach Bedarf eventuell noch einen Buchstaben (etwa X) hinzufügt: AL GE BR AX. Jedem Buchstabenpaar entspricht nach der obigen Tabelle ein gewisses Zahlenpaar (a_1, a_2), dem man mittels

$$\begin{pmatrix} b_1 \\ b_2 \end{pmatrix} = \begin{pmatrix} 4 & 7 \\ 9 & 22 \end{pmatrix} \cdot \begin{pmatrix} a_1 \\ a_2 \end{pmatrix} \pmod{26}$$

ein anderes Paar (b_1, b_2) zuordnen kann, denen wiederum nach obiger Tabelle ein gewisses Buchstabenpaar entspricht. Auf diese Weise läßt sich Algebra zu SFDOLMBH codieren.

(a) Man decodiere SIVNXBMHNOTE.

(b) Welche Eigenschaften müssen Matrizen $\mathfrak{A} \in \mathbb{Z}_{26}^{2 \times 2}$ besitzen, damit jede durch $(b_1, b_2)^T = \mathfrak{A} \cdot (a_1, a_2)^T$ codierte Nachricht entschlüsselt werden kann?

Lösung. **(a):** Wegen

$$\begin{pmatrix} 4 & 7 \\ 9 & 22 \end{pmatrix}^{-1} = \begin{pmatrix} 4 & 7 \\ 9 & 22 \end{pmatrix} \pmod{26}$$

lautet die Decodierungsformel

$$\begin{pmatrix} a_1 \\ a_2 \end{pmatrix} = \begin{pmatrix} 4 & 7 \\ 9 & 22 \end{pmatrix} \cdot \begin{pmatrix} b_1 \\ b_2 \end{pmatrix} \pmod{26},$$

womit sich SIVNXBMHNOTE in KRYPTOLOGIE decodieren läßt.

(b): Der größte gemeinsame Teiler von $\det \mathfrak{A}$ und 26 muß gleich 1 sein, denn nur in diesem Fall existiert $|\mathfrak{A}|^{-1}$ und die inverse Matrix zu $\mathfrak{A}$ ist berechenbar.

Aufgabe 3.20 *(Verwenden von Matrizen in der Graphentheorie)*

Bezeichne G einen ungerichteten Graphen mit der Knotenmenge $\{1, 2, ..., n\}$. Für diesen Graphen lassen sich folgende drei Matrizen bilden:

$$\mathfrak{B} := (b_{ij})_{n,n} \ (\textit{,,Adjazenzmatrix von } G\text{``}),$$

wobei $b_{i,j}$ für $i \neq j$ die Anzahl der Kanten, die den Knoten i mit den Knoten j verbinden, bezeichnet, und b_{ii} gleich der doppelten Anzahl der mit dem Knoten i inzidierenden Schlingen ist;

$$\mathfrak{V} := (v_{i,j})_{n,n} \ (\textit{,,Valenzmatrix von } G\text{``}),$$

wobei $v_{ij} = 0$ für $i \neq j$ und v_{ii} die Anzahl der Kanten ist, die vom Knoten i ausgehen und Schlingen dabei doppelt gezählt werden;

$$\mathfrak{A} := \mathfrak{V} - \mathfrak{B} \ (\textit{,,Admittanzmatrix von } G\text{``}).$$

Dann gilt der *Matrix-Gerüst-Satz (Satz von Kirchhoff-Trent)*[1]: *Für beliebiges $i \in \{1, 2, ..., n\}$ gibt die Adjunkte A_{ii} der Determinante $A := |\mathfrak{A}|$ die Anzahl der Gerüste des Graphen G an.* (*Gerüste* sind zusammenhängende spannende Teilgraphen von G mit minimaler Kantenzahl.) Man verifiziere diesen Satz für den Graphen

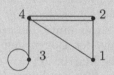

Lösung. Es gilt

$$\mathfrak{B} = \begin{pmatrix} 0 & 2 & 1 & 1 \\ 2 & 0 & 0 & 1 \\ 1 & 0 & 2 & 0 \\ 1 & 1 & 0 & 0 \end{pmatrix},$$

$$\mathfrak{D} = \begin{pmatrix} 4 & 0 & 0 & 0 \\ 0 & 3 & 0 & 0 \\ 0 & 0 & 3 & 0 \\ 0 & 0 & 0 & 2 \end{pmatrix},$$

---

[1] Den Beweis dieses Satzes wie auch den Beweis der Aussage aus der Aufgabe 3.21 findet man in [Lau 2004], Bd. 2.

$$\mathfrak{A} = \begin{pmatrix} 4 & -2 & -1 & -1 \\ -2 & 3 & 0 & -1 \\ -1 & 0 & 1 & 0 \\ -1 & -1 & 0 & 2 \end{pmatrix}$$

und

$$A_{11} = A_{22} = A_{33} = A_{44} = 5.$$

Der obige Graph besitzt also genau 5 Gerüste:

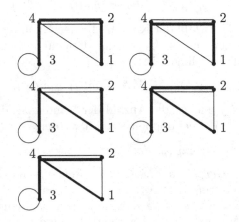

Aufgabe 3.21 *(Verwenden von Matrizen in der Graphentheorie)*
Jedem schlichten gerichteten Graphen G mit der Knotenmenge $\{1, 2, ..., n\}$ kann man eine sogenannte *Adjazenzmatrix* $\mathfrak{B} := (b_{ij})_{n,n}$ zuordnen, wobei b_{ij} die Anzahl der Bögen angibt, die vom Knoten i zum Knoten j gerichtet sind. Für die Matrix $\mathfrak{B}^k =: (c_{ij})_{n,n}$ gilt dann, daß c_{ij} die Anzahl der gerichteten Kantenfolgen der Länge k vom Knoten i zum Knoten j angibt. Man verifiziere diese Aussage für den Graphen

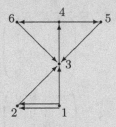

und $k = 3$.

Lösung.   Es gilt

$$\mathfrak{B} = \begin{pmatrix} 0 & 2 & 1 & 0 & 0 & 0 \\ 0 & 0 & 1 & 0 & 0 & 0 \\ 0 & 0 & 0 & 1 & 0 & 0 \\ 0 & 0 & 0 & 0 & 1 & 1 \\ 0 & 0 & 1 & 0 & 0 & 0 \\ 0 & 0 & 1 & 0 & 0 & 0 \end{pmatrix}$$

und

$$\mathfrak{B}^3 = \begin{pmatrix} 0 & 0 & 0 & 2 & 1 & 1 \\ 0 & 0 & 0 & 0 & 1 & 1 \\ 0 & 0 & 2 & 0 & 0 & 0 \\ 0 & 0 & 0 & 2 & 0 & 0 \\ 0 & 0 & 0 & 0 & 1 & 1 \\ 0 & 0 & 0 & 0 & 1 & 1 \end{pmatrix}.$$

Wie man leicht nachprüft, stimmen die aus der Matrix entnehmbaren Aussagen über die Anzahl der Kantenfolgen mit den direkt aus dem Graphen ablesbaren Anzahlen überein.

Aufgabe 3.22 *(Lineare Gleichungssysteme)*
Sei $K = \mathbb{R}$. Man bestimme die allgemeine Lösung der folgenden LGS:
(a)

$$\begin{array}{rcrcrcrcr} x_1 & - & x_2 & + & 4 \cdot x_3 & & & = & 0 \\ 2 \cdot x_1 & + & x_2 & - & x_3 & + & x_4 & = & 7 \end{array}$$

(b)

$$\begin{array}{rcrcrcrcr} x_1 & + & x_2 & + & x_3 & + & x_4 & = & 7 \\ & & x_2 & + & x_3 & + & x_4 & = & 5 \\ x_1 & & & + & x_3 & + & x_4 & = & 6 \\ & & x_2 & - & x_3 & & & = & 2 \\ 2x_1 & & & - & x_3 & + & x_4 & = & 10 \end{array}$$

(c)

$$\begin{array}{rcrcrcrcrcrcr} x_1 & + & x_2 & - & x_3 & + & x_4 & + & x_5 & + & x_6 & = & 0 \\ 2x_1 & - & x_2 & - & x_3 & + & 2x_4 & & & & & = & 0 \\ & & x_2 & - & x_3 & & & & & + & x_6 & = & 0 \\ 2x_1 & & & + & 2x_3 & + & 2x_4 & & & & & = & 0 \end{array}$$

(d)

$$\begin{array}{rcrcrcrcr} 2x_1 & + & 4x_2 & + & 6x_3 & - & 10x_4 & = & 14 \\ x_1 & + & x_2 & + & x_3 & - & 3x_4 & = & 11 \\ x_1 & + & 3x_2 & + & 5x_3 & + & 5x_4 & = & 123 \end{array}$$

(e)

$$\begin{array}{rcrcrcrcr} -2x_1 & + & 6x_2 & & & - & 2x_4 & + & 2x_5 & = & 0 \\ 2x_1 & & & + & x_3 & & & & & = & 0 \\ 4x_1 & + & 5x_2 & & & & & - & x_5 & = & 0 \\ 4x_1 & + & 16x_2 & - & x_3 & - & 2x_4 & & & = & 0 \end{array}$$

(f)

$$\begin{aligned}
x_1 + 3x_2 + 5x_3 - 4x_4 \quad\;\;\;\; &= 1 \\
x_1 + 3x_2 + 2x_3 - 2x_4 + x_5 &= -1 \\
x_1 - 2x_2 + \;\; x_3 - \;\; x_4 - x_5 &= 3 \\
x_1 - 4x_2 + \;\; x_3 + \;\; x_4 - x_5 &= 3 \\
- \;\; x_2 + 3x_3 + \;\; x_4 \quad\;\;\;\; &= 7
\end{aligned}$$

Lösung.

(a):

$$\begin{pmatrix} x_1 \\ x_2 \\ x_3 \\ x_4 \end{pmatrix} = \begin{pmatrix} 0 \\ 0 \\ 0 \\ 7 \end{pmatrix} + t_1 \cdot \begin{pmatrix} 1 \\ 1 \\ 0 \\ -3 \end{pmatrix} + t_2 \cdot \begin{pmatrix} -4 \\ 0 \\ 1 \\ 9 \end{pmatrix}$$

(b):

$$\begin{pmatrix} x_1 \\ x_2 \\ x_3 \\ x_4 \end{pmatrix} = \begin{pmatrix} 2 \\ 1 \\ -1 \\ 5 \end{pmatrix}$$

(c):

$$\begin{pmatrix} x_1 \\ x_2 \\ x_3 \\ x_4 \\ x_5 \\ x_6 \end{pmatrix} = t_1 \cdot \begin{pmatrix} -1 \\ -3 \\ 1 \\ 0 \\ 1 \\ 4 \end{pmatrix} + t_2 \cdot \begin{pmatrix} -1 \\ 0 \\ 0 \\ 1 \\ 0 \\ 0 \end{pmatrix}$$

(d):

$$\begin{pmatrix} x_1 \\ x_2 \\ x_3 \\ x_4 \end{pmatrix} = \begin{pmatrix} 25 \\ 16 \\ 0 \\ 10 \end{pmatrix} + t \cdot \begin{pmatrix} 1 \\ -2 \\ 1 \\ 0 \end{pmatrix}$$

(e):

$$\begin{pmatrix} x_1 \\ x_2 \\ x_3 \\ x_4 \\ x_5 \end{pmatrix} = t_1 \cdot \begin{pmatrix} 1 \\ 0 \\ -2 \\ 3 \\ 4 \end{pmatrix} + t_2 \cdot \begin{pmatrix} 0 \\ 1 \\ 0 \\ 8 \\ 5 \end{pmatrix}$$

$(t, t_1, t_2 \in \mathbb{R})$.

(f): Es existiert keine Lösung, da $\operatorname{rg}\mathfrak{A} = 4$ und $\operatorname{rg}(\mathfrak{A}, \mathfrak{b}) = 5$.

Aufgabe 3.23 *(Anwenden des Lösbarkeitskriterium für LGS; Satz 3.4.4)*

Sei $K = \mathbb{R}$. Man begründe mit Hilfe des Rangkriteriums, daß das LGS

$$\begin{array}{rcrcrcrcr}
x_1 &+& x_2 &+& x_3 &+& x_4 &=& 3 \\
    & & x_2 &+& x_3 &+& x_4 &=& 5 \\
x_1 & &   &+& 6x_3 & & &=& 1 \\
    & & x_2 &+& 2x_3 &+& x_4 &=& 3 \\
x_1 &+& x_2 &+& 8x_3 &+& x_4 &=& 4
\end{array}$$

keine Lösungen besitzt.

Lösung. Das LGS ist nicht lösbar, da der Rang der Koeffizientenmatrix 3 und der Rang der Systemmatrix 4 ist.

Aufgabe 3.24 *(Satz 3.4.4, Lösen eines LGS)*

Sei $K = \mathbb{R}$. Welchen Einfluß hat der Wert $a \in \mathbb{R}$ auf die Struktur der allgemeinen Lösung des LGS

$$\begin{array}{rcrcrcrcrcr}
7x_1 &-& 3x_2 &-& 5x_3 &+& ax_4 &-& 2x_5 &=& 4 \\
2x_1 &+& x_2 &+& x_3 &+& 3x_4 &-& x_5 &=& 0 \\
3x_1 &-& 2x_2 &-& 4x_3 &+& 2x_4 &+& x_5 &=& 2 \\
-x_1 &+& 2x_2 & & &+& 4x_4 &+& 5x_5 &=& b
\end{array}$$

und für welche $b \in \mathbb{R}$ ist dieses LGS bei festem $a \in \mathbb{R}$ lösbar? Für den Fall $a = 4$ gebe man außerdem sämtliche Lösungen des LGS an.

Lösung. Es gilt:

$$\operatorname{rg} \mathfrak{A} = \begin{cases} 3 & \text{für} \quad a = 4, \\ 4 & \text{sonst} \end{cases}$$

und

$$\operatorname{rg}(\mathfrak{A}, \mathfrak{b}) = \begin{cases} 3 & \text{für} \quad a = 4 \text{ und } b = -2, \\ 4 & \text{sonst.} \end{cases}$$

Folglich ist das LGS genau dann lösbar, wenn eine der folgenden zwei Bedingungen erfüllt ist:

(a) $a = 4$ und $b = -2$.

(b) $a \in \mathbb{R} \backslash \{4\}$ und $b \in \mathbb{R}$.

Im Fall $a = 4$ hat man also $b = -2$ zu wählen, und die allgemeine Lösung des LGS läßt sich wie folgt beschreiben:

$$\begin{pmatrix} x_1 \\ x_2 \\ x_3 \\ x_4 \\ x_5 \end{pmatrix} = \begin{pmatrix} 1 \\ -3 \\ 2 \\ 0 \\ 1 \end{pmatrix} + t_1 \cdot \begin{pmatrix} -10 \\ -29 \\ 13 \\ 12 \\ 0 \end{pmatrix} + t_2 \cdot \begin{pmatrix} 4 \\ -13 \\ 11 \\ 0 \\ 6 \end{pmatrix} \qquad (t_1, t_2 \in \mathbb{R}).$$

Aufgabe 3.25 *(Satz 3.4.4)*

Sei $K = \mathbb{R}$. Für welche $t \in \mathbb{R}$ hat

$$\begin{pmatrix} 1 & 2 & 3 & 4 \\ 5-t^2 & 2 & 3 & 4 \\ 2 & 3 & 5-t^2 & 1 \\ 2 & 3 & 4 & 1 \end{pmatrix} \cdot \begin{pmatrix} x_1 \\ x_2 \\ x_3 \\ x_4 \end{pmatrix} = \begin{pmatrix} 0 \\ 0 \\ 0 \\ 0 \end{pmatrix}$$

nichttriviale Lösungen?

Lösung. Es gilt

$$\begin{vmatrix} 1 & 2 & 3 & 4 \\ 5-t^2 & 2 & 3 & 4 \\ 2 & 3 & 5-t^2 & 1 \\ 2 & 3 & 4 & 1 \end{vmatrix} = (t^2-4)\cdot(1-t^2)\cdot(-10).$$

Da obige Determinante den Wert 0 haben muß, damit das LGS nichttriviale Lösungen besitzt, ist die gesuchte Bedingung

$$t \in \{2, -2, 1, -1\}.$$

Aufgabe 3.26 *(Satz 3.4.5)*

Sei $K = \mathbb{Z}_7$. Man berechne die Anzahl der Lösungen von

$$\begin{pmatrix} 1 & -1 & 6 & 1 \\ 1 & 2 & 1 & 4 \\ 3 & 4 & -6 & 0 \end{pmatrix} \cdot \begin{pmatrix} x_1 \\ x_2 \\ x_3 \\ x_4 \end{pmatrix} = \begin{pmatrix} 0 \\ 4 \\ 0 \end{pmatrix}.$$

Lösung. Die allgemeine Lösung lautet

$$\begin{pmatrix} x_1 \\ x_2 \\ x_3 \\ x_4 \end{pmatrix} = \begin{pmatrix} 6 \\ 6 \\ 0 \\ 0 \end{pmatrix} + t \cdot \begin{pmatrix} 0 \\ 2 \\ 6 \\ 1 \end{pmatrix} \pmod 7,$$

wobei $t \in \mathbb{Z}_7$, d.h., die allgemeine Lösung beschreibt 7 verschiedene Lösungen.

4

Aufgaben zu:
Vektorräume über einem Körper K

Aufgabe 4.1 *(Der Vektorraum der Lösungen eines homogenen LGS)*

Man beweise, daß die Menge der Lösungen der Matrixgleichung $\mathfrak{A} \cdot \mathfrak{x} = \mathfrak{o}$ ($\mathfrak{A} \in K^{m \times n}$) einen Untervektorraum des Vektorraums $K^{n \times 1}$ bildet. Gilt dies auch für die Menge der Lösungen der Gleichung $\mathfrak{A} \cdot \mathfrak{x} = \mathfrak{b}$, falls $\mathfrak{b} \in K^{m \times 1} \backslash \{\mathfrak{o}\}$ ist?

Lösung. Nach Satz 4.2.1 ist eine Teilmenge U eines Vektorraumes V über dem Körper K genau dann ein Untervektorraum, wenn

$$U \neq \emptyset \;\wedge\; (\forall \alpha, \beta \in K \; \forall \mathfrak{a}, \mathfrak{b} \in U : \; \alpha \cdot \mathfrak{a} + \beta \cdot \mathfrak{b} \in U)$$

gilt.
Sei

$$U := \{\mathfrak{x} \in K^{n \times 1} \,|\, \mathfrak{A} \cdot \mathfrak{x} = \mathfrak{o}\}.$$

Da $\mathfrak{o} \in U$, ist U nichtleer. Außerdem gilt für beliebige $\alpha, \beta \in K$ und beliebige $\mathfrak{a}, \mathfrak{b} \in U$:

$$\mathfrak{A} \cdot (\alpha \cdot \mathfrak{a} + \beta \cdot \mathfrak{b}) = \mathfrak{A} \cdot (\alpha \cdot \mathfrak{a}) + \mathfrak{A} \cdot (\beta \cdot \mathfrak{b}) = \alpha \cdot (\mathfrak{A} \cdot \mathfrak{a}) + \beta \cdot (\mathfrak{A} \cdot \mathfrak{a}) = \alpha \cdot \mathfrak{o} + \beta \cdot \mathfrak{o} = \mathfrak{o},$$

d.h., $\alpha \cdot \mathfrak{a} + \beta \cdot \mathfrak{b} \in U$. Folglich ist U ein Untervektorraum von $K^{n \times 1}$.

Die Menge

$$W := \{\mathfrak{x} \in K^{n \times 1} \,|\, \mathfrak{A} \cdot \mathfrak{x} = \mathfrak{b}\}$$

mit $\mathfrak{b} \neq \mathfrak{o}$ ist dagegen kein Untervektorraum von $K^{n \times 1}$, da

(a) W gleich der leeren Menge sein kann, und
(b) $\mathfrak{o}$ nicht zu W gehört.

D. Lau, *Übungsbuch zur Linearen Algebra und analytischen Geometrie*, 2. Aufl., Springer-Lehrbuch,
DOI 10.1007/978-3-642-19278-4_4, © Springer-Verlag Berlin Heidelberg 2011

Aufgabe 4.2 *(Untervektorräume)*

Welche der folgenden Teilmengen $T_i \subseteq \mathbb{R}^{4\times 1}$ $(i = 1, 2, 3)$ sind Untervektorräume von $\mathbb{R}^{4\times 1}$?

(a) $T_1 := \{(x_1, x_2, x_3, x_4)^T \in \mathbb{R}^{4\times 1} \mid x_2 + x_3 - 2x_4 = 0\}$,

(b) $T_2 := \{(x_1, x_2, x_3, x_4)^T \in \mathbb{R}^{4\times 1} \mid x_1 + x_2 = 1\}$,

(c) $T_3 := \{(x_1, x_2, x_3, x_4)^T \in \mathbb{R}^{4\times 1} \mid x_1 \in \mathbb{Q}\}$.

Lösung. Nur T_1 ist UVR. T_2 ist kein UVR, da z.B. $(1, 0, 0, 0)^T \in T_2$ und $2 \cdot (1, 0, 0, 0)^T \notin T_2$. T_3 ist kein UVR, da z.B. $(1, 0, 0, 0)^T \in T_3$ und $\sqrt{2} \cdot (1, 0, 0, 0)^T \notin T_3$ (siehe Aufgabe 1.7).

Aufgabe 4.3 *(Dimension und Basis eines Untervektorraums)*

Seien

$$
a_1 := \begin{pmatrix} 1 \\ 1 \\ 0 \\ 1 \end{pmatrix}, \quad a_2 := \begin{pmatrix} -1 + 2i \\ 2i \\ -1 \\ 2i \end{pmatrix}, \quad a_3 := \begin{pmatrix} -i \\ 0 \\ 0 \\ 1 + i \end{pmatrix}, \quad a_4 := \begin{pmatrix} -i \\ 0 \\ 1 \\ 0 \end{pmatrix}
$$

Vektoren des Vektorraums $\mathbb{C}^{4\times 1}$ über dem Körper $\mathbb{C}$. Man bestimme die Dimension des UVRs $U := [\{a_1, a_2, a_3, a_4\}]$ und gebe eine Basis für diesen UVR an.

Lösung. Wegen

$$
\mathrm{rg}(a_1, a_2, a_3, a_4) = 3
$$

ist $\dim U = 3$. Eine mögliche Basis für U ist z.B. $\{a_1, a_2, a_3\}$.

Aufgabe 4.4 *(Dimension und Basis eines Untervektorraums)*

Seien

$$
a_1 := \begin{pmatrix} 1 \\ 1 \\ 0 \\ 1 \\ 1 \end{pmatrix}, \quad a_2 := \begin{pmatrix} 0 \\ 0 \\ 1 \\ 1 \\ 0 \end{pmatrix}, \quad a_3 := \begin{pmatrix} 0 \\ 1 \\ 0 \\ 0 \\ 0 \end{pmatrix}, \quad a_4 := \begin{pmatrix} 1 \\ 0 \\ 0 \\ 1 \\ 1 \end{pmatrix}, \quad a_5 := \begin{pmatrix} 1 \\ 0 \\ 1 \\ 0 \\ 1 \end{pmatrix}
$$

Vektoren des Vektorraums $K^{5\times 1}$ über dem Körper K mit $K \in \{\mathbb{R}, \mathbb{Z}_2\}$. Man bestimme die Dimension des UVRs $U := [\{a_1, a_2, a_3, a_4, a_5\}]$ und gebe eine Basis für diesen UVR an.

Lösung.
Fall 1: $K = \mathbb{R}$.
Wegen
$$\mathrm{rg}(\mathfrak{a}_1, \mathfrak{a}_2, \mathfrak{a}_3, \mathfrak{a}_4, \mathfrak{a}_5) = 4$$
ist $\dim U = 4$. Eine mögliche Basis für U ist z.B. $\{\mathfrak{a}_1, \mathfrak{a}_2, \mathfrak{a}_3, \mathfrak{a}_5\}$.

Fall 2: $K = \mathbb{Z}_2$.
Wegen
$$\mathrm{rg}(\mathfrak{a}_1, \mathfrak{a}_2, \mathfrak{a}_3, \mathfrak{a}_4, \mathfrak{a}_5) = 3$$
ist $\dim U = 3$. Eine mögliche Basis für U ist z.B. $\{\mathfrak{a}_1, \mathfrak{a}_2, \mathfrak{a}_3\}$.

Aufgabe 4.5 *(Beweis einer Viereckeigenschaft mittels Vektoren)*

Mit Hilfe von Vektoren beweise man, daß durch die Verbindung der Mittelpunkte benachbarter Seiten in einem Viereck stets ein Parallelogramm entsteht.

Lösung.   Wählt man

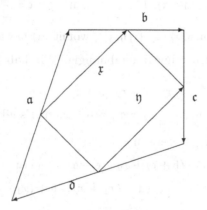

so ist die Behauptung bewiesen, wenn man $\mathfrak{x} = \mathfrak{y}$ zeigen kann.
Aus obiger Festlegung der Vektoren $\mathfrak{a}, \mathfrak{b}, \mathfrak{c}, \mathfrak{d}, \mathfrak{x}, \mathfrak{y}$ ergibt sich:

$$\mathfrak{a} + \mathfrak{b} + \mathfrak{c} + \mathfrak{d} = \mathfrak{o},$$
$$\mathfrak{x} = \tfrac{1}{2} \cdot (\mathfrak{a} + \mathfrak{b}),$$
$$\mathfrak{y} = -\tfrac{1}{2} \cdot (\mathfrak{c} + \mathfrak{d}).$$

Hieraus folgt dann

$$\mathfrak{x} - \mathfrak{y} = \frac{1}{2} \cdot (\mathfrak{a} + \mathfrak{b} + \mathfrak{c} + \mathfrak{d}) = \mathfrak{o},$$

d.h., $\mathfrak{x} = \mathfrak{y}$.

Aufgabe 4.6 *(Lineare Unabhängigkeit)*

In einem Vektorraum $_\mathbb{R}V$ seien die Vektoren $\mathfrak{a}, \mathfrak{b}, \mathfrak{c}$ fixiert. Außerdem seien

$$\mathfrak{x} := \mathfrak{b} + \mathfrak{c}, \quad \mathfrak{y} := \mathfrak{c} + \mathfrak{a}, \quad \mathfrak{z} := \mathfrak{a} + \mathfrak{b}.$$

Man beweise:

(a) $[\{\mathfrak{a}, \mathfrak{b}, \mathfrak{c}\}] = [\{\mathfrak{x}, \mathfrak{y}, \mathfrak{z}\}]$.
(b) $\mathfrak{a}, \mathfrak{b}, \mathfrak{c}$ sind genau dann linear unabhängig, wenn $\mathfrak{x}, \mathfrak{y}, \mathfrak{z}$ linear unabhängig sind.

Sind die Aussagen (a) und (b) auch für Vektorräume über einem beliebigen Körper richtig?

Lösung.   **(a):** Offenbar gilt $[\{\mathfrak{x}, \mathfrak{y}, \mathfrak{z}\}] \subseteq [\{\mathfrak{a}, \mathfrak{b}, \mathfrak{c}\}]$. Da sich außerdem aus $\mathfrak{x} = \mathfrak{b} + \mathfrak{c}$, $\mathfrak{y} = \mathfrak{c} + \mathfrak{a}$, $\mathfrak{z} = \mathfrak{a} + \mathfrak{b}$ die Gleichungen

$$\mathfrak{a} = \frac{1}{2} \cdot (-\mathfrak{x} + \mathfrak{y} + \mathfrak{z}), \quad \mathfrak{b} = \frac{1}{2} \cdot (\mathfrak{x} - \mathfrak{y} + \mathfrak{z}), \quad \mathfrak{c} = \frac{1}{2} \cdot (\mathfrak{x} + \mathfrak{y} - \mathfrak{z})$$

ergeben, gilt auch $[\{\mathfrak{a}, \mathfrak{b}, \mathfrak{c}\}] \subseteq [\{\mathfrak{x}, \mathfrak{y}, \mathfrak{z}\}]$, womit (a) bewiesen ist.

(b): „$\Longrightarrow$": Seien $\mathfrak{a}, \mathfrak{b}, \mathfrak{c}$ linear unabhängig. Wir haben zu zeigen, daß die Gleichung

$$x_1 \cdot \mathfrak{x} + x_2 \cdot \mathfrak{y} + x_3 \cdot \mathfrak{z} = \mathfrak{o}$$

nur die triviale Lösung $x_1 = x_2 = x_3 = 0$ besitzt. Es gilt

$$\begin{aligned}
\mathfrak{o} &= x_1 \cdot \mathfrak{x} + x_2 \cdot \mathfrak{y} + x_3 \cdot \mathfrak{z} \\
&= x_1 \cdot (\mathfrak{b} + \mathfrak{c}) + x_2 \cdot (\mathfrak{c} + \mathfrak{a}) + x_3 \cdot (\mathfrak{a} + \mathfrak{b}) \\
&= (x_2 + x_3) \cdot \mathfrak{a} + (x_1 + x_3) \cdot \mathfrak{b} + (x_1 + x_2) \cdot \mathfrak{c}.
\end{aligned}$$

Wegen der linearen Unabhängigkeit von $\mathfrak{a}, \mathfrak{b}, \mathfrak{c}$ folgt hieraus:

$$x_2 + x_3 = 0$$

$$x_1 + x_3 = 0$$

$$x_1 + x_2 = 0.$$

Da der Rang der Koeffizientenmatrix dieses LGS gleich 3 ist, hat dieses LGS nur die Lösung $x_1 = x_2 = x_3 = 0$ und $\mathfrak{x}, \mathfrak{y}, \mathfrak{z}$ sind linear unabhängig.

„$\Longleftarrow$": Seien $\mathfrak{x}, \mathfrak{y}, \mathfrak{z}$ linear unabhängig. Wir haben zu zeigen, daß die Gleichung

$$x_1 \cdot \mathfrak{a} + x_2 \cdot \mathfrak{b} + x_3 \cdot \mathfrak{c} = \mathfrak{o}$$

nur die triviale Lösung $x_1 = x_2 = x_3 = 0$ besitzt. Es gilt

$$
\begin{aligned}
\mathfrak{o} &= x_1 \cdot \mathfrak{a} + x_2 \cdot \mathfrak{b} + x_3 \cdot \mathfrak{c} \\
&= x_1 \cdot (-\mathfrak{x} + \mathfrak{y} + \mathfrak{z}) + x_2 \cdot (\mathfrak{x} - \mathfrak{y} + \mathfrak{z}) + x_3 \cdot (\mathfrak{x} + \mathfrak{y} - \mathfrak{z}) \\
&= (-x_1 + x_2 + x_3) \cdot \mathfrak{x} + (x_1 - x_2 + +x_3) \cdot \mathfrak{y} + (x_1 + x_2 - x_3) \cdot \mathfrak{z}.
\end{aligned}
$$

Wegen der linearen Unabhängigkeit von $\mathfrak{x}, \mathfrak{y}, \mathfrak{z}$ folgt hieraus:

$$
\begin{aligned}
-x_1 + x_2 + x_3 &= 0 \\
x_1 - x_2 + x_3 &= 0 \\
x_1 + x_2 - x_3 &= 0.
\end{aligned}
$$

Da der Rang der Koeffizientenmatrix dieses LGS gleich 3 ist, hat dieses LGS nur die Lösung $x_1 = x_2 = x_3 = 0$ und $\mathfrak{a}, \mathfrak{b}, \mathfrak{c}$ sind linear unabhängig.

Obige Aussagen (a) und (b) gelten nicht für Vektorräume über einem beliebigen Körper. Wählt man z.B. den Vektorraum $_{\mathbb{Z}_2}\mathbb{Z}_2^{3 \times 1}$, so gilt $\mathfrak{x} + \mathfrak{y} + \mathfrak{z} = \mathfrak{o}$ womit $\mathfrak{x}, \mathfrak{y}, \mathfrak{z}$ linear abhängig sind und $[\{\mathfrak{x}, \mathfrak{y}, \mathfrak{z}\}] \subset [\{\mathfrak{a}, \mathfrak{b}, \mathfrak{c}\}]$ gilt.

Aufgabe 4.7 *(Lineare Unabhängigkeit)*

In dem Vektorraum $_{\mathbb{R}}V$ seien drei linear unabhängige Vektoren $\mathfrak{a}_1, \mathfrak{a}_2, \mathfrak{a}_3$ gegeben. Für welche $k \in \mathbb{R}$ sind die Vektoren

$$
\mathfrak{b}_1 := \mathfrak{a}_2 + \mathfrak{a}_3 - 2\mathfrak{a}_1, \quad \mathfrak{b}_2 := \mathfrak{a}_3 + \mathfrak{a}_1 - 2\mathfrak{a}_2, \quad \mathfrak{b}_3 := \mathfrak{a}_1 + \mathfrak{a}_2 - k \cdot \mathfrak{a}_3
$$

linear abhängig? Gibt es einen Vektor $\mathfrak{a} \in V$, ein $k \in \mathbb{R}$ und gewisse $\mu_i \in \mathbb{R}$ $(i = 1, 2, 3)$ mit $\mathfrak{b}_i = \mu_i \cdot \mathfrak{a}$ für alle $i \in \{1, 2, 3\}$?

Lösung. Aus

$$
\begin{aligned}
\mathfrak{o} &= x_1 \cdot \mathfrak{b}_1 + x_2 \cdot \mathfrak{b}_2 + x_3 \cdot \mathfrak{b}_3 \\
&= x_1(\mathfrak{a}_2 + \mathfrak{a}_3 - 2\mathfrak{a}_1) + x_2(\mathfrak{a}_3 + \mathfrak{a}_1 - 2\mathfrak{a}_2) + x_3(\mathfrak{a}_1 + \mathfrak{a}_2 - k \cdot \mathfrak{a}_3) \\
&= (-2x_1 + x_2 + x_3)\mathfrak{a}_1 + (x_1 - 2x_2 + x_3)\mathfrak{a}_2 + (x_1 x_2 - k \cdot x_3)\mathfrak{a}_3
\end{aligned}
$$

und der linearen Unabhängigkeit von $\mathfrak{a}_1, \mathfrak{a}_2, \mathfrak{a}_3$ folgt

$$
\begin{aligned}
-2x_1 + x_2 + x_3 &= 0 \\
x_1 - 2x_2 + x_3 &= 0 \\
x_1 + x_2 - k \cdot x_3 &= 0.
\end{aligned}
$$

Das obige LGS hat nur für $k = 2$ nichttriviale Lösungen, da

$$\begin{vmatrix} -2 & 1 & 1 \\ 1 & -2 & 1 \\ 1 & 1 & -k \end{vmatrix} = -3k + 6 = 0 \iff k = 2.$$

Also sind die Vektoren $\mathfrak{b}_1, \mathfrak{b}_2, \mathfrak{b}_3$ nur für $k = 2$ linear abhängig.

Angenommen, es gibt es einen Vektor $\mathfrak{a} \in V$, ein $k \in \mathbb{R}$ und gewisse $\mu_i \in \mathbb{R}$ ($i = 1, 2, 3$) mit $\mathfrak{b}_i = \mu_i \cdot \mathfrak{a}$ für alle $i \in \{1, 2, 3\}$. Aus $\mathfrak{b}_1 = \mu_1 \cdot \mathfrak{a}$ und $\mathfrak{b}_2 = \mu_2 \cdot \mathfrak{a}$ folgt $\{\mathfrak{b}_1, \mathfrak{b}_2\} \subseteq [\{\mathfrak{a}\}]$. Damit sind $\mathfrak{b}_1$ und $\mathfrak{b}_2$ jedoch linear abhängig, was wegen $\mathfrak{b}_1 = \mathfrak{a}_2 + \mathfrak{a}_3 - 2\mathfrak{a}_1$, $\mathfrak{b}_2 = \mathfrak{a}_3 + \mathfrak{a}_1 - 2\mathfrak{a}_2$ und der linearen Unabhängigkeit von $\mathfrak{a}_1, \mathfrak{a}_2, \mathfrak{a}_3$ nicht sein kann.

Aufgabe 4.8 *(Lineare Unabhängigkeit)*

Seien $\mathfrak{a}_1, ..., \mathfrak{a}_n, \mathfrak{b}_1, ..., \mathfrak{b}_n \in {}_K V$, $\alpha \in K$ mit $\alpha + \alpha \neq 0$ und $\mathfrak{c}_j := \mathfrak{a}_j + \mathfrak{b}_j$, $\mathfrak{d}_j := \alpha \cdot (\mathfrak{b}_j - \mathfrak{a}_j)$ für $j = 1, ..., n$. Man beweise: Sind die Vektoren $\mathfrak{a}_1, ..., \mathfrak{a}_n, \mathfrak{b}_1, ..., \mathfrak{b}_n$ l.u., so auch die Vektoren $\mathfrak{c}_1, ..., \mathfrak{c}_n, \mathfrak{d}_1, ..., \mathfrak{d}_n$.

Lösung.   Wir haben zu zeigen, daß die Gleichung

$$x_1 \cdot \mathfrak{c}_1 + ... + x_2 \cdot \mathfrak{c}_n + y_1 \cdot \mathfrak{d}_1 + ... + y_n \cdot \mathfrak{d}_n = \mathfrak{o}$$

nur die triviale Lösung $x_1 = ... = x_n = y_1 = ... = y_n = 0$ hat. Nach Definition der Vektoren $\mathfrak{c}_i$ und $\mathfrak{d}_i$ läßt sich obige Gleichung auch wie folgt aufschreiben:

$$\sum_{i=1}^{n} x_1 \cdot (\mathfrak{a}_i + \mathfrak{b}_i) + \sum_{i=1}^{n} y_i \cdot \alpha \cdot (\mathfrak{b}_i - \mathfrak{a}_i) = \mathfrak{o}$$

Umordnen der Summanden ergibt:

$$\sum_{i=1}^{n} (x_i - \alpha \cdot y_i) \cdot \mathfrak{a}_i + \sum_{i=1}^{n} (x_i + \alpha \cdot y_i) \cdot \mathfrak{b}_i = \mathfrak{o},$$

was wegen der linearen Unabhängigkeit der Vektoren $\mathfrak{a}_1, ..., \mathfrak{a}_n, \mathfrak{b}_1, ..., \mathfrak{b}_n$ nur möglich ist, wenn für jedes $i \in \{1, ..., n\}$ die folgenden Gleichungen gelten:

$$x_i - \alpha \cdot y_i = 0, \ x_i + \alpha \cdot y_i = 0.$$

Da $\alpha + \alpha \neq 0$ nach Voraussetzung, haben die obigen zwei Gleichungen nur die Lösung $x_i = y_i = 0$ für jedes $i \in \{1, ..., n\}$, d.h., die Vektoren $\mathfrak{c}_1, ..., \mathfrak{c}_n, \mathfrak{d}_1, ..., \mathfrak{d}_n$ sind linear unabhängig.

Aufgabe 4.9 *(Dimensionsformel für Untervektorräume; Satz 4.6.2)*

Man verifiziere die Dimensionsformel für Untervektorräume im Fall $V = {}_\mathbb{R}\mathbb{R}^{4\times 1}$ und für die Untervektorräume

$$U = [\{(1,0,1,2)^T, (0,1,1,1)^T\}]$$

und

$$W = [\{(1,1,4,0)^T, (2,-3,-1,1)^T, (3,1,0,0)^T\}]$$

von V.

Lösung.   Es gilt

$$\dim U = \operatorname{rg} \begin{pmatrix} 1 & 0 \\ 0 & 1 \\ 1 & 1 \\ 2 & 1 \end{pmatrix} = 2,$$

$$\dim W = \operatorname{rg} \begin{pmatrix} 1 & 2 & 3 \\ 1 & -3 & 1 \\ 4 & -1 & 0 \\ 0 & 1 & 0 \end{pmatrix} = 3,$$

$$\dim (U + W) = \operatorname{rg} \begin{pmatrix} 1 & 0 & 1 & 2 & 3 \\ 0 & 1 & 1 & -3 & 1 \\ 1 & 1 & 4 & -1 & 0 \\ 2 & 1 & 0 & 1 & 0 \end{pmatrix} = 4,$$

$$U \cap W = \left[\left\{ \begin{pmatrix} 2 \\ -3 \\ -1 \\ 1 \end{pmatrix} \right\} \right],$$

$$\dim U \cap W = 1.$$

Folglich

$$\dim(U + W) = 4 = 2 + 3 - 1 = \dim U + \dim W - \dim(U \cap W),$$

was zu zeigen war.

Aufgabe 4.10 *(Lineare Abhängigkeit)*

Seien $\mathfrak{a}, \mathfrak{b}, \mathfrak{c}$ Vektoren des Vektorraums ${}_K V$ und $\alpha, \beta, \gamma \in K$. Man beweise, daß

$$\alpha \cdot \mathfrak{a} - \beta \cdot \mathfrak{b}, \ \gamma \cdot \mathfrak{b} - \alpha \cdot \mathfrak{c}, \ \beta \cdot \mathfrak{c} - \gamma \cdot \mathfrak{a}$$

linear abhängig sind.

Lösung.   Wegen

$$\mathfrak{o} = x_1(\alpha \cdot \mathfrak{a} - \beta \cdot \mathfrak{b}) + x_2(\gamma \cdot \mathfrak{b} - \alpha \cdot \mathfrak{c}) + x_3(\beta \cdot \mathfrak{c} - \gamma \cdot \mathfrak{a})$$
$$= (\alpha x_1 - \gamma x_3) \cdot \mathfrak{a} + (-\beta x_1 + \gamma x_2) \cdot \mathfrak{b} + (-\alpha x_2 + \beta x_3) \cdot \mathfrak{c}$$

und der linearen Unabhängigkeit von $\mathfrak{a}, \mathfrak{b}, \mathfrak{c}$ gilt obige Gleichung genau dann, wenn

$$\alpha x_1 - \gamma x_3 = 0$$
$$-\beta x_1 + \gamma x_2 = 0$$
$$-\alpha x_2 + \beta x_3 = 0.$$

Da die Koeffizientendeterminante des obigen LGS gleich 0 ist, hat das LGS nichttriviale Lösungen und die Vektoren $\alpha \cdot \mathfrak{a} - \beta \cdot \mathfrak{b}$, $\gamma \cdot \mathfrak{b} - \alpha \cdot \mathfrak{c}$, $\beta \cdot \mathfrak{c} - \gamma \cdot \mathfrak{a}$ sind linear abhängig.

Aufgabe 4.11 *(Direkte Summe von Untervektorräumen)*
Die folgenden Mengen sind Untervektorräume des Vektorraums ${}_{\mathbb{R}}\mathbb{R}^{4 \times 1}$:

$$U := [\{(1,0,1,2)^T, (1,1,0,3)^T\}],$$
$$W := [\{(1,-1,1,1)^T, (4,0,1,1)^T\}].$$

Ist $U + W$ eine direkte Summe?

Lösung.   Laut Definition ist $U + W$ genau dann eine direkte Summe, wenn $U \cap W = \{\mathfrak{o}\}$ ist. $U \cap W = \{\mathfrak{o}\}$ gilt genau dann, wenn $\dim(U \cap W) = 0$. Wie man leicht nachprüft, gilt $\dim U = \dim W = 2$ und $\dim(U + W) = 4$. Aus der Dimensionsformel für Untervektorräume folgt hieraus $\dim(U \cap W) = 0$, womit $U + W$ eine direkte Summe ist.

Aufgabe 4.12 *(Beweis der Eindeutigkeit der Koeffizienten in Linearkombinationen von linear unabhängigen Vektoren)*
Seien $\mathfrak{b}_1, \mathfrak{b}_2, ..., \mathfrak{b}_n$ linear unabhängige Vektoren des Vektorraums ${}_K V$. Außerdem sei $\mathfrak{a}$ eine Linearkombination dieser Vektoren, d.h., es existieren gewisse $a_1, ..., a_n \in K$ mit

$$\mathfrak{a} = a_1 \cdot \mathfrak{b}_1 + a_2 \cdot \mathfrak{b}_2 + ... + a_n \cdot \mathfrak{b}_n.$$

Man beweise, daß die a_i $(i = 1, 2, ..., n)$ in dieser Darstellung von $\mathfrak{a}$ durch die Vektoren $\mathfrak{b}_1, \mathfrak{b}_2, ..., \mathfrak{b}_n$ eindeutig bestimmt sind.
Gilt obige Aussage auch, wenn die Vektoren $\mathfrak{b}_1, \mathfrak{b}_2, ..., \mathfrak{b}_n$ linear abhängig sind?

Lösung.   Angenommen, es existiert eine weitere Darstellung von $\mathfrak{a}$ in der Form

$$\mathfrak{a} = b_1 \cdot \mathfrak{b}_1 + b_2 \cdot \mathfrak{b}_2 + \dots + b_n \cdot \mathfrak{b}_n.$$

Subtraktion der zweiten Darstellung von der ersten liefert die Gleichung

$$\mathfrak{o} = (a_1 - b_1) \cdot \mathfrak{b}_1 + (a_2 - b_2) \cdot \mathfrak{b}_2 + \dots + (a_n - b_n) \cdot \mathfrak{b}_n.$$

Wegen der linearen Unabhängigkeit der Vektoren $\mathfrak{b}_1, \mathfrak{b}_2, \dots, \mathfrak{b}_n$ folgt hieraus $a_i = b_i$ für alle $i = 1, 2, \dots, n$.

Seien nun die Vektoren $\mathfrak{b}_1, \mathfrak{b}_2, \dots, \mathfrak{b}_n$ linear abhängig und $\mathfrak{a}$ eine Linearkombination dieser Vektoren der Gestalt

$$\mathfrak{a} = a_1 \cdot \mathfrak{b}_1 + a_2 \cdot \mathfrak{b}_2 + \dots + a_n \cdot \mathfrak{b}_n.$$

Da die Vektoren $\mathfrak{b}_1, \mathfrak{b}_2, \dots, \mathfrak{b}_n$ linear abhängig sind, gibt es gewisse $\alpha_1, \dots, \alpha_n \in K$ mit

$$\mathfrak{o} = \alpha_1 \cdot \mathfrak{b}_1 + \alpha_2 \cdot \mathfrak{b}_2 + \dots + \alpha_n \cdot \mathfrak{b}_n$$

und $(\alpha_1, \alpha_2, \dots, \alpha_n) \neq (0, 0, \dots, 0)$. Addition obiger Gleichungen liefert eine von der ersten Darstellung von $\mathfrak{a}$ verschiedene Darstellung durch die Vektoren $\mathfrak{b}_1, \mathfrak{b}_2, \dots, \mathfrak{b}_n$:

$$\mathfrak{a} = (a_1 + \alpha_1) \cdot \mathfrak{b}_1 + (a_2 + \alpha_2) \cdot \mathfrak{b}_2 + \dots + (a_n + \alpha_n) \cdot \mathfrak{b}_n.$$

Aufgabe 4.13 *(Übergangsmatrix; Beispiel zu Satz 4.7.2)*

Bezeichne V den Vektorraum $\mathbb{R}^{4 \times 1}$ über $\mathbb{R}$.

(a) Man beweise, daß $\mathfrak{b}_1 := (1, 0, 1, 0)^T$, $\mathfrak{b}_2 := (1, 0, 0, 1)^T$, $\mathfrak{b}_3 := (0, 1, 1, 0)^T$, $\mathfrak{b}_4 := (1, 1, 1, 2)^T$ eine Basis B von V bilden.

(b) Man gebe die Koordinaten von $\mathfrak{a} := (1, 2, 3, 4)^T$ bezüglich der Basis $B := (\mathfrak{b}_1, \mathfrak{b}_2, \mathfrak{b}_3, \mathfrak{b}_4)$ an.

(c) Man berechne die Übergangsmatrix $\mathfrak{M}(B, B')$, wobei B' die Standardbasis

$$(\mathfrak{b}_1', \mathfrak{b}_2', \mathfrak{b}_3', \mathfrak{b}_4') = ((1, 0, 0, 0)^T, (0, 1, 0, 0)^T, (0, 0, 1, 0)^T, (0, 0, 0, 1)^T)$$

von V bezeichnet.

Lösung.   **(a):** Da $\mathrm{rg}(\mathfrak{b}_1, \mathfrak{b}_2, \mathfrak{b}_3, \mathfrak{b}_4) = 4$ und $\dim V = 4$, bilden die Vektoren $\mathfrak{b}_1, \mathfrak{b}_2, \mathfrak{b}_3, \mathfrak{b}_4$ eine Basis B von V.

(b): Wegen $\mathfrak{a} = \mathfrak{b}_1 - 4\mathfrak{b}_2 - 2\mathfrak{b}_3 + 4\mathfrak{b}_4$ gilt

$$\mathfrak{a}_{/B} = \begin{pmatrix} 1 \\ -4 \\ -2 \\ 4 \end{pmatrix}.$$

(c): Nach Satz 4.7.2 hat die Übergangsmatrix die Gestalt

$$\mathfrak{M}(B, B') = ((\mathfrak{b}'_1)_{/B}, (\mathfrak{b}'_2)_{/B}, (\mathfrak{b}'_3)_{/B}, (\mathfrak{b}'_4)_{/B})$$

und es gilt

$$\mathfrak{M}(B, B') = (\mathfrak{M}(B', B))^{-1}.$$

Folglich

$$\mathfrak{M}(B, B') = (\mathfrak{M}(B', B))^{-1} = \begin{pmatrix} 1 & 1 & 0 & 1 \\ 0 & 0 & 1 & 1 \\ 1 & 0 & 1 & 1 \\ 0 & 1 & 0 & 2 \end{pmatrix}^{-1} = \begin{pmatrix} 0 & -1 & 1 & 0 \\ 2 & 2 & -2 & -1 \\ 1 & 2 & -1 & -1 \\ -1 & -1 & 1 & 1 \end{pmatrix}.$$

Aufgabe 4.14 *(Übergangsmatrix; Beispiel zu Satz 4.7.2)*

Bezeichne V den Vektorraum $\mathbb{R}^{4 \times 1}$ über $\mathbb{R}$.

(a) Man beweise, daß $\mathfrak{b}_1 = (0, 1, 1, 1)^T$, $\mathfrak{b}_2 = (1, 0, 1, 1)^T$, $\mathfrak{b}_3 = (1, 1, 0, 1)^T$, $\mathfrak{b}_4 = (1, 1, 1, 0)^T$ eine Basis B von V bildet.

(b) Man berechne die Koordinaten von $\mathfrak{a} := (0, 5, 2, -1)^T$ bezüglich $B :=$ $(\mathfrak{b}_1, \mathfrak{b}_2, \mathfrak{b}_3, \mathfrak{b}_4)$.

(c) Man berechne die Übergangsmatrix $\mathfrak{M}(B, B')$, wobei B' die Standardbasis

$$(\mathfrak{b}'_1, \mathfrak{b}'_2, \mathfrak{b}'_3, \mathfrak{b}'_4) = ((1, 0, 0, 0)^T, (0, 1, 0, 0)^T, (0, 0, 1, 0)^T, (0, 0, 0, 1)^T)$$

von V bezeichnet.

Lösung.   (a): Da $\mathrm{rg}(\mathfrak{b}_1, \mathfrak{b}_2, \mathfrak{b}_3, \mathfrak{b}_4) = 4$ und $\dim V = 4$, bilden die Vektoren $\mathfrak{b}_1, \mathfrak{b}_2, \mathfrak{b}_3, \mathfrak{b}_4$ eine Basis B von V.

(b): Wegen $\mathfrak{a} = 2\mathfrak{b}_1 - 3\mathfrak{b}_2 + 0\mathfrak{b}_3 + 3\mathfrak{b}_4$ gilt

$$\mathfrak{a}_{/B} = \begin{pmatrix} 2 \\ -3 \\ 0 \\ 3 \end{pmatrix}.$$

(c): Nach Satz 4.7.2 hat die Übergangsmatrix die Gestalt

$$\mathfrak{M}(B, B') = ((\mathfrak{b}'_1)_{/B}, (\mathfrak{b}'_2)_{/B}, (\mathfrak{b}'_3)_{/B}, (\mathfrak{b}'_4)_{/B})$$

und es gilt

$$\mathfrak{M}(B, B') = (\mathfrak{M}(B', B))^{-1}.$$

Folglich

$$\mathfrak{M}(B, B') = (\mathfrak{M}(B', B))^{-1} = \begin{pmatrix} 0 & 1 & 1 & 1 \\ 1 & 0 & 1 & 1 \\ 1 & 1 & 0 & 1 \\ 1 & 1 & 1 & 0 \end{pmatrix}^{-1} = \frac{1}{3} \begin{pmatrix} -2 & 1 & 1 & 1 \\ 1 & -2 & 1 & 1 \\ 1 & 1 & -2 & 1 \\ 1 & 1 & 1 & -2 \end{pmatrix}.$$

5

Aufgaben zu:
Affine Räume

Aufgabe 5.1 *(Anzahl von gewissen Unterräumen des R_3 über $\mathbb{Z}_2$)*

Bezeichne R_3 einen dreidimensionalen affinen Raum über dem Körper $\mathbb{Z}_2$. Wie viele Punkte, Geraden und Ebenen enthält R_3? Wie viele Punkte enthält eine Gerade? Wie viele Punkte und Geraden enthält eine Ebene? Wie viele parallelen Ebenen gibt es zu einer gegebenen Ebene? Wie viele parallele Geraden gibt es zu einer gegebenen Geraden?

Lösung.   O.B.d.A. können wir $R_3 := \{(1; x, y, z)^T \mid x, y, z \in \mathbb{Z}_2\}$ setzen, wobei der zu R_3 gehörende Vektorraum durch $V_3 := \{(0; x, y, z)^T \mid x, y, z \in \mathbb{Z}_2\}$ definiert ist. Offenbar gilt dann $|R_3| = 8$. Eine Gerade g von R_3 besteht aus genau zwei Punkten, da $g = \{X \mid \exists t \in \mathbb{Z}_2 : X = P + t \cdot \mathfrak{a}\}$ für gewisses $P \in R_3$ und $\mathfrak{a} \in V_3$. Offenbar gibt es genau so viele Geraden in R_3 wie es Möglichkeiten gibt, zwei verschiedene Punkte aus R_3 auszuwählen.

Eine Ebene E des R_3 läßt sich mit Hilfe eines Punktes $P \in E$ und zweier l.u. Vektoren $\mathfrak{a}, \mathfrak{b} \in V_3$ wie folgt beschreiben: $E = \{X \mid \exists s, t \in \mathbb{Z}_2 : X = P + s \cdot \mathfrak{a} + t \cdot \mathfrak{b}\} = \{P, P + \mathfrak{a}, P + \mathfrak{b}, P + \mathfrak{a} + \mathfrak{b}\}$. Da je zwei verschiedene Vektoren aus $V_3 \setminus \{(0; 0, 0, 0)^T\}$ l.u. sind, kann man zur Beschreibung von E anstelle der Vektoren $\mathfrak{a}, \mathfrak{b}$ auch die Paare $\mathfrak{a}, \mathfrak{a} + \mathfrak{b}$ oder $\mathfrak{b}, \mathfrak{a} + \mathfrak{b}$ auswählen. Ersetzt man P in der Beschreibung von E durch einen beliebig gewählten anderen Punkt aus E, so erhält man wieder eine Beschreibung von E. Folglich gibt es $\frac{2}{3} \cdot \binom{7}{2}$ paarweise verschiedene Ebenen im Raum R_3 über $\mathbb{Z}_2$.

Mit Hilfe der obigen Überlegungen lassen sich dann auch die restlichen Fragen aus der Aufgabe beantworten.

Zusammengefaßt und ergänzt erhalten wir:

R_3 enthält genau 8 Punkte, 28 Geraden und 14 Ebenen.

Jede Gerade enthält genau 2 Punkte.

Jede Ebene $E \subseteq R_3$ enthält genau 4 Punkte und 6 Geraden.

Zu jeder Ebene E gibt es genau eine parallele Ebene, die von E verschieden ist.

D. Lau, *Übungsbuch zur Linearen Algebra und analytischen Geometrie*, 2. Aufl., Springer-Lehrbuch, DOI 10.1007/978-3-642-19278-4_5, © Springer-Verlag Berlin Heidelberg 2011

Zu jeder Geraden g gibt es genau 3 (von g verschiedene) parallele Geraden im Raum R_3.

Aufgabe 5.2 *(Parameterfreie Darstellung einer 2-Ebene; Beispiel zu Satz 5.3.2)*

Man bestimme eine parameterfreie Darstellung für die 2-Ebene E des 5-dimensionalen affinen Raumes R_5 über dem Körper $\mathbb{R}$, die gegeben ist durch:

$$E: \ X = (1; 1, 0, 1, 2, 0)^T + r \cdot (0; 1, 0, 1, 1, 1)^T + s \cdot (0; 1, 2, 1, 1, 2)^T$$

(Koordinatendarstellung bezüglich eines gewisses Koordinatensystems S des R_5).

Lösung.   Für $X \in E$ mit $X_{/S} := (1; x_1, x_2, x_3, x_4, x_5)^T \in E$ gilt:

$$
\begin{aligned}
x_1 &= 1 + r + s \\
x_2 &= 2s \\
x_3 &= 1 + r + s \\
x_4 &= 2 + r + s \\
x_5 &= \phantom{1 + {}} r + 2s
\end{aligned}
$$

Die ersten zwei Gleichungen des obigen LGS lassen sich eindeutig nach r und s auflösen:

$$r = -1 + x_1 - \frac{1}{2}x_2, \ s = \frac{1}{2}x_2.$$

Ersetzt man in den restlichen Gleichungen r und s durch die obigen Ausdrücke und formt um, so erhält man das folgende LGS, dessen Lösungen gerade die möglichen Koordinaten von X sind:

$$
\begin{aligned}
x_1 \phantom{+ \tfrac{1}{2}x_2} &- x_3 = 0 \\
x_1 \phantom{+ \tfrac{1}{2}x_2 - x_3} &- x_4 = -1 \\
x_1 + \tfrac{1}{2}x_2 &- x_5 = 1
\end{aligned}
$$

Dies ist die gesuchte parameterfreie Darstellung der 2-Ebene E.

Aufgabe 5.3 *(Eigenschaften eines speziellen affinen Unterraums)*

Sei R_4 ein 4-dimensionaler affiner Raum über dem Körper $\mathbb{R}$ und S ein Koordinatensystem des R_4. Bezüglich S seien die folgenden Punkte des R_4 gegeben: $P_0 := (1; 3, -4, 1, 6)^T$, $P_1 := (1; 3, -2, -10, 0)^T$, $P_2 := (1; 2, 0, -3, 2)^T$ und $P_3 := (1; 1, 2, 4, 4)^T$. Man bestimme:

(a) die Dimension des von den Punkten P_0, P_1, P_2, P_3 aufgespannten affinen Unterraums E;

(b) den Durchschnitt von E mit der durch die Gleichung $4x_1 + x_2 + x_3 - 2x_4 + 6 = 0$ gegebenen Hyperebene H.

Lösung.   **(a):** Nach Satz 5.4.2 ist der durch die Punkte $P_0, ..., P_3$ aufgespannte affine Unterraum $E := E(P_0, ..., P_3)$ wie folgt beschreibbar:

$$E(P_0, ..., P_3) = P_0 + [\{\overrightarrow{P_0P_1}, \overrightarrow{P_0P_2}, \overrightarrow{P_0P_3}\}],$$

wobei

$$\overrightarrow{P_0P_1} = (0; 0, 2, -11, -6)^T,$$
$$\overrightarrow{P_0P_2} = (0; -1, 4, -4, -4)^T,$$
$$\overrightarrow{P_0P_3} = (0; -2, 6, 3, -2)^T.$$

Nach Definition gilt

$$\dim E(P_0, ..., P_3) = \dim [\{\overrightarrow{P_0P_1}, \overrightarrow{P_0P_2}, \overrightarrow{P_0P_3}\}].$$

Unter Verwendung von Satz 4.3.1 erhält man damit:

$$\dim E(P_0, ..., P_3) = \mathrm{rg} \begin{pmatrix} 0 & -1 & -2 \\ 2 & 4 & 6 \\ -11 & -4 & 3 \\ -6 & -4 & -2 \end{pmatrix} = 2.$$

(b): Wie obige Rangberechnung zeigt, sind die Vektoren $\overrightarrow{P_0P_1}$, $\overrightarrow{P_0P_2}$ linear unabhängig und $\dim E = 2$. Folglich ist

$$\begin{pmatrix} 1 \\ x_1 \\ x_2 \\ x_3 \\ x_4 \end{pmatrix} = \begin{pmatrix} 1 \\ 3 \\ -4 \\ 1 \\ 6 \end{pmatrix} + s \cdot \begin{pmatrix} 0 \\ 0 \\ 2 \\ -11 \\ -6 \end{pmatrix} + t \cdot \begin{pmatrix} 0 \\ -1 \\ 4 \\ -4 \\ -4 \end{pmatrix}$$

eine Parameterdarstellung von E. Ersetzt man nun $x_1, ..., x_4$ in der Gleichung

$$4x_1 + x_2 + x_3 - 2x_4 + 6 = 0$$

durch Ausdrücke in s und t, die aus der Parameterdarstellung von E folgen, erhält man

$$3 + 3s + 4t = 0,$$

d.h., $t = -\frac{3}{4}(1 + s)$. Folglich hat $E \cap H$ die Parameterdarstellung

$$\begin{pmatrix} 1 \\ x_1 \\ x_2 \\ x_3 \\ x_4 \end{pmatrix} = \begin{pmatrix} 1 \\ \frac{15}{4} \\ -7 \\ 4 \\ 9 \end{pmatrix} + s \cdot \begin{pmatrix} 0 \\ \frac{3}{4} \\ -1 \\ -8 \\ -3 \end{pmatrix}.$$

Aufgabe 5.4 *(Beschreibung von Hyperebenen mit Hilfe von Determinanten)*

Es sei R_n ein affiner Punktraum über dem Körper K mit dem Koordinatensystem S. Eine Hyperfläche E des R_n ist durch n ihrer Punkte $P_1, ..., P_n$ in allgemeiner Lage eindeutig bestimmt (siehe Satz 5.4.3). Andererseits ist E parameterfrei durch eine Gleichung der Form $a_1 \cdot x_1 + a_2 \cdot x_2 + ... + a_n \cdot x_n = b$ beschreibbar, wobei $X_{/S} = (1; x_1, ..., x_n)^T$ für $X \in R_n$. Man beweise, daß man eine E beschreibende Gleichung erhalten kann, indem man

$$\begin{vmatrix} x_1 & x_2 & ... & x_n & 1 \\ p_{11} & p_{12} & ... & p_{1n} & 1 \\ p_{21} & p_{22} & ... & p_{2n} & 1 \\ \multicolumn{5}{c}{\dotfill} \\ p_{n1} & p_{n2} & ... & p_{nn} & 1 \end{vmatrix} = 0$$

bildet, wobei $(P_i)_{/S} := (1; p_{i1}, p_{i2}, ..., p_{in})^T$ $(i = 1, 2, ..., n)$.

Lösung.   Entwickelt man die obige Determinante nach der erste Zeile (siehe Satz 3.1.10), so erhält man eine Gleichung der Form $a_1 x_1 + a_2 x_2 + ... + a_n x_n - b = 0$, die eine gewisse Punktmenge E' des R_n beschreibt. Wählt man in der Determinante $x_j = p_{ij}$ für $j = 1, 2, ..., n$, wobei $i \in \{1, ..., n\}$, dann hat die Determinante zwei doppelte Zeilen und ihr Wert ist 0 (siehe Satz 3.1.7). Folglich gehören $P_1, ..., P_n$ zu E' und wir haben $E \subseteq E'$. Es bleibt damit noch $E' \neq R_n$ zu zeigen. Angenommen, für beliebige $x_1, ..., x_n \in K$ hat obige Determinante den Wert 0. Subtrahiert man in der Determinante die erste Zeile von den anderen Zeile der Determinante und entwickelt anschließend die Determinante nach der letzten Spalte, erhält man

$$0 = \begin{vmatrix} x_1 & x_2 & ... & x_n & 1 \\ p_{11} - x_1 & p_{12} - x_2 & ... & p_{1n} - x_n & 0 \\ p_{21} - x_1 & p_{22} - x_2 & ... & p_{2n} - x_n & 0 \\ \multicolumn{5}{c}{\dotfill} \\ p_{n1} - x_1 & p_{n2} - x_2 & ... & p_{nn} - x_n & 0 \end{vmatrix}$$

$$= (-1)^{1+n} \cdot \begin{vmatrix} p_{11} - x_1 & p_{12} - x_2 & ... & p_{1n} - x_n \\ p_{21} - x_1 & p_{22} - x_2 & ... & p_{2n} - x_n \\ \multicolumn{4}{c}{\dotfill} \\ p_{n1} - x_1 & p_{n2} - x_2 & ... & p_{nn} - x_n \end{vmatrix}.$$

Dies bedeutet jedoch, daß für jedes $X \in R_n$ die Vektoren $\overrightarrow{XP_1}, ..., \overrightarrow{XP_n}$ l.a. sind, im Widerspruch dazu, daß $n + 1$ Punkte des R_n in allgemeiner Lage existieren.

Aufgabe 5.5 *(Lagebeziehungen zweier 2-Ebenen in R_n für $n \in \{3,4,5\}$)*

Wie können zwei verschiedene 2-Ebenen E und E' im (a) R_3, (b) R_4, (c) R_5 über dem Körper K zueinander gelegen sein? Bei der Fallunterscheidung verwende man: Parallelität, $E \cap E'$, $E + E'$.

Lösung. Seien E und E' zwei verschiedene 2-Ebenen des R_n. Nach Abschnitt 5.3 existieren dann gewisse $P, P' \in R_n$ und gewisse Untervektorräume W, W' des zu R_n gehörenden Vektorraums V_n mit $E = P + W$ und $E' = P' + W'$, wobei $\dim W = \dim W' = 2$.

Nach Satz 5.4.1 ist $E \cap E'$ entweder die leere Menge, eine 0-Ebene (d.h., eine Menge, die nur aus einem Punkt besteht) oder eine 1-Ebene (d.h., eine Gerade) des R_n, falls $n \geq 3$. Als Folgerung aus Satz 5.4.4 erhalten wir außerdem

$$\dim(E + E') = \dim E + \dim E' - \begin{cases} \dim(E \cap E') & \text{für } E \cap E' \neq \emptyset, \\ \dim(W \cap W') - 1 & \text{für } E \cap E' = \emptyset. \end{cases}$$

$$(5.1)$$

(a): Sei $n = 3$. Im Fall $E \cap E' \neq \emptyset$ folgt aus (5.1) und den Voraussetzungen zunächst, daß $\dim E \cap E' \in \{1,2\}$ ist. Der Fall $\dim E \cap E' = 2$ entfällt wegen $E \neq E'$.

Falls $E \cap E' = \emptyset$, folgt (mit Hilfe von (5.1)) $\dim W \cap W' = 2$, was nur für $W = W'$ möglich ist.

Also gibt es in R_3 nur die folgenden zwei Lagemöglichkeiten für E und E':

- $E \cap E' \neq \emptyset$ und $E + E' = 3$;
- $E \cap E' = \emptyset$ und $W = W'$, d.h., E und E' sind parallel.

(b) und (c) löst man analog. Zu (c) siehe auch die Aufgabe 5.9.

Aufgabe 5.6 *(Eine Bedingung für Parallelität von Unterräumen des R_n)*

Seien $\mathfrak{A} \in K^{r \times n}$, $\mathfrak{B} \in K^{s \times n}$, $\mathfrak{b} \in K^{r \times 1}$, $\mathfrak{c} \in K^{s \times 1}$ und $\mathfrak{x} \in K^{n \times 1}$. Durch die LGS $\mathfrak{A} \cdot \mathfrak{x} = \mathfrak{b}$ und $\mathfrak{B} \cdot \mathfrak{x} = \mathfrak{c}$ seien zwei Unterräume $E = P + W$ und $E' = P' + W'$ eines n-dimensionalen Punktraumes R_n über dem Körper K gegeben (siehe Satz 5.3.2, (b)). Man gebe eine notwendige und hinreichende Bedingung für die Koeffizienten dieser LGS (beziehungsweise für Matrizen an, die aus diesen Koeffizienten gebildet werden können), unter der E und E' parallel sind.

Lösung. Der Untervektorraum W (bzw. W') des zu R_n gehörenden Vektorraums V_n kann als Lösungsmenge des LGS $\mathfrak{A} \cdot \mathfrak{x} = \mathfrak{o}$ (bzw. $\mathfrak{B} \cdot \mathfrak{x} = \mathfrak{o}$) aufgefaßt werden, wobei $\dim W = n - \text{rg}\,\mathfrak{A}$ und $\dim W = n - \text{rg}\,\mathfrak{B}$. Nach Definition sind E und E' genau dann parallel, wenn $W \subseteq W'$ oder $W' \subseteq W$ gilt. Die gesuchte Bedingung erhält man aus den folgenden zwei Äquivalenzen, die man leicht nachprüft:

$$W \subseteq W' \Longleftrightarrow \mathrm{rg} \begin{pmatrix} \mathfrak{A} \\ \mathfrak{B} \end{pmatrix} = \mathrm{rg}\mathfrak{A};$$

$$W' \subseteq W \Longleftrightarrow \mathrm{rg} \begin{pmatrix} \mathfrak{A} \\ \mathfrak{B} \end{pmatrix} = \mathrm{rg}\mathfrak{B}.$$

Aufgabe 5.7 *(Schnittverhalten von zwei 2-Ebenen in R_4)*

Seien E und E' zwei affine 2-Ebenen im R_4 mit $E \cap E' \neq \emptyset$. Man zeige:

(a) Gilt $\dim E \cap E' = 0$, so schneidet E jede zu E' parallele affine 2-Ebene E'' in genau einem Punkt.

(b) Gilt $\dim E \cap E' = 1$, so gibt es zu E' eine parallele affine 2-Ebene E''', die E nicht schneidet.

Lösung. Die 2-Ebenen E und E' lassen sich mit Hilfe passend gewählter 2-dimensionalen Untervektorräume W, W' des zu R_4 gehörenden Vektorraums V_4 und zweier Punkte $P, P' \in R_4$ wie folgt beschreiben: $E = P + W$ und $E' = P' + W'$. Außerdem gibt es gewisse Vektoren $\mathfrak{a}, \mathfrak{b}, \mathfrak{c}, \mathfrak{d} \in V_4$ mit $W = [\{\mathfrak{a}, \mathfrak{b}\}]$ und $W' = [\{\mathfrak{c}, \mathfrak{d}\}]$.

(a): Sei $\dim E \cap E' = 0$, d.h., $\dim W \cap W' = 0$. Aus Satz 4.6.2 folgt dann $\dim(W + W') = 4$, was nach Satz 4.6.1 nur für $W + W' = V_4$ möglich ist. Folglich sind die Vektoren $\mathfrak{a}, \mathfrak{b}, \mathfrak{c}, \mathfrak{d}$ linear unabhängig.

Sei nun $E'' = P'' + W''$ eine zu E' parallele 2-Ebene des R_4, d.h., es gilt $W' = W''$. Um $E \cap E''$ zu bestimmen, betrachten wir die Gleichung

$$P + \alpha \cdot \mathfrak{a} + \beta \cdot \mathfrak{b} = P'' + \gamma \cdot \mathfrak{c} + \delta \cdot \mathfrak{d}$$

mit den Unbekannten $\alpha, \beta, \gamma, \delta$. Obige Gleichung ist zu

$$\alpha \cdot \mathfrak{a} + \beta \cdot \mathfrak{b} - \gamma \cdot \mathfrak{c} - \delta \cdot \mathfrak{d} = P'' - P$$

äquivalent. Wegen der linearen Unabhängigkeit der Vektoren $\mathfrak{a}, \mathfrak{b}, \mathfrak{c}, \mathfrak{d}$ hat diese Gleichung genau eine Lösung $\alpha, \beta, \gamma, \delta$, womit $E \cap E''$ nur aus einem Punkt besteht, was zu beweisen war.

(b): Sei $\dim E \cap E' = 1$. Nach Satz 5.4.4 gilt dann $\dim(E + E') = 3$, womit $\mathrm{rg}(\mathfrak{a}, \mathfrak{b}, \mathfrak{c}, \mathfrak{d}) = 3$. Folglich existiert ein Vektor $\mathfrak{e} \in V_4 \setminus [\{\mathfrak{a}, \mathfrak{b}, \mathfrak{c}, \mathfrak{d}\}]$. Setzt man $P''' := P + \mathfrak{e}$ und $E''' := P''' + W'$, so ist E''' zu E' parallel. Angenommen, $E \cap E''' \neq \emptyset$. Dann hat jedoch die Gleichung

$$P + x_1 \cdot \mathfrak{a} + x_2 \cdot \mathfrak{b} = P + \mathfrak{e} + x_3 \cdot \mathfrak{c} + x_4 \cdot \mathfrak{d},$$

eine Lösung $x_1, \ldots, x_4$, was jedoch wegen $\mathfrak{e} \notin [\{\mathfrak{a}, \mathfrak{b}, \mathfrak{c}, \mathfrak{d}\}]$ nicht möglich ist. Also gilt $E \cap E''' = \emptyset$.

Aufgabe 5.8 *(Parameterdarstellung einer Hyperebene des R_n)*

Es sei $n \in \mathbb{N}$ und $n \geq 3$. Man zeige, daß für jedes $q \in \mathbb{R}$ sämtliche Punkte des affinen n-dimensionalen Raumes R_n über $\mathbb{R}$, deren Summe der Koordinaten gleich q ist, in einer Hyperebene E_q liegen und gebe die Parameterdarstellung für E_q an.

Lösung. Sei $q \in \mathbb{R}$ fest gewählt und bezeichne S ein Koordinatensystem des R_n. Falls $X \in R_n$ mit $X_{/S} = (1; x_1, ..., x_n)^T$, so gilt

$$X \in E_q \iff x_1 + x_2 + ... + x_n = q.$$

Sämtliche Lösungen der Gleichung $x_1 + x_2 + ... + x_n = q$ erhält man, indem man auf jede nur mögliche Weise $x_2 = t_1 \in \mathbb{R}$, ..., $x_n = t_{n-1} \in \mathbb{R}$ wählt und dazu passend $x_1 = q - t_1 - t_2 - .... - t_{n-1}$ bestimmt. Die Parameterdarstellung der Lösungsmenge der Gleichung (ergänzt durch Erkennungskoordinaten für Punkte und Vektoren) ist dann die gesuchte Parameterdarstellung des Unterraums E_q:

$$
\begin{pmatrix} 1 \\ x_1 \\ x_2 \\ x_3 \\ ... \\ x_n \end{pmatrix}
=
\begin{pmatrix} 1 \\ q \\ 0 \\ 0 \\ ... \\ 0 \end{pmatrix}
+ t_1 \cdot
\begin{pmatrix} 0 \\ -1 \\ 1 \\ 0 \\ ... \\ 0 \end{pmatrix}
+ t_2 \cdot
\begin{pmatrix} 0 \\ -1 \\ 0 \\ 1 \\ ... \\ 0 \end{pmatrix}
+ ... + t_{n-1} \cdot
\begin{pmatrix} 0 \\ -1 \\ 0 \\ 0 \\ ... \\ 1 \end{pmatrix}.
$$

Aus obiger Beschreibung von E_q folgt $\dim E_q = n - 1$, womit E_q eine Hyperebene des R_n ist.

Aufgabe 5.9 *(Lagebeziehungen zweier Ebenen in R_5)*

Es sei $R_5 := \{(1, x_1, ..., x_5)^T \mid x_1, ..., x_5 \in \mathbb{R}\}$ ein affiner Raum über $\mathbb{R}$ mit dem zugehörigen Vektorraum $V_5 := \{(0, x_1, ..., x_5)^T \mid x_1, ..., x_5 \in \mathbb{R}\}$ (das Standardbeispiel eines 5-dimensionalen affinen Raumes über $\mathbb{R}$). In diesem Raum sei die Ebene E durch den Punkt A und die Vektoren $\mathfrak{a}_1, \mathfrak{a}_2 \in V_5$ bestimmt und die Ebene E' durch den Punkt B und die Vektoren $\mathfrak{a}_3, \mathfrak{a}_4 \in V_5$. Wie kann man die gegenseitige Lage der Ebenen E und E' durch die linearen Abhängigkeiten zwischen den Vektoren $\mathfrak{a}_1, \mathfrak{a}_2, \mathfrak{a}_3, \mathfrak{a}_4, \overrightarrow{AB}$ ausdrücken?

Lösung. Nach Voraussetzung haben wir $E = A + [\{\mathfrak{a}_1, \mathfrak{a}_2\}]$ und $E' = B + [\{\mathfrak{a}_3, \mathfrak{a}_4\}]$, wobei $\mathfrak{a}_1, \mathfrak{a}_2$ und $\mathfrak{a}_3, \mathfrak{a}_4$ jeweils linear unabhängig sind. Folglich gilt

$$
\begin{aligned}
\mathrm{rg}(\mathfrak{a}_1, \mathfrak{a}_2) &= \mathrm{rg}(\mathfrak{a}_3, \mathfrak{a}_4) = 2, \\
\mathrm{rg}(\mathfrak{a}_1, \mathfrak{a}_2, \mathfrak{a}_3, \mathfrak{a}_4) &\in \{2, 3, 4\}, \\
\mathrm{rg}(\mathfrak{a}_1, \mathfrak{a}_2, \mathfrak{a}_3, \mathfrak{a}_4, \overrightarrow{AB}) &\in \{2, 3, 4, 5\}.
\end{aligned}
$$

Um die Lage der Ebenen E und E' zueinander zu beschreiben, bestimmen wir $E \cap E'$. Für $X := (1, x_1, ..., x_5)^T \in R_5$ gilt

$$A + x_1 \cdot \mathfrak{a}_1 + x_2 \cdot \mathfrak{a}_2 = B + x_1 \cdot \mathfrak{a}_3 + x_4 \cdot \mathfrak{a}_2.$$

Obige Gleichung besitzt genau dann Lösungen $x_1, ..., x_5$, wenn

$$\mathrm{rg}(\mathfrak{a}_1, \mathfrak{a}_2, \mathfrak{a}_3, \mathfrak{a}_4) = \mathrm{rg}(\mathfrak{a}_1, \mathfrak{a}_2, \mathfrak{a}_3, \mathfrak{a}_4, \overrightarrow{AB}).$$

Nach diesen Vorbereitungen können wir die folgenden möglichen Fälle unterscheiden, wobei wir die Bezeichnungen $\mathfrak{A} := (\mathfrak{a}_1, \mathfrak{a}_2, \mathfrak{a}_3, \mathfrak{a}_4)$ und $\mathfrak{B} := (\mathfrak{a}_1, \mathfrak{a}_2, \mathfrak{a}_3, \mathfrak{a}_4, \overrightarrow{AB})$ verwenden:

Fall 1: $\mathrm{rg}\mathfrak{A} = \mathrm{rg}\mathfrak{B} = 2$.
In diesem Fall gilt $E = E'$.
Fall 2: $\mathrm{rg}\mathfrak{A} = 2$ und $\mathrm{rg}\mathfrak{B} = 3$.
Offenbar haben wir in diesem Fall $E \cap E' = \emptyset$, $E \| E'$ und $\dim(E + E') = 3$.
Fall 3: $\mathrm{rg}\mathfrak{A} = \mathrm{rg}\mathfrak{B} = 3$.
Dieser Fall tritt auf, wenn $E \cap E'$ eine Gerade ist und $\dim(R + R') = 3$ gilt.
Fall 4: $\mathrm{rg}\mathfrak{A} = 3$ und $\mathrm{rg}\mathfrak{B} = 4$.
In diesem Fall haben wir $E \cap E' = \emptyset$ und E, E' sind nicht parallel zueinander.
Fall 5: $\mathrm{rg}\mathfrak{A} = \mathrm{rg}\mathfrak{B} = 4$.
In diesem Fall besteht $E \cap E'$ nur aus einem Punkt und es gilt $\dim(E+E') = 4$.
Fall 6: $\mathrm{rg}\mathfrak{A} = 4$ und $\mathrm{rg}\mathfrak{B} = 5$.
In diesem Fall schneiden sich die Ebenen E und E' nicht und es gilt $\dim(E + E') = 4$.

Aufgabe 5.10 *(Parallelogrammeigenschaft)*
Seien $P, P', Q, Q' \in R_n$ die Ecken eines Vierecks $PP'QQ'$. Man beweise: Die Punkte P, P', Q, Q' bilden genau dann ein Parallelogramm $PQQ'P'$, wenn sich die Diagonalen in diesem Parallelogramm halbieren, d.h., es gilt

$$\overrightarrow{PQ} = \overrightarrow{P'Q'} \Longleftrightarrow P + \frac{1}{2}\overrightarrow{PQ'} = Q + \frac{1}{2}\overrightarrow{QP'}.$$

Lösung.   „$\Longrightarrow$": Sei $\overrightarrow{PQ} = \overrightarrow{P'Q'}$. Nach Satz 5.1.1, (f) gilt dann $\mathfrak{a} := \overrightarrow{PP'} = \overrightarrow{QQ'}$:

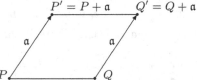

Folglich:

$$P + \tfrac{1}{2}\overrightarrow{PQ'} = P + \tfrac{1}{2}(Q' - P) = P + \tfrac{1}{2}(Q + \mathfrak{a} - P) = P + \tfrac{1}{2}\overrightarrow{PQ} + \tfrac{1}{2}\mathfrak{a},$$

$$Q + \tfrac{1}{2}\overrightarrow{QP'} = Q + \tfrac{1}{2}(P + \mathfrak{a} - Q) = P + \overrightarrow{PQ} + \tfrac{1}{2}\overrightarrow{QP} + \tfrac{1}{2}\mathfrak{a} = P + \tfrac{1}{2}\overrightarrow{PQ} + \tfrac{1}{2}\mathfrak{a},$$

d.h., $P + \frac{1}{2}\overrightarrow{PQ'} = Q + \frac{1}{2}\overrightarrow{QP'}$.

„$\Longleftarrow$": Sei $P + \frac{1}{2}\overrightarrow{PQ'} = Q + \frac{1}{2}\overrightarrow{QP'}$. Für das Viereck $PP'QQ'$ setzen wir $\mathfrak{a} := \overrightarrow{PP'}$, $\mathfrak{b} := \overrightarrow{P'Q'}$, $\mathfrak{c} := \overrightarrow{PQ}$, $\mathfrak{d} := \overrightarrow{QQ'}$:

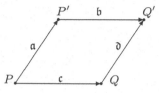

Wegen der Voraussetzung $P + \frac{1}{2}\overrightarrow{PQ'} = Q + \frac{1}{2}\overrightarrow{QP'}$ gilt

$$\mathfrak{c} = Q - P = \frac{1}{2}(\underbrace{\overrightarrow{PQ'}}_{=\mathfrak{a}+\mathfrak{b}} - \underbrace{\overrightarrow{QP'}}_{=\mathfrak{a}-\mathfrak{c}}) = \frac{1}{2}(\mathfrak{b} + \mathfrak{c}).$$

Aus der Gleichung $\mathfrak{c} = \frac{1}{2}(\mathfrak{b} + \mathfrak{c})$ folgt unmittelbar $\mathfrak{b} = \mathfrak{c}$ bzw. die Behauptung $\overrightarrow{PQ} = \overrightarrow{P'Q'}$.

Aufgabe 5.11 *(Eigenschaft von Unterräumen)*

Man zeige: Zu beliebigen $k+1$ paarweise verschiedenen Punkten $P_0, ..., P_k$ eines affinen Raumes R_n, die nicht in einem affinen Unterraum einer Dimension $\leq k-1$ liegen, gibt es genau einen Unterraum E der Dimension k, der diese $k+1$ Punkte enthält. Man sagt, E wird von $P_0, ..., P_k$ *aufgespannt*.
Welche Aussagen der Schulgeometrie werden durch obige Aussage verallgemeinert?

Lösung. Seien $P_0, ..., P_k \in R_n$ so gewählt, daß keine l-Ebene E mit $l \leq k-1$ und $\{P_0, P_1, \ldots, P_k\} \subseteq E$ existiert.
Wir betrachten die Vektoren $\overrightarrow{P_0 P_1}, \overrightarrow{P_0 P_2}, \ldots, \overrightarrow{P_0 P_k}$. Falls

$$\dim[\{\overrightarrow{P_0 P_1}, \overrightarrow{P_0 P_2}, \ldots, \overrightarrow{P_0 P_k}\}] \leq k-1$$

gilt, ist

$$P_0 + [\{\overrightarrow{P_0 P_1}, \overrightarrow{P_0 P_2}, \ldots, \overrightarrow{P_0 P_k}\}]$$

eine l-Ebene des R_n mit $l \leq k-1$, die die Punkte $P_0, P_1, ..., P_k$ enthält. Dies widerspricht jedoch der Voraussetzung, womit

$$E' := P_0 + [\{\overrightarrow{P_0 P_1}, \overrightarrow{P_0 P_2}, \ldots, \overrightarrow{P_0 P_k}\}]$$

eine k-Ebene ist, die die Punkte $P_0, .., P_k$ enthält. E' ist nach Satz 5.4.3 eindeutig bestimmt.
Die folgenden Aussagen der Schulgeometrie werden durch obige Aussage verallgemeinert:
Durch zwei Punkte P, Q aus $\mathfrak{R}$ geht genau eine Gerade.
Durch drei Punkte aus $\mathfrak{R}_3$, die nicht auf einer Geraden liegen, geht genau eine Ebene ($\subset \mathfrak{R}_3$).

Aufgaben zu:
Vektorräume mit Skalarprodukt

Aufgabe 6.1 *(Beispiele zu geometrischen Grundaufgaben)*

Es sei $S := (A; \mathrm{i}, \mathrm{j}, \mathfrak{k})$ ein Koordinatensystem des $\mathfrak{R}_3$ und $B := (\mathrm{i}, \mathrm{j}, \mathfrak{k})$ orthonormiert. Außerdem seien (in Koordinaten bez. S bzw. B):

$P := (1; 1, 2, 3)^T$, $Q = (1; 0, 3, -1)^T$, $R := (1; -1, 2, 0)^T$,

$h : X := (1; 0, 1, 1)^T + t \cdot (0; 1, 1, 1)^T$,

$E : x_1 + x_2 - 2x_3 = 4$,

$E' : X := (1; 2, 3, 1)^T + t_1 \cdot (0; 1, 0, 1)^T + t_2 \cdot (0; 0, 2, 1)^T$.

Man berechne:

(a) eine Parameterdarstellung der Geraden $g(P, Q)$;
(b) eine Parameterdarstellung der Ebene $\varepsilon(P, Q, R)$;
(c) eine Hessesche Form der Ebene $\varepsilon(P, Q, R)$;
(d) die Hessesche Normalform von E;
(e) den Abstand von A zu h;
(f) den Abstand von A zu E;
(g) zwei Ebenen in Hessescher Form, deren Schnitt die Gerade h ist;
(h) den Abstand von g zu h;
(i) die Fußpunkte T_1, T_2 des Lotes von g auf h (Hinweis: Diese Fußpunkte sind eindeutig bestimmt, da g und h windschief zueinander sind.);
(j) eine Parameterdarstellung für E;
(k) einen Vektor aus $\vec{V}_3$, der auf E senkrecht steht;
(l) eine Ebene, die durch A geht und auf h senkrecht steht;
(m) $E \cap E'$;
(n) die Koordinaten des Punktes $P \in \varepsilon(P, Q, R)$ bez. des Koordinatensystems $(R; \vec{PQ}, \vec{PR})$ für die Punkte der Ebene ε;
(o) die Parameterdarstellung einer zu E parallelen Ebene, die von E den Abstand 2 hat;
(p) den Schnittpunkt von h mit E.

D. Lau, *Übungsbuch zur Linearen Algebra und analytischen Geometrie*, 2. Aufl., Springer-Lehrbuch,
DOI 10.1007/978-3-642-19278-4_6, © Springer-Verlag Berlin Heidelberg 2011

Lösung.   **(a):**

$$g(P,Q):\ X = P + t \cdot (Q - P) = \begin{pmatrix} 1 \\ 1 \\ 2 \\ 3 \end{pmatrix} + t \cdot \begin{pmatrix} 0 \\ -1 \\ 1 \\ -4 \end{pmatrix}.$$

(b):

$$\varepsilon(P,Q,R):\ X = P + s \cdot (Q-P) + t \cdot (R-P) = \begin{pmatrix} 1 \\ 1 \\ 2 \\ 3 \end{pmatrix} + s \cdot \begin{pmatrix} 0 \\ -1 \\ 1 \\ -4 \end{pmatrix} + t \cdot \begin{pmatrix} 0 \\ -2 \\ 0 \\ -3 \end{pmatrix}.$$

(c): Seien $\mathfrak{a} := (0; -1, 1, -4)^T$ und $\mathfrak{b} := (0; -2, 0, -3)^T$. Die Hessesche Form von $\varepsilon(P,Q,R)$ ist dann $(X - P) \cdot \mathfrak{e} = 0$, wobei $\mathfrak{e} \neq \mathfrak{o}$, $\mathfrak{e} \perp \mathfrak{a}$ und $\mathfrak{e} \perp \mathfrak{b}$. Folglich kann man $\mathfrak{e}$ aus $\mathfrak{a} \cdot \mathfrak{e} = \mathfrak{b} \cdot \mathfrak{e} = 0$ berechnen oder man setzt $\mathfrak{e} := \mathfrak{a} \times \mathfrak{b} = (0; -3, 5, 2)^T$. Also:

$$(X - P) \cdot \mathfrak{e} = (0; x - 1, y - 2, z - 3)^T \cdot (0; -3, 5, 2) = -3x + 5y + 2z - 13 = 0.$$

(d):

$$E:\ \frac{1}{\sqrt{6}} \cdot (x_1 + x_2 - 2x_3 - 4) = 0.$$

(e): Seien $B := (1; 0, 1, 1)^T$, $\mathfrak{c} := (0; 1, 1, 1)^T$ und $\mathfrak{d} := A - B$. Indem man $\mathfrak{d}$ in die Parallelkomponente $\mathfrak{d}'$ und die Normalkomponente $\mathfrak{d}''$ bezüglich $\mathfrak{c}$ zerlegt, erhält man den Abstand l von A zu h durch $l := |\mathfrak{d}''|$. Nach Abschnitt 6.1 läßt sich $\mathfrak{d}''$ durch

$$\mathfrak{d}'' = \mathfrak{d} - \frac{\mathfrak{d} \cdot \mathfrak{c}}{\mathfrak{c}^2} \cdot \mathfrak{c}$$

berechnen und man erhält $l = \sqrt{\frac{2}{3}}$.

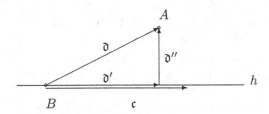

Obiges Resultat erhält man auch mit Hilfe der Plückerschen Normalform der Geraden h (siehe dazu Abschnitt 6.6 und Aufgabe 6.7).

(f): Den Abstand l von A zur Ebene E erhält man, indem man in der linken Seite der Hesseschen Normalform von E anstelle der Koordinaten von X die Koordinaten von A einsetzt und den Betrag bildet. Folglich

$$l = |\frac{-4}{\sqrt{6}}| = \frac{4}{\sqrt{6}}.$$

(g): Aus der Parameterdarstellung von h ergeben sich die Gleichungen:

$$x_1 = t, \; x_2 = 1 + t, \; x_3 = 1 + t.$$

Ersetzt man t in der zweiten und dritten Gleichung durch x_1, so erhält man die Ebenengleichungen

$$\varepsilon_1 : \; -x_1 + x_2 = 1,$$
$$\varepsilon_2 : \; -x_2 + x_3 = 0.$$

Offensichtlich gilt dann $\varepsilon_1 \cap \varepsilon_2 = h$.

(h): Die windschiefen Geraden g und h liegen in zwei parallelen Ebenen E_g und E_h. Folglich ist der Abstand von g zu h mit dem Abstand dieser zwei Ebenen identisch und man erhält diesen Abstand, indem man den Abstand eines Punktes $P_1 \in E_g$ von der Ebene E_h berechnet. Folglich

$$l(g, h) := \frac{2}{\sqrt{38}} \approx 0.32.$$

(i):

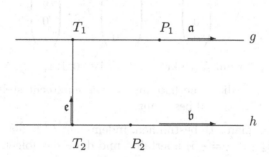

Seien $P_1 := (1; 1, 2, 3)^T$, $P_2 := (1; 0, 1, 1)^T$, $\mathfrak{a} := (0; 1, -1, 4)^T$, $\mathfrak{b} := (0; 1, 1, 1)^T$ und $\mathfrak{e} := (0; -5, 3, 2)^T$ (siehe (h)).
Es gilt:

$$T_1 = P_1 + r \cdot \mathfrak{a}$$
$$T_2 = P_2 + s \cdot \mathfrak{b}$$
$$T_1 = T_2 + \lambda \cdot \mathfrak{e}.$$

Folglich

$$P_2 - P_1 = r \cdot \mathfrak{a} - s \cdot \mathfrak{b} - \lambda \cdot \mathfrak{e}$$

beziehungsweise

$$\begin{array}{rrrcr} r & -s & +5\lambda & = & -1 \\ -r & -s & -3\lambda & = & -1 \\ 4r & -s & -2\lambda & = & -2. \end{array}$$

Dieses LGS hat die Lösung

$$r = -\frac{4}{19}, \ s = \frac{20}{19}, \ \lambda = \frac{1}{19}.$$

Die gesuchten Fußpunkte sind damit

$$T_1 = \begin{pmatrix} 1 \\ \frac{15}{19} \\ \frac{42}{19} \\ \frac{41}{19} \end{pmatrix}, \quad T_1 = \begin{pmatrix} 1 \\ \frac{20}{19} \\ \frac{39}{19} \\ \frac{39}{19} \end{pmatrix}.$$

(j): Wählt man in der die Ebene E definierenden Gleichung $x_1 + x_2 - 2x_3 = 4$ die Variable $x_2 = r$ und $x_3 = s$ (r, s beliebig aus $\mathbb{R}$), so erhält man

$$x_1 = 4 - r + 2s$$
$$x_2 = r$$
$$x_3 = s.$$

Übergang zur Matrizendarstellung dieser Lösung eines LGS und Setzen von Erkennungskoordinaten liefert die gesuchte Parameterdarstellung von E:

$$X = \begin{pmatrix} 1 \\ 4 \\ 0 \\ 0 \end{pmatrix} + r \cdot \begin{pmatrix} 0 \\ -1 \\ 1 \\ 0 \end{pmatrix} + s \cdot \begin{pmatrix} 0 \\ 2 \\ 0 \\ 1 \end{pmatrix}.$$

(k): Ein Vektor, der auf E senkrecht steht ist $(0; 1, 1, -2)^T$.

(l): Eine Ebene ε^*, die A enthält und auf h senkrecht steht, ist durch die Gleichung $x_1 + x_2 + x_3 = 0$ bestimmt.

(m): $E \cap E'$ kann man z.B. bestimmen, indem man E' in eine Hessesche Form ($E': \ -2x_1 - x_2 + 2x_3 = -5$) überführt und dann das folgende LGS löst:

$$\begin{aligned} x_1 \ + \ x_2 \ - \ 2x_3 \ &= \quad 4 \\ -2x_1 \ - \ x_2 \ + \ 2x_3 \ &= -5. \end{aligned}$$

Fügt man zur Matrizendarstellung der Lösung des obigen LGS passende Erkennungskoordinaten hinzu, erhält man die gesuchte Parameterdarstellung der Schnittgeraden:

$$E \cap E': \ X = \begin{pmatrix} 1 \\ 1 \\ 3 \\ 0 \end{pmatrix} + t \cdot \begin{pmatrix} 0 \\ 0 \\ 2 \\ 1 \end{pmatrix}.$$

(n): Da $P = R - \overrightarrow{PR}$, ist die gesuchte Koordinatendarstellung von P (mit Erkennungskoordinaten für Punkte!) $(1; 0, -1)$.

(o): Die Parameterdarstellung einer zu E parallelen Ebene $E^\star$, die von E den Abstand 2 hat, erhält man z.B. wie folgt:

$$X = \begin{pmatrix} 1 \\ 4 \\ 0 \\ 0 \end{pmatrix} + \frac{2}{\sqrt{6}} \cdot \begin{pmatrix} 0 \\ 1 \\ 1 \\ -2 \end{pmatrix} + t_1 \cdot \begin{pmatrix} 0 \\ 2 \\ 0 \\ 1 \end{pmatrix} + t_2 \cdot \begin{pmatrix} 0 \\ 0 \\ 2 \\ 1 \end{pmatrix}.$$

(p): Wegen (g) müssen die Koordinaten eines Schnittpunktes S von h mit E das LGS

$$\begin{array}{rcrcrcl} -x_1 & + & x_2 & & & = & 1 \\ & & -x_2 & + & x_3 & = & 0 \\ x_1 & + & x_2 & - & 2x_3 & = & 4 \end{array}$$

erfüllen. Dieses LGS besitzt jedoch keine Lösung, da der Rang der Koeffizientenmatrix gleich 2 und der Rang der Systemmatrix gleich 3 ist.   □

Vor dem Lösen der folgenden Aufgabe schaue man sich nicht nur die Definition eines abstrakten Skalarprodukts an, sondern auch die Sätze 2.3.5, 3.2.2, 3.2.7 und 3.2.8.

Aufgabe 6.2 *(Standardskalarprodukt des Vektorraums $\mathbb{C}^{n \times 1}$ über $\mathbb{C}$)*

Man beweise, daß durch $\varphi : \mathbb{C}^{n \times 1} \times \mathbb{C}^{n \times 1} \longrightarrow \mathbb{C}$, $\varphi(\mathfrak{x}, \mathfrak{y}) := \mathfrak{x}^T \cdot \overline{\mathfrak{y}}$ ein Skalarprodukt des Vektorraums $\mathbb{C}^{n \times 1}$ über $\mathbb{C}$ definiert ist.

Lösung. Seien $\mathfrak{a} := (a_1, a_2, ..., a_n)^T$, $\mathfrak{b} := (b_1, b_2, ..., b_n)^T \in \mathbb{C}^{n \times 1}$ und $a, b \in \mathbb{C}$. Dann gilt:

$$\begin{aligned} \varphi(a \cdot \mathfrak{a} + b \cdot \mathfrak{b}, \mathfrak{c}) &= (a \cdot \mathfrak{a} + b \cdot \mathfrak{b})^T \cdot \overline{\mathfrak{c}} = a \cdot (\mathfrak{a}^T \cdot \overline{\mathfrak{c}}) + b \cdot (\mathfrak{b}^T \cdot \overline{\mathfrak{c}}) \\ &= a \cdot \varphi(\mathfrak{a}, \mathfrak{c}) + b \cdot \varphi(\mathfrak{b}, \mathfrak{c}), \end{aligned}$$

$$\begin{aligned} \varphi(\mathfrak{c}, a \cdot \mathfrak{a} + b \cdot \mathfrak{b}) &= \mathfrak{c}^T \cdot \overline{(a \cdot \mathfrak{a} + b \cdot \mathfrak{b})} = \mathfrak{c}^T \cdot (\overline{a} \cdot \overline{\mathfrak{a}}) + \mathfrak{c}^T \cdot (\overline{b} \cdot \overline{\mathfrak{b}}) \\ &= \overline{a} \cdot \varphi(\mathfrak{c}, \mathfrak{a}) + \overline{b} \cdot \varphi(\mathfrak{c}, \mathfrak{b}), \end{aligned}$$

d.h., φ ist bilinear.

Wegen

$$\varphi(\mathfrak{a}, \mathfrak{b}) = a_1 \cdot \overline{b_1} + a_2 \cdot \overline{b_2} + ... + a_n \cdot \overline{b_n} \quad \text{und}$$

$$\begin{aligned} \overline{\varphi(\mathfrak{b}, \mathfrak{a})} &= \overline{b_1 \cdot \overline{a_1} + b_2 \cdot \overline{a_2} + ... + b_n \cdot \overline{a_n}} \\ &= \overline{b_1} \cdot a_1 + \overline{b_2} \cdot a_2 + ... + \overline{b_n} \cdot a_n = \varphi(\mathfrak{a}, \mathfrak{b}) \end{aligned}$$

ist φ hermitisch.

Aus

$$\varphi(\mathfrak{a}, \mathfrak{a}) = a_1 \cdot \overline{a_1} + a_2 \cdot \overline{a_2} + ... + a_n \cdot \overline{a_n} = |a_1|^2 + |a_2|^2 + ... + |a_n|^2 \geq 0$$

und

$$\varphi(\mathfrak{a}, \mathfrak{a}) = 0 \iff a_1 = a_2 = ... = a_n = 0$$

folgt, daß φ positiv definit ist.

Also ist φ ein Skalarprodukt.

Aufgabe 6.3 *(Skalarprodukt, Orthonormierungsverfahren)*
Es sei $V :=_\mathbb{R} \mathbb{R}^{3 \times 1}$ und φ die wie folgt definierte Abbildung von $V \times V$ in $\mathbb{R}$:
$\varphi((x_1, x_2, x_3)^T, (y_1, y_2, y_3)^T) := 3 \cdot x_1 \cdot y_1 - x_1 \cdot y_2 - x_2 \cdot y_1 + x_2 \cdot y_2 + 2 \cdot x_3 \cdot y_3$.
Man zeige, daß φ ein Skalarprodukt ist und bestimme eine bezüglich dieses Skalarprodukts orthonormierte Basis mit Hilfe des Schmidtschen ONVs, indem man von der Basis $\mathfrak{a}_1 := (1, 0, 0)^T$, $\mathfrak{a}_2 := (0, 1, 0)^T$, $\mathfrak{a}_3 := (0, 0, 1)^T$ ausgeht.

Lösung. Die Abbildung φ läßt sich mit Hilfe von Matrizen auch wie folgt angeben:

$$\varphi((x_1, x_2, x_3)^T, (y_1, y_2, y_3)^T) = (x_1, x_2, x_3) \cdot \begin{pmatrix} 3 & -1 & 0 \\ -1 & 1 & 0 \\ 0 & 0 & 2 \end{pmatrix} \cdot \begin{pmatrix} y_1 \\ y_2 \\ y_3 \end{pmatrix}.$$

Mit Hilfe der Sätze 6.2.1 und 6.2.2 folgt hieraus, daß φ bilinear und symmetrisch ist. Da die Hauptminoren

$$|3|_1, \quad \begin{vmatrix} 3 & -1 \\ -1 & 1 \end{vmatrix}, \quad \begin{vmatrix} 3 & -1 & 0 \\ -1 & 1 & 0 \\ 0 & 0 & 2 \end{vmatrix}$$

der Matrix

$$\begin{pmatrix} 3 & -1 & 0 \\ -1 & 1 & 0 \\ 0 & 0 & 2 \end{pmatrix}$$

alle größer 0 sind, ist φ nach Satz 6.2.3 auch positiv definit. Folglich ist φ ein Skalarprodukt.
Eine orthonormierte Basis $\mathfrak{e}_1, \mathfrak{e}_2, \mathfrak{e}_3$ erhält man mit Hilfe des Schmidtschen ONVs wie folgt:

$$\mathfrak{e}_1 := \frac{1}{\sqrt{\varphi(\mathfrak{a}_1, \mathfrak{a}_1)}} \cdot \mathfrak{a}_1 = \frac{1}{\sqrt{3}} \cdot \begin{pmatrix} 1 \\ 0 \\ 0 \end{pmatrix}.$$

Mit Hilfe von

$$\mathfrak{b}_2 := \mathfrak{a}_2 - \varphi(\mathfrak{a}_2, \mathfrak{e}_1) \cdot \mathfrak{e}_1 = \begin{pmatrix} 0 \\ 1 \\ 0 \end{pmatrix} + \frac{1}{3} \cdot \begin{pmatrix} 1 \\ 0 \\ 0 \end{pmatrix} = \frac{1}{3} \cdot \begin{pmatrix} 1 \\ 3 \\ 0 \end{pmatrix}$$

ergibt sich:

$$\mathfrak{e}_2 := \frac{1}{\sqrt{\varphi(\mathfrak{b}_2, \mathfrak{b}_2)}} \cdot \mathfrak{b}_2 = \frac{1}{\sqrt{6}} \cdot \begin{pmatrix} 1 \\ 3 \\ 0 \end{pmatrix}.$$

Aus

$$\mathfrak{b}_3 := \mathfrak{a}_3 - \varphi(\mathfrak{a}_3, \mathfrak{e}_1) \cdot \mathfrak{e}_1 - \varphi(\mathfrak{a}_3, \mathfrak{e}_2) \cdot \mathfrak{e}_2$$

$$= \begin{pmatrix} 0 \\ 0 \\ 1 \end{pmatrix} - 0 \cdot \begin{pmatrix} 1 \\ 0 \\ 0 \end{pmatrix} - 0 \cdot \begin{pmatrix} 1 \\ 3 \\ 0 \end{pmatrix} = \begin{pmatrix} 0 \\ 0 \\ 1 \end{pmatrix}$$

folgt dann

$$\mathfrak{e}_3 := \frac{1}{\sqrt{\varphi(\mathfrak{b}_3, \mathfrak{b}_3)}} \cdot \mathfrak{b}_3 = \frac{1}{\sqrt{2}} \cdot \begin{pmatrix} 0 \\ 0 \\ 1 \end{pmatrix}.$$

Aufgabe 6.4 *(Orthonormierungsverfahren)*

Man bestimme mit Hilfe des Schmidtschen ONVs eine orthonormierte Basis für den Untervektorraum $[\{\mathfrak{a}_1, \mathfrak{a}_2, \mathfrak{a}_3, \mathfrak{a}_4\}]$ von $_{\mathbb{R}}\mathbb{R}^{4 \times 1}$, wobei $\mathfrak{a}_1 := (2, 1, 3, -1)^T$, $\mathfrak{a}_2 := (7, 4, 3, -3)^T$, $\mathfrak{a}_3 := (1, 1, -6, 0)^T$, $\mathfrak{a}_4 := (5, 7, 7, 8)^T$.

Lösung. Wegen $\operatorname{rg}(\mathfrak{a}_1, \mathfrak{a}_2, \mathfrak{a}_3, \mathfrak{a}_4) = 3$ besteht die gesuchte orthonormierte Basis aus genau drei Elementen, die man z.B. durch Anwendung des ONVs auf die Vektoren $\mathfrak{a}_1, \mathfrak{a}_2, \mathfrak{a}_4$ erhalten kann.

Nachfolgend bezeichne φ das Standardskalarprodukt, d.h., für alle $\mathfrak{x}, \mathfrak{y} \in \mathbb{R}^{4 \times 1}$ gilt $\varphi(\mathfrak{x}, \mathfrak{y}) := \mathfrak{x}^T \cdot \mathfrak{y}$. Die gesuchte orthonormierte Basis erhält man wie folgt:

$$\mathfrak{e}_1 := \frac{1}{\sqrt{\varphi(\mathfrak{a}_1, \mathfrak{a}_1)}} \cdot \mathfrak{a}_1 = \frac{1}{\sqrt{15}} \cdot \begin{pmatrix} 2 \\ 1 \\ 3 \\ -1 \end{pmatrix}.$$

Mit Hilfe von

$$\mathfrak{b}_2 := \mathfrak{a}_2 - \varphi(\mathfrak{a}_2, \mathfrak{e}_1) \cdot \mathfrak{e}_1 = \begin{pmatrix} 7 \\ 4 \\ 3 \\ -3 \end{pmatrix} - 2 \cdot \begin{pmatrix} 2 \\ 1 \\ 3 \\ -1 \end{pmatrix} = \frac{1}{3} \cdot \begin{pmatrix} 3 \\ 2 \\ -3 \\ -1 \end{pmatrix}$$

ergibt sich:

$$\mathfrak{e}_2 := \frac{1}{\sqrt{\varphi(\mathfrak{b}_2, \mathfrak{b}_2)}} \cdot \mathfrak{b}_2 = \frac{1}{\sqrt{23}} \cdot \begin{pmatrix} 3 \\ 2 \\ -3 \\ -1 \end{pmatrix}.$$

Aus

$$\mathfrak{b}_3 := \mathfrak{a}_4 - \varphi(\mathfrak{a}_4, \mathfrak{e}_1) \cdot \mathfrak{e}_1 - \varphi(\mathfrak{a}_4, \mathfrak{e}_2) \cdot \mathfrak{e}_2$$

$$= \begin{pmatrix} 5 \\ 7 \\ 7 \\ 8 \end{pmatrix} - 2 \cdot \begin{pmatrix} 2 \\ 1 \\ 3 \\ -1 \end{pmatrix} - 0 \cdot \begin{pmatrix} 3 \\ 2 \\ -3 \\ -1 \end{pmatrix} = \begin{pmatrix} 1 \\ 5 \\ 1 \\ 10 \end{pmatrix}$$

folgt dann

$$\mathfrak{e}_3 := \frac{1}{\sqrt{\varphi(\mathfrak{b}_3, \mathfrak{b}_3)}} \cdot \mathfrak{b}_3 = \frac{1}{\sqrt{127}} \cdot \begin{pmatrix} 1 \\ 5 \\ 1 \\ 10 \end{pmatrix}.$$

Aufgabe 6.5 *(Eigenschaft einer Norm, die mit Hilfe eines Skalarprodukts definiert ist)*

Man beweise:

Die durch ein Skalarprodukt φ (eines VRs V über $K \in \{\mathbb{R}, \mathbb{C}\}$) definierte Norm $\|\mathfrak{a}\| := \sqrt{\varphi(\mathfrak{a}, \mathfrak{a})}$ ($\mathfrak{a} \in V$) erfüllt die sogenannte Parallelogrammeigenschaft:

$$\forall \mathfrak{a}, \mathfrak{b} \in V : \|\mathfrak{a} + \mathfrak{b}\|^2 + \|\mathfrak{a} - \mathfrak{b}\|^2 = 2 \cdot (\|\mathfrak{a}\|^2 + \|\mathfrak{b}\|^2).$$

Außerdem zeige man anhand eines Beispiels, daß die Maximumnorm diese Eigenschaft nicht besitzt.

Lösung.   Die Parallelogrammeigenschaft folgt aus

$$\begin{aligned}
&\|\mathfrak{a} + \mathfrak{b}\|^2 + \|\mathfrak{a} - \mathfrak{b}\|^2 \\
=\ & \varphi(\mathfrak{a} + \mathfrak{b}, \mathfrak{a} + \mathfrak{b}) + \varphi(\mathfrak{a} - \mathfrak{b}, \mathfrak{a} - \mathfrak{b}) \\
=\ & \varphi(\mathfrak{a}, \mathfrak{a}) + \varphi(\mathfrak{a}, \mathfrak{b}) + \varphi(\mathfrak{b}, \mathfrak{a}) + \varphi(\mathfrak{b}, \mathfrak{b}) + \varphi(\mathfrak{a}, \mathfrak{a}) - \varphi(\mathfrak{a}, \mathfrak{b}) - \varphi(\mathfrak{b}, \mathfrak{a}) + \varphi(\mathfrak{b}, \mathfrak{b}) \\
=\ & 2 \cdot (\varphi(\mathfrak{a}, \mathfrak{a}) + \varphi(\mathfrak{b}, \mathfrak{b})) \\
=\ & 2 \cdot (\|\mathfrak{a}\|^2 + \|\mathfrak{b}\|^2).
\end{aligned}$$

Zwecks Konstruktion eines Beispiels für den Fakt, daß die Maximumnorm die Parallelogrammeigenschaft nicht besitzt, seien $_K V := {_\mathbb{R}}\mathbb{R}^{1 \times 2}$, $\mathfrak{a} := (3, 2)$ und $\mathfrak{b} := (-3, 1)$.
Dann gilt:

$$\|\mathfrak{a}\|_\infty = \|\mathfrak{b}\|_\infty = 3, \ \mathfrak{a} + \mathfrak{b} = (0, 3), \ \mathfrak{a} - \mathfrak{b} = (6, 1), \ \|\mathfrak{a} + \mathfrak{b}\|_\infty = 3, \ \|\mathfrak{a} - \mathfrak{b}\|_\infty = 6.$$

Folglich haben wir

$$\|\mathfrak{a} + \mathfrak{b}\|^2 + \|\mathfrak{a} - \mathfrak{b}\|^2 = 9 + 36 = 45 \neq 2 \cdot (\|\mathfrak{a}\|^2 + \|\mathfrak{b}\|^2) = 2 \cdot (9 + 9) = 36,$$

was zu zeigen war.

Aufgabe 6.6 *(Orientierung von Basen; Spat; Beispiel zu Satz 6.6.3)*

Seien $B := (\mathfrak{i}, \mathfrak{j}, \mathfrak{k})$ und $\mathfrak{a}_{/B} := (0; 1, 0, 3)^T$, $\mathfrak{b}_{/B} := (0; 2, -6, 1)^T$, $\mathfrak{c}_{/B} := (0; -1, 0, 2)^T$.

(a) Welche Orientierung besitzt die Basis $(\mathfrak{a}, \mathfrak{b}, \mathfrak{c})$?

(b) Welche der fünf aus $(\mathfrak{a}, \mathfrak{b}, \mathfrak{c})$ durch Ändern der Reihenfolge der Vektoren bildbaren Basen sind rechtsorientiert?

(c) Man ermittle das Volumen und die Oberfläche des von den Vektoren $\mathfrak{a}$, $\mathfrak{b}$, $\mathfrak{c}$ aufgespannten Spats.

Lösung.   **(a):** Wegen

$$\begin{vmatrix} 1 & 2 & -1 \\ 0 & -6 & 0 \\ 3 & 1 & 2 \end{vmatrix} = -30 < 0$$

ist $(\mathfrak{a}, \mathfrak{b}, \mathfrak{c})$ linksorientiert.

(b): Rechtsorientiert sind die Basen

$$(\mathfrak{a}, \mathfrak{c}, \mathfrak{b}), \quad (\mathfrak{b}, \mathfrak{a}, \mathfrak{c}), \quad (\mathfrak{c}, \mathfrak{b}, \mathfrak{a})$$

und linksorientiert die Basen

$$(\mathfrak{b}, \mathfrak{c}, \mathfrak{a}), \quad (\mathfrak{c}, \mathfrak{a}, \mathfrak{b}).$$

Dies überlegt man sich leicht unter Verwendung der folgenden Eigenschaft der Determinanten: Vertauscht man in einer Determinante zwei Spalten, so ändert sich das Vorzeichen (siehe Satz 3.1.6).

(c): Nach Satz 6.6.3 ist das Volumen des Spats der Betrag der Determinante $\det(\mathfrak{a}, \mathfrak{b}, \mathfrak{c}) = -30$. Aus der Definition des Vektorprodukts folgt die folgende Formel für die Oberfläche des Spats:

$$2 \cdot (|\mathfrak{a} \times \mathfrak{b}| + |\mathfrak{a} \times \mathfrak{c}| + |\mathfrak{b} \times \mathfrak{c}|).$$

Wegen

$$\mathfrak{a} \times \mathfrak{b} = \begin{vmatrix} \mathfrak{i} & \mathfrak{j} & \mathfrak{k} \\ 1 & 0 & 3 \\ 2 & -6 & 1 \end{vmatrix} = 18\mathfrak{i} + 5\mathfrak{j} - 6\mathfrak{k},$$

$$\mathfrak{a} \times \mathfrak{c} = \begin{vmatrix} \mathfrak{i} & \mathfrak{j} & \mathfrak{k} \\ 1 & 0 & 3 \\ -1 & 0 & 2 \end{vmatrix} = -5\mathfrak{j},$$

$$\mathfrak{b} \times \mathfrak{c} = \begin{vmatrix} \mathfrak{i} & \mathfrak{j} & \mathfrak{k} \\ 2 & -6 & 1 \\ -1 & 0 & 2 \end{vmatrix} = -12\mathfrak{i} - 5\mathfrak{j} - 6\mathfrak{k}$$

ergibt sich die Oberfläche des Spats wie folgt:

$$2 \cdot (\sqrt{324 + 25 + 36} + 5 + \sqrt{144 + 25 + 36})$$
$$= 2 \cdot (\sqrt{385} + 5 + \sqrt{205})$$
$$\approx 2 \cdot (19.62 + 5 + 14.32)$$
$$= 77.88.$$

Aufgabe 6.7 *(Anwendung der Plückerschen Form einer Geraden im Raum)*
Seien $S := (A; \mathfrak{i}, \mathfrak{j}, \mathfrak{k})$ und $P_{/S} := (1; 7, 0, 3)^T$, $Q_{/S} := (1; 14, 2, -1)^T$, $R_{/S} := (1; 1, 5, 1)^T$.
Man gebe die Plückersche Normalform der Geraden $g(P, Q)$ an und berechne den Abstand des Punktes R zu g.

Lösung. Die Plückersche Normalform von $g(P,Q)$ lautet (siehe Abschnitt 6.6):

$$g(P,Q): \quad \frac{1}{|Q-P|} \cdot ((X-P) \times (Q-P)) = \mathfrak{o}$$

beziehungsweise

$$g(P,Q): \quad \frac{1}{\sqrt{69}} \cdot \left(X - \begin{pmatrix} 1 \\ 7 \\ 0 \\ 3 \end{pmatrix} \right) \times \begin{pmatrix} 0 \\ 7 \\ 2 \\ -4 \end{pmatrix} = \mathfrak{o}.$$

Der Abstand l von R zu $g(P,Q)$ läßt sich mit dieser Normalform wie folgt berechnen:

$$l = \frac{1}{|Q-P|} \cdot |(R-P) \times (Q-P)|.$$

Konkret (wegen $R - P = (0; -6, 5, -2)^T$ und $(R - P) \times (Q - P) = (0; -16, -38, -47)^T$) erhalten wir

$$l = \frac{1}{\sqrt{69}} \cdot \sqrt{16^2 + 38^2 + 47^2} = \frac{1}{69} \cdot \sqrt{256 + 1444 + 2209} = \sqrt{\frac{3909}{69}} \approx 7.53.$$

Aufgabe 6.8 *(Eigenschaft des Vektorprodukts)*

Man zeige, daß das Vektorprodukt keine assoziative Operation auf $\vec{V_3}$ ist.

Lösung. Es gilt z.B.

$$(\mathfrak{i} \times \mathfrak{j}) \times \mathfrak{j} = \mathfrak{k} \times \mathfrak{j} = -\mathfrak{i}$$

und

$$\mathfrak{i} \times (\mathfrak{j} \times \mathfrak{j}) = \mathfrak{i} \times \mathfrak{o} = \mathfrak{o}.$$

Folglich ist das Vektorprodukt nicht assoziativ.

Aufgabe 6.9 *(Winkelberechnung)*

Man bestimme den Winkel zwischen zwei verschiedenen Raumdiagonalen eines Würfels.

Lösung. O.B.d.A. kann man annehmen, daß der Würfel die Kantenlänge 1 besitzt und von den Vektoren $\mathfrak{i}, \mathfrak{j}, \mathfrak{k}$ aufgespannt wird. Zwei verschiedene Raumdiagonalen dieses Würfels sind dann z.B.

$$\mathfrak{d}_1 := \mathfrak{i} + \mathfrak{j} + \mathfrak{k}, \ \mathfrak{d}_2 := -\mathfrak{i} + \mathfrak{j} + \mathfrak{k}$$

und es gilt

$$\cos \angle(\mathfrak{d}_1, \mathfrak{d}_2) = \frac{\mathfrak{d}_1 \cdot \mathfrak{d}_2}{|\mathfrak{d}_1| \cdot |\mathfrak{d}_2|} = \frac{1}{3}.$$

Folglich ist der gesuchte Winkel (angegeben in Bogenmaß) ≈ 1.23 beziehungsweise $\approx 70.5°$.

Aufgabe 6.10 *(Eigenschaft orthogonaler Vektoren)*

Es sei V ein Vektorraum über $K \in \{\mathbb{R}, \mathbb{C}\}$, auf dem ein Skalarprodukt φ definiert ist. Außerdem sei B eine Menge von Vektoren aus V, die nicht den Nullvektor enthält und für die

$$\forall \mathfrak{a}, \mathfrak{b} \in B : \mathfrak{a} \neq \mathfrak{b} \implies \varphi(\mathfrak{a}, \mathfrak{b}) = 0$$

gilt. Man beweise, daß B linear unabhängig ist.

Lösung. Angenommen, B enthält gewisse Vektoren $\mathfrak{b}_1, ..., \mathfrak{b}_n$, die linear abhängig sind, d.h., es existieren gewisse $x_1, ..., x_n \in K$ mit

$$x_1 \cdot \mathfrak{b}_1 + x_2 \cdot \mathfrak{b}_2 + ... + x_n \cdot \mathfrak{b}_n = \mathfrak{o},$$

wobei $x_i \neq 0$ für mindestens ein $i \in \{1, 2, ..., n\}$ gilt. Bildet man nun

$$\varphi(x_1 \cdot \mathfrak{b}_1 + x_2 \cdot \mathfrak{b}_2 + ... + x_n \cdot \mathfrak{b}_n, \mathfrak{b}_i),$$

so erhält man (wegen der Orthogonalität der Vektoren der Menge B und der Biliniarität von φ):

$$x_1 \cdot \underbrace{\varphi(\mathfrak{b}_1, \mathfrak{b}_i)}_{=0} + ... + x_i \cdot \underbrace{\varphi(\mathfrak{b}_i, \mathfrak{b}_i)}_{\neq 0} + ... + x_n \cdot \underbrace{\varphi(\mathfrak{b}_n, \mathfrak{b}_i)}_{=0} = \varphi(\mathfrak{o}, \mathfrak{b}_i) = 0.$$

Dies gilt jedoch nur, wenn $x_i = 0$ ist, im Widerspruch zu unserer Annahme. Also ist die Menge B linear unabhängig.

Aufgabe 6.11 *(Eigenschaft von Skalarprodukten)*

Es seien φ_1 und φ_2 zwei Skalarprodukte eines unitären Vektorraums V über dem Körper $\mathbb{C}$. Man beweise, daß aus

$$\forall \mathfrak{x} \in V : \varphi_1(\mathfrak{x}, \mathfrak{x}) = \varphi_2(\mathfrak{x}, \mathfrak{x})$$

stets $\varphi_1 = \varphi_2$ folgt.

Lösung. Angenommen, es gilt $\varphi_1(\mathfrak{x}, \mathfrak{x}) = \varphi_2(\mathfrak{x}, \mathfrak{x})$ für beliebiges $\mathfrak{x} \in V$. Für alle $\mathfrak{x}, \mathfrak{y} \in V$ haben wir dann auch (unter Beachtung von $\varphi_1(\mathfrak{y}, \mathfrak{x}) = \overline{\varphi_1(\mathfrak{x}, \mathfrak{y})}$)

$$\varphi_1(\mathfrak{x} + \mathfrak{y}, \mathfrak{x} + \mathfrak{y}) = \varphi_1(\mathfrak{x}, \mathfrak{x}) + \underbrace{\varphi_1(\mathfrak{x}, \mathfrak{y}) + \varphi_1(\mathfrak{y}, \mathfrak{x})}_{=2 \cdot \mathrm{Re}(\varphi_1(\mathfrak{x}, \mathfrak{y}))} + \varphi_1(\mathfrak{y}, \mathfrak{y})$$

$$= \varphi_2(\mathfrak{x} + \mathfrak{y}, \mathfrak{x} + \mathfrak{y}) = \varphi_1(\mathfrak{x}, \mathfrak{x}) + \underbrace{\varphi_2(\mathfrak{x}, \mathfrak{y}) + \varphi_2(\mathfrak{y}, \mathfrak{x})}_{=2 \cdot \mathrm{Re}(\varphi_2(\mathfrak{x}, \mathfrak{y}))} + \varphi_1(\mathfrak{y}, \mathfrak{y}).$$

Folglich gilt

$$\mathrm{Re}(\varphi_1(\mathfrak{x}, \mathfrak{y})) = \mathrm{Re}(\varphi_2(\mathfrak{x}, \mathfrak{y})).$$

Indem wir oben anstelle von $\mathfrak{x}$ den Vektor $i \cdot \mathfrak{x}$ wählen, erhalten wir analog zu oben

$$\text{Im}(\varphi_1(\mathfrak{x}, \mathfrak{y})) = \text{Im}(\varphi_2(\mathfrak{x}, \mathfrak{y})).$$

Folglich gilt $\varphi_1 = \varphi_2$.

Aufgabe 6.12 *(Ebenen im Raum)*

Man gebe die Gleichung einer Ebene $E \subset \mathfrak{R}_3$ an, die vom Punkt $Q := (1; 3, 5, 7)^T$ (in Koordinaten bezogen auf ein kartesisches Koordinatensystem S des $\mathfrak{R}_3$) den Abstand 4 hat und auf den Koordinatenachsen von S Abschnitte abtrennt, die proportional zu 1, 2, 3 sind.

Lösung.   Es gibt zwei Lösungen:

$$E_1 : \ 6x + 3y + 2z = 19,$$
$$E_2 : \ 6x + 3y + 2z = 75.$$

Begründen kann man dies z.B. wie folgt:
Sind die Schnittpunkte von E mit den Koordinatenachsen $X_1 := (1; a, 0, 0)^T$, $Y_1 := (1; 0, 2a, 0)^T$, $Z_1 := (1; 0, 0, 3a)^T$, so ergibt sich zunächst:

$$E : \ x + \frac{1}{2}y + \frac{1}{3}z - a = 0.$$

Da der Abstand von Q zu E gleich 4 sein soll, gilt

$$\frac{6}{7} \cdot \left|3 + \frac{5}{2} + \frac{7}{3} - a\right| = 4.$$

Die hieraus folgende quadratische Gleichung

$$\frac{36}{49} \cdot \left(3 + \frac{5}{2} + \frac{7}{3} - a\right)^2 = 16$$

hat die zwei Lösungen:

$$a_1 := \frac{19}{6}, \ a_2 := \frac{75}{6} = \frac{25}{2}.$$

Aufgabe 6.13 *(Koordinaten eines Punktes)*

Von dem Dreieck ΔABC aus dem Anschauungsraum $\mathfrak{R}_3$ weiß man, daß der Mittelpunkt der Strecke AC (beziehungsweise BC) auf der y-Achse (beziehungsweise in der x, z-Ebene) des verwendeten affinen Koordinatensystems S liegt. Außerdem kennt man die Koordinaten der Punkte A und B: $A_{/S} := (1; -4, -1, 2)^T$, $B_{/S} := (1; 3, 5, -16)^T$. Man bestimme die Koordinaten von C bezüglich S.

Lösung.   Bezeichne M_1 den Mittelpunkt der Strecke AC und M_2 den Mittelpunkt der Strecke BC. Dann gilt (in Koordinaten bez. S) $M_1 = (1; 0, \alpha, 0)^T$ und $M_2 = (1; \beta, 0, \gamma)^T$ mit noch unbekannten α, β, γ. Der Punkt C läßt sich wie folgt beschreiben:

$$C = A + 2 \cdot (M_1 - A) = B + 2 \cdot (M_2 - B).$$

Übergang zu Koordinaten liefert das lösbare Gleichungssystem:

$$
\begin{aligned}
-4 + 2(0 + 4) &= 3 + 2(\beta - 3) \\
-1 + 2(\alpha + 1) &= 5 + 2(0 - 5) \\
2 + 2(0 - 2) &= -16 + 2(\gamma + 16).
\end{aligned}
$$

Aus der zweiten Gleichung folgt $\alpha = -3$, womit $C = (1; 4, -5, -2)^T$ ist.

Aufgabe 6.14 *(Eigenschaften eines Tetraeders)*

Die Ecken eines Tetraeders T im Anschauungsraum $\mathfrak{R}_3$ seien durch ihre Koordinaten bezüglich eines kartesischen Koordinatensystems gegeben: $P_1 := (1; 1, 0, 1)^T$, $P_2 := (1; 2, 1, -1)^T$, $P_3 := (1; 5, -2, -4)^T$, $P_4 := (1; -4, 2, 5)^T$. Man berechne:

(a) die von P_1 ausgehende Höhe h des Tetraeders,
(b) den Fußpunkt S und die Länge l des von P_1 auf die Kante $P_2 P_3$ gefällten Lotes,
(c) den Winkel zwischen den Gegenflächen von P_2 und P_3.

Lösung.
(a): Die von P_1 ausgehende Höhe h ist gleich dem Abstand von P_1 zur Ebene

$$
\begin{aligned}
E(P_2, P_3, P_4): \; X &= P_2 + s \cdot (P_3 - P_2) + t \cdot (P_4 - P_2) \\
&= \begin{pmatrix} 1 \\ 2 \\ 1 \\ -1 \end{pmatrix} + s \cdot \begin{pmatrix} 0 \\ 3 \\ -3 \\ -3 \end{pmatrix} + t \cdot \begin{pmatrix} 0 \\ -6 \\ 1 \\ 6 \end{pmatrix}.
\end{aligned}
$$

Die Ebene $E(P_2, P_3, P_4)$ kann man auch durch ihre Hessesche Form

$$E(P_2, P_3, P_4): \; x + z - 1 = 0$$

charakterisieren, womit

$$h = \frac{1}{\sqrt{2}} \cdot |1 + 1 - 1| = \frac{1}{\sqrt{2}}.$$

(b): Seien $\mathfrak{a} := P_3 - P_2$ und $\mathfrak{b} := P_1 - P_2$. Die Zerlegung des Vektors $\mathfrak{b}$ in Parallelkomponente $\mathfrak{b}'$ und Normalkomponente $\mathfrak{b}''$ liefert den gesuchten Fußpunkt mittels $S = P_2 + \mathfrak{b}'$ und die Lotlänge l mittels $l = |\mathfrak{b}''|$. Konkret (unter

Verwendung von Formeln aus Abschnitt 6.1 und von $\mathfrak{a} = (0; 3, -3, -3)^T$, $\mathfrak{b} = (0; -1, -1, 2)^T$):

$$S = P_2 + \mathfrak{b}' = P_2 + \frac{\mathfrak{a}^T \cdot \mathfrak{b}}{\mathfrak{a}^T \mathfrak{a}} \cdot \mathfrak{a}$$

$$= \begin{pmatrix} 1 \\ 2 \\ 1 \\ -1 \end{pmatrix} - \frac{6}{27} \cdot \begin{pmatrix} 0 \\ 3 \\ -3 \\ -3 \end{pmatrix}$$

$$= \begin{pmatrix} 1 \\ \frac{4}{3} \\ \frac{5}{3} \\ -\frac{1}{3} \end{pmatrix}$$

und (wegen $\mathfrak{b}'' = \mathfrak{b} - \mathfrak{b}' = \frac{1}{3} \cdot (0; -1, -5, 4)^T$)

$$l = |\mathfrak{b}''| = \frac{1}{3} \cdot \sqrt{1 + 25 + 16} = \frac{\sqrt{42}}{3}.$$

(c): Die Gegenfläche von P_2 liegt in der Ebene

$$E_1(P_1, P_3, P_4) : \ 2x + 9y - 2z = 0$$

und die Gegenfläche von P_3 in der Ebene

$$E_2(P_1, P_2, P_4) : \ 8x + 6y + 7z = 15.$$

Der Winkel α zwischen diesen beiden Ebenen (d.h., der Winkel zwischen zwei Normalenvektoren) läßt sich dann mit Hilfe der beiden Vektoren $\mathfrak{n}_1 := (0; 2, 9, -2)^T$ und $\mathfrak{n}_2 := (0; 8, 6, 7)^T$ berechnen:

$$\cos \alpha = \frac{\mathfrak{n}_1^T \cdot \mathfrak{n}_2}{|\mathfrak{n}_1| \cdot |\mathfrak{n}_2|} = \frac{56}{\sqrt{89} \cdot \sqrt{149}} \approx 0.49,$$

d.h., es gilt $\alpha \approx 1.07$ (Bogenmaß) beziehungsweise $\alpha \approx 61^o$.

Aufgabe 6.15 *(Beweis mit Hilfe des Skalarprodukts)*

Mit Hilfe von Vektoren und dem Skalarprodukt in der Anschauungsebene beweise man

(a) den Satz des Pythagoras;

(b) den Satz: Im Rhombus stehen die Diagonalen aufeinander senkrecht.

Lösung. **(a):** Im Abschnitt 6.1 wurde der Kosinussatz ($c^2 = a^2 + b^2 - 2ab \cdot \cos\gamma$) mit Hilfe des Skalarprodukts bewiesen. Indem man $\gamma = 90^o$ setzt, erhält man die Behauptung (a).

(b): Wählt man in einem Rhombus die Vektoren $\mathfrak{a}$ und $\mathfrak{b}$ wie folgt:

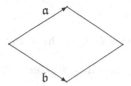

so gilt $|\mathfrak{a}| = |\mathfrak{b}|$ und die Diagonalen lassen sich mittels der Vektoren $\mathfrak{d}_1 := \mathfrak{a} - \mathfrak{b}$ und $\mathfrak{d}_2 := \mathfrak{a} + \mathfrak{b}$ beschreiben. Die Behauptung ergibt sich dann aus

$$(\mathfrak{a} - \mathfrak{b}) \cdot (\mathfrak{a} + \mathfrak{b}) = \mathfrak{a}^2 - \mathfrak{b}^2 = |\mathfrak{a}|^2 - |\mathfrak{b}|^2 = 0.$$

Aufgabe 6.16 *(Beweis mit Hilfe des Skalarprodukts)*

Man beweise: Im Parallelogramm ist die Summe der Diagonalquadrate gleich der Summe der 4 Seitenquadrate.

Lösung.   Wählt man im Parallelogramm die Vektoren $\mathfrak{a}$ und $\mathfrak{b}$ wie folgt:

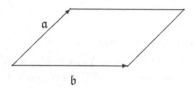

so sind die Diagonalen mittels der Vektoren $\mathfrak{d}_1 := \mathfrak{a} + \mathfrak{b}$ und $\mathfrak{d}_2 := \mathfrak{a} - \mathfrak{b}$ beschreibbar und die Behauptung folgt aus

$$\begin{aligned}
|\mathfrak{d}_1|^2 + |\mathfrak{d}_2|^2 &= (\mathfrak{a} + \mathfrak{b})^2 + (\mathfrak{a} - \mathfrak{b})^2 = \mathfrak{a}^2 + 2 \cdot \mathfrak{a} \cdot \mathfrak{b} + \mathfrak{b}^2 + \mathfrak{a}^2 - 2 \cdot \mathfrak{a} \cdot \mathfrak{b} + \mathfrak{b}^2 \\
&= 2(\mathfrak{a}^2 + \mathfrak{b}^2) \\
&= 2(|\mathfrak{a}|^2 + |\mathfrak{b}|^2).
\end{aligned}$$

Aufgabe 6.17 *(Koordinaten eines Punktes)*

Es sei $S := (A; \mathfrak{i}, \mathfrak{j})$ ein kartesisches Koordinatensystem der Anschauungsebene $\mathfrak{R}_2$. In Koordinaten bezüglich S seien die Punkte $B := (1; -3, 2)^T$ und $P := (1; 2, -3)^T$ gegeben. Wie lauten die Koordinaten von P bezüglich des Koordinatensystems $S' := (B; \mathfrak{b}_1, \mathfrak{b}_2)$, wobei die Basis $(\mathfrak{b}_1, \mathfrak{b}_2)$ aus der Basis $(\mathfrak{i}, \mathfrak{j})$ durch Drehung um den Winkel $\varphi := 60°$ im mathematisch positiven Drehsinn entsteht?

Lösung.   Offenbar gilt in Koordinaten bezüglich S:

$$\mathfrak{b}_1 = \begin{pmatrix} 0 \\ \cos\varphi \\ \sin\varphi \end{pmatrix}, \qquad \mathfrak{b}_2 = \begin{pmatrix} 0 \\ -\sin\varphi \\ \cos\varphi \end{pmatrix}.$$

Gesucht sind gewisse $x_1, x_2 \in \mathbb{R}$ mit

$$P = B + x_1 \cdot \mathfrak{b}_1 + x_2 \cdot \mathfrak{b}_2.$$

Übergang zu Koordinaten bezüglich S liefert aus obiger Gleichung die Matrizengleichung

$$\begin{pmatrix} 1 \\ 2 \\ -3 \end{pmatrix} = \begin{pmatrix} 1 \\ -3 \\ 2 \end{pmatrix} + x_1 \cdot \begin{pmatrix} 0 \\ \frac{1}{2} \\ \frac{\sqrt{3}}{2} \end{pmatrix} + x_2 \cdot \begin{pmatrix} 0 \\ -\frac{\sqrt{3}}{2} \\ \frac{1}{2} \end{pmatrix},$$

die die Lösung

$$x_1 = \frac{5}{2}(1 - \sqrt{3}), \quad x_2 = -\frac{5}{2}(1 + \sqrt{3})$$

hat. Folglich gilt in Koordinaten bezüglich S':

$$P = \begin{pmatrix} 1 \\ \frac{5}{2}(1 - \sqrt{3}) \\ -\frac{5}{2}(1 + \sqrt{3}) \end{pmatrix} \approx \begin{pmatrix} 1 \\ -1.83 \\ -6.83 \end{pmatrix}.$$

Aufgabe 6.18 *(Skalarproduktanwendung)*
Es seien $\mathfrak{a}$ und $\mathfrak{b}$ Einheitsvektoren des $\overrightarrow{V_3}$, die einen Winkel von 45° miteinander einschließen. Man bestimme den Flächeninhalt F des Parallelogramms, dessen Diagonalen durch die Vektoren $\mathfrak{d}_1 := 2\mathfrak{a} - \mathfrak{b}$ und $\mathfrak{d}_2 := 4\mathfrak{a} - 5\mathfrak{b}$ beschrieben sind.

Lösung.   Die Vektoren $\mathfrak{x}$ und $\mathfrak{y}$ seien wie folgt festgelegt:

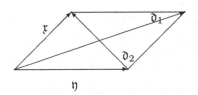

Dann gilt

$$\mathfrak{d}_1 = \mathfrak{x} + \mathfrak{y}$$
$$\mathfrak{d}_2 = \mathfrak{x} - \mathfrak{y}$$

beziehungsweise

$$2\mathfrak{a} - \mathfrak{b} = \mathfrak{x} + \mathfrak{y}$$
$$4\mathfrak{a} - 5\mathfrak{b} = \mathfrak{x} - \mathfrak{y}.$$

Folglich haben wir

$$\mathfrak{x} = 3\mathfrak{a} - 3\mathfrak{b}, \quad \mathfrak{y} = -\mathfrak{a} + 2\mathfrak{b},$$

woraus sich

$$\mathfrak{x} \times \mathfrak{y} = (3\mathfrak{a} - 3\mathfrak{b}) \times (-\mathfrak{a} + 2\mathfrak{b}) = 3 \cdot (\mathfrak{a} \times \mathfrak{b})$$

und damit (wegen $|\mathfrak{a}| = |\mathfrak{b}| = 1$)

$$|F| = |3 \cdot (\mathfrak{a} \times \mathfrak{b})| = 3 \cdot |\mathfrak{a}| \cdot |\mathfrak{b}| \cdot \sin 45^o = \frac{3}{2} \cdot \sqrt{2}$$

ergibt.

Aufgabe 6.19 *(Skalarproduktanwendung)*

Bezeichne V einen Vektorraum über dem Körper $K \in \{\mathbb{R}, \mathbb{C}\}$, auf dem ein Skalarprodukt φ definiert ist. Seien außerdem $\mathfrak{x}_1, \mathfrak{x}_2, ..., \mathfrak{x}_t \in V$ gewisse Vektoren mit der Eigenschaft $\{\mathfrak{y} \in V \,|\, \forall i \in \{1, ..., t\} : \varphi(\mathfrak{y}, \mathfrak{x}_i) = 0\} = \{\mathfrak{o}\}$. Man beweise, daß dann $\{\mathfrak{x}_1, \mathfrak{x}_2, ..., \mathfrak{x}_t\}$ ein Erzeugendensystem für V ist.

Lösung.   O.B.d.A. können wir annehmen, daß die Vektoren $\mathfrak{x}_1, \mathfrak{x}_2, ..., \mathfrak{x}_t$ linear unabhängig sind.

Sei nun der Nullvektor $\mathfrak{o}$ der einzige Vektor, der bezüglich φ orthogonal zu den $\mathfrak{x}_1, \mathfrak{x}_2, ..., \mathfrak{x}_t$ ist. Falls $\{\mathfrak{x}_1, \mathfrak{x}_2, ..., \mathfrak{x}_t\}$ kein Erzeugensystem für V bildet, gibt es einen von $\{\mathfrak{x}_1, \mathfrak{x}_2, ..., \mathfrak{x}_t\}$ linear unabhängigen Vektor $\mathfrak{x}_{t+1} \in V$. Mit Hilfe des Schmidtschen ONVs erhält man dann aus den linear unabhängigen Vektoren $\mathfrak{x}_1, \mathfrak{x}_2, ..., \mathfrak{x}_t, \mathfrak{x}_{t+1}$ gewisse orthonormierte Vektoren $\mathfrak{e}_1, \mathfrak{e}_2, ..., \mathfrak{e}_t, \mathfrak{e}_{t+1} \in V$, womit

$$\mathfrak{e}_{t+1} \in \{\mathfrak{y} \in V \,|\, \forall i \in \{1, ..., t\} : \varphi(\mathfrak{y}, \mathfrak{x}_i) = 0\},$$

im Widerspruch zur Voraussetzung.

Aufgabe 6.20 *(Eigenschaft des Vektorprodukts)*
Man beweise:

$$\forall \mathfrak{a}, \mathfrak{b}, \mathfrak{c} \in \vec{V_3} : \ (\mathfrak{a} \times \mathfrak{b}) \times \mathfrak{c} = (\mathfrak{a} \cdot \mathfrak{b}) \cdot \mathfrak{b} - (\mathfrak{b} \cdot \mathfrak{c}) \cdot \mathfrak{a}.$$

Lösung.   Obige Formel ist leicht nachzuweisen, wenn man die Vektoren $\mathfrak{a}, \mathfrak{b}, \mathfrak{c}$ in Koordinaten bezüglich der Basis $\mathfrak{i}, \mathfrak{j}, \mathfrak{k}$ angibt und die Sätze 6.1.1 und 6.6.2 verwendet.

Ein Beweis ohne Verwendung von Koordinaten findet man z.B. in dem Buch [Bre-B 66].

Aufgabe 6.21 *(Spatproduktanwendung)*
Man berechne das Volumen eines Tetraeders mit den Eckpunkten A, B, C, D, die in Koordinaten bezüglich $S := (O; \mathfrak{i}, \mathfrak{j}, \mathfrak{k})$ wie folgt angebbar sind: $A := (1; 1, 4, 4)^T$, $B := (1; -1, 3, 2)^T$, $C := (1; 0, 5, 7)^T$, $D := (1; 1, -2, 3)^T$.
Hinweis: Der Rauminhalt eines Tetraeders ist ein Sechstel des Inhalts eines Spats, der von drei seiner Seitenvektoren aufgespannt wird.

Lösung. Wählt man $\mathfrak{a} := B - A = (0; -2, -1, -2)^T$, $\mathfrak{b} := C - A = (0; -1, 1, 3)^T$ und $\mathfrak{c} := D - A = (0; 0, -6, -1)^T$, so ist das gesuchte Volumen wie folgt berechenbar:

$$\frac{1}{6} \cdot |\det(\mathfrak{a}, \mathfrak{b}, \mathfrak{c})| = \frac{45}{6} = \frac{15}{2}.$$

Aufgabe 6.22 *(Matrixnorm)*

Seien $\| \cdot \|$ eine Norm des Vektorraums $_{\mathbb{R}}\mathbb{R}^{n \times 1}$, $\mathfrak{A} \in \mathbb{R}^{n \times n}$ und $\mathfrak{x} \in \mathbb{R}^{n \times 1}$. Beweisen Sie, daß durch

$$\| \cdot \| : \mathbb{R}^{n \times n} \longrightarrow \mathbb{R}, \ \|\mathfrak{A}\| := \max_{\mathfrak{x} \neq \mathfrak{o}} \frac{\|\mathfrak{A} \cdot \mathfrak{x}\|}{\|\mathfrak{x}\|}$$

eine Norm („Matrixnorm") auf dem Vektorraum $_{\mathbb{R}}\mathbb{R}^{n \times n}$ definiert ist.

Lösung. Zu zeigen:

$$\forall \mathfrak{A}, \mathfrak{B} \in \mathbb{R}^{n \times n} \ \forall \lambda \in \mathbb{R} :$$

1) $\|\mathfrak{A}\| \geq 0$,
2) $\|\mathfrak{A}\| = 0 \iff \mathfrak{A} = \mathfrak{O}$,
3) $\|\lambda \cdot \mathfrak{A}\| = |\lambda| \cdot \|\mathfrak{A}\|$,
4) $\|\mathfrak{A} + \mathfrak{B}\| \leq \|\mathfrak{A}\| + \|\mathfrak{B}\|$.

1)–3) folgen unmittelbar aus den Voraussetzungen und der Definition der Matrixnorm. Die Aussage 4) läßt sich wie folgt beweisen:

$$\|\mathfrak{A} + \mathfrak{B}\| = \max_{\mathfrak{x} \neq \mathfrak{o}} \frac{\|(\mathfrak{A} + \mathfrak{B}) \cdot \mathfrak{x}\|}{\|\mathfrak{x}\|} = \max_{\mathfrak{x} \neq \mathfrak{o}} \frac{\|\mathfrak{A} \cdot \mathfrak{x} + \mathfrak{B} \cdot \mathfrak{x}\|}{\|\mathfrak{x}\|}$$

$$\leq \max_{\mathfrak{x} \neq \mathfrak{o}} \frac{\|\mathfrak{A} \cdot \mathfrak{x}\| + \|\mathfrak{B} \cdot \mathfrak{x}\|}{\|\mathfrak{x}\|} \leq \max_{\mathfrak{x} \neq \mathfrak{o}} \frac{\|\mathfrak{A} \cdot \mathfrak{x}\|}{\|\mathfrak{x}\|} + \max_{\mathfrak{x} \neq \mathfrak{o}} \frac{\|\mathfrak{B} \cdot \mathfrak{x}\|}{\|\mathfrak{x}\|}$$

$$= \|\mathfrak{A}\| + \|\mathfrak{B}\|.$$

$\square$

Bemerkung Beispiele und Anwendungen der oben definierten Matrixnorm findet man in den Abschnitten 14.2–14.4.

7

Aufgaben zu:
Euklidische und unitäre affine Punkträume

Aufgabe 7.1 *(Metrikeigenschaften überprüfen)*

Ist die für einen affinen Raum $\mathcal{R}$ definierte Abbildung d mit

$$d(P,Q) := \begin{cases} 0 \ \text{für} & P = Q, \\ 1 \ \text{sonst,} & \end{cases}$$

für alle $P, Q \in \mathcal{R}$ eine Metrik?

Lösung. Die Abbildung $d : \mathcal{R} \times \mathcal{R} \longrightarrow \mathbb{R}$ erfüllt offenbar die folgenden zwei Bedingungen einer Metrik:

$$\forall X, Y \in \mathcal{R}: \ d(X, Y) \geq 0,$$
$$\forall X, Y \in \mathcal{R}: \ d(X, Y) = 0 \iff X = Y.$$

Damit muß für den Beweis, daß d eine Metrik ist, nur noch

$$\forall X, Y, Z \in \mathcal{R}: \ d(X, Y) \leq d(X, Z) + d(Y, Z)$$

gezeigt werden. Seien $X, Y, Z \in \mathcal{R}$ beliebig gewählt. Für $X = Y$ gilt offenbar die Ungleichung. Im Fall $X \neq Y$ haben wir $1 \in \{d(X, Z), d(Y, Z)\}$, womit ebenfalls $d(X, Y) \leq d(X, Z) + d(Y, Z)$ gilt.

Aufgabe 7.2 *(Orthonormieren von Vektoren, Koordinatenberechnung)*

In einem 4-dimensionalen affinen Raum

$$R_4 := \{(1, x_1, x_2, x_3, x_4)^T \mid x_1, x_2, x_3, x_4 \in \mathbb{R}\}$$

mit dem zugehörigen VR $V_4 := \{(0, x_1, x_2, x_3, x_4)^T \mid x_1, x_2, x_3, x_4 \in \mathbb{R}\}$ (auf dem das Standardskalarprodukt definiert sei) über dem Körper $\mathbb{R}$ seien $P := (1, 1, -1, 0, 6)^T$, $Q := (1, 4, 2, 4, -3)^T$, $\mathfrak{a} := (0, 1, 2, -1, 0)^T$, $\mathfrak{b} := (0, 0, 1, 1, 1)^T$

D. Lau, *Übungsbuch zur Linearen Algebra und analytischen Geometrie*, 2. Aufl., Springer-Lehrbuch, DOI 10.1007/978-3-642-19278-4_7, © Springer-Verlag Berlin Heidelberg 2011

und $c := (0, 2, -1, 0, 1)^T$. Man berechne eine orthonormierte Basis $B := (e_1, e_2, e_3, e_4)$ von V_4 mit den Eigenschaften: $e_1 \in [\{a\}]$, $e_2 \in [\{a, b\}]$ und $e_3 \in [\{a, b, c\}]$. Bezüglich des kartesischen Koordinatensystems $S := (P, B)$ berechne man außerdem die Koordinaten von Q.

Lösung.   Die Vektoren a, b, c lassen sich z.B. durch den Vektor

$$\mathfrak{d} := (0; 0, 0, 0, 1)^T$$

zu einer Basis des VRs V_4 ergänzen, da $\mathrm{rg}(a, b, c, \mathfrak{d}) = 4$. Indem man das Schmidtsche Orthonormierungsverfahren (siehe Beweis von Satz 6.5.2) auf die Vektoren $a_1 := a$, $a_2 := b$, $a_3 := c$, $a_4 := \mathfrak{d}$ anwendet, erhält man die gesuchte Basis B wie folgt:

e_1:

$$e_1 = \frac{1}{\|a_1\|_\varphi} \cdot a_1 = \frac{1}{\sqrt{6}} \cdot \begin{pmatrix} 0 \\ 1 \\ 2 \\ -1 \\ 0 \end{pmatrix}.$$

e_2:

$$b_2 := a_2 - \varphi(a_2, e_1) \cdot e_1 = \begin{pmatrix} 0 \\ 0 \\ 1 \\ 1 \\ 1 \end{pmatrix} - \frac{1}{\sqrt{6}} \cdot \frac{1}{\sqrt{6}} \cdot \begin{pmatrix} 0 \\ 1 \\ 2 \\ -1 \\ 0 \end{pmatrix} = \frac{1}{6} \cdot \begin{pmatrix} 0 \\ -1 \\ 4 \\ 7 \\ 6 \end{pmatrix}$$

$$e_2 = \frac{1}{\|b_2\|_\varphi} \cdot b_2 = \frac{1}{\sqrt{102}} \cdot \begin{pmatrix} 0 \\ -1 \\ 4 \\ 7 \\ 6 \end{pmatrix}.$$

e_3:

$$b_3 = a_3 - \varphi(a_3, e_1) \cdot e_1 - \varphi(a_3, e_2) \cdot e_2 = a_3$$

$$e_3 = \frac{1}{\|b_3\|_\varphi} \cdot b_3 = \frac{1}{\sqrt{6}} \cdot \begin{pmatrix} 0 \\ 2 \\ -1 \\ 0 \\ 1 \end{pmatrix}.$$

e_4:

$$\begin{aligned} b_4 &= a_4 - \varphi(a_4, e_1) \cdot e_1 - \varphi(a_4, e_2) \cdot e_2 - \varphi(a_4, e_3) \cdot e_3 \\ &= a_4 - \tfrac{1}{17} \cdot e_2 - \tfrac{1}{6} \cdot e_3 \\ &= -\tfrac{7}{102} \cdot (0, 4, 1, 6, -7)^T \end{aligned}$$

$$\mathfrak{e}_4 = \frac{1}{\|\mathfrak{b}_4\|_\varphi} \cdot \mathfrak{b}_4 = \frac{1}{\sqrt{102}} \cdot \begin{pmatrix} 0 \\ 4 \\ 1 \\ 6 \\ -7 \end{pmatrix}.$$

Die Koordinaten x_1, x_2, x_3, x_4 von Q bezüglich des Koordinatensystems (P, B) sind die Lösungen der Gleichung

$$P + x_1\mathfrak{e}_1 + x_2\mathfrak{e}_2 + x_3\mathfrak{e}_3 + x_4\mathfrak{e}_4 = Q.$$

Ohne Verwendung von Erkennungskoordinaten kann man die obige Gleichung auch in der Form

$$(\mathfrak{e}_1, \mathfrak{e}_2, \mathfrak{e}_3, \mathfrak{e}_4) \cdot \begin{pmatrix} x_1 \\ x_2 \\ x_3 \\ x_4 \end{pmatrix} = \overrightarrow{PQ} = \begin{pmatrix} 3 \\ 3 \\ 4 \\ -9 \end{pmatrix}$$

aufschreiben. Nach Satz 7.3.1 ist $\mathfrak{B} := (\mathfrak{e}_1, \mathfrak{e}_2, \mathfrak{e}_3, \mathfrak{e}_4)$ eine orthogonale Matrix, d.h., es gilt $\mathfrak{B}^{-1} = \mathfrak{B}^T$. Damit erhalten wir

$$\begin{pmatrix} x_1 \\ x_2 \\ x_3 \\ x_4 \end{pmatrix} = \mathfrak{B}^T \cdot \begin{pmatrix} 3 \\ 3 \\ 4 \\ -9 \end{pmatrix} = \begin{pmatrix} \frac{5}{\sqrt{6}} \\ -\sqrt{\frac{17}{6}} \\ -\sqrt{6} \\ \sqrt{102} \end{pmatrix}.$$

Aufgabe 7.3 *(Abstands- und Volumenberechnungen in R_4)*

Seien R_4, V_4, P, Q, $\mathfrak{a}$, $\mathfrak{b}$ und $\mathfrak{c}$ wie in der Aufgabe 7.2 gewählt. Außerdem seien zwei Unterräume $\mathcal{E}$ und $\mathcal{E}'$ durch $\mathcal{E} = P + [\{\mathfrak{a}, \mathfrak{b}\}]$ und $\mathcal{E}' = Q + [\{\mathfrak{c}\}]$ beschrieben. Man berechne:

(a) den Abstand von P zu $\mathcal{E}'$,
(b) den Abstand von Q zu $\mathcal{E}$,
(c) ein Lot und die Fußpunkte des Lotes von $\mathcal{E}$ und $\mathcal{E}'$,
(d) den Abstand von $\mathcal{E}$ zu $\mathcal{E}'$,
(e) das Volumen des Spats $\mathrm{Sp}(P, P + \mathfrak{a}, P + \mathfrak{b}, P + \mathfrak{c})$.

Hinweis zu (c): Siehe Beweis von Satz 7.1.3.

Lösung.   **(a):** Nach Satz 7.1.2 gilt:

$$d(P, \varepsilon') = \| \underbrace{(P - Q)}_{=: \mathfrak{d}} - \underbrace{\varphi(\mathfrak{d}, \mathfrak{e})}_{\mathfrak{d}^T \cdot \mathfrak{e}} \cdot \mathfrak{e}\|,$$

wobei $\mathfrak{e} := \frac{1}{\|\mathfrak{c}\|}\mathfrak{c} = \frac{1}{\sqrt{6}}(0, 2, -1, 0, 1)^T$. Folglich

$$d(P, \varepsilon') = \|(0, -5, -2, -4, 8)^T\| = \sqrt{109}.$$

(b): Nach Satz 7.1.2 gilt

$$d(Q, \varepsilon) = \| \underbrace{(Q - P)}_{=: \mathfrak{f}} - \underbrace{\varphi(\mathfrak{f}, \mathfrak{e}_1)}_{\mathfrak{f}^T \cdot \mathfrak{e}_1} \cdot \mathfrak{e}_1 - \underbrace{\varphi(\mathfrak{f}, \mathfrak{e}_2)}_{\mathfrak{f}^T \cdot \mathfrak{e}_2} \cdot \mathfrak{e}_2 \|,$$

wobei $\mathfrak{e}_1, \mathfrak{e}_2$ eine orthonormierte Basis des Vektorraums $[\{\mathfrak{a}, \mathfrak{b}\}]$ bildet. Eine solche Basis haben wir bereits bei der Lösung von Aufgabe 7.2 bestimmt:

$$\mathfrak{e}_1 = \frac{1}{\sqrt{6}} \cdot \begin{pmatrix} 0 \\ 1 \\ 2 \\ -1 \\ 0 \end{pmatrix}, \quad \mathfrak{e}_2 = \frac{1}{\sqrt{102}} \cdot \begin{pmatrix} 0 \\ -1 \\ 4 \\ 7 \\ 6 \end{pmatrix}.$$

Folglich gilt:

$$\begin{aligned} d(Q, \varepsilon) &= \|(Q - P) - \varphi(\mathfrak{f}, \mathfrak{e}_1) \cdot \mathfrak{e}_1 - \varphi(\mathfrak{f}, \mathfrak{e}_2) \cdot \mathfrak{e}_2\| \\ &= \|(0, 2, 2, 6, -8)^T\| \\ &= \sqrt{108}. \end{aligned}$$

(c): Nach Satz 7.1.3 existiert genau ein Lot $\mathfrak{l} := \overrightarrow{SS'}$ von $\mathcal{E}$ und $\mathcal{E}'$, wobei $S \in \mathcal{E}$ und $S' \in \mathcal{E}'$ die Fußpunkte des Lotes sind. Dem Beweis von Satz 7.1.3 kann man folgende Methode zur Berechnung von S und S' entnehmen: Zunächst bestimmt man $x_1, ..., x_4 \in \mathbb{R}$ mit

$$\underbrace{x_1 \cdot \mathfrak{a} + x_2 \cdot \mathfrak{b}}_{=: \mathfrak{y} \in [\{\mathfrak{a}, \mathfrak{b}\}]} + \underbrace{x_3 \cdot \mathfrak{c}}_{=: \mathfrak{y}' \in [\{\mathfrak{c}\}]} + \underbrace{x_4 \cdot \mathfrak{d}}_{\in [\{\mathfrak{a}, \mathfrak{b}, \mathfrak{c}\}]^\perp = [\{\mathfrak{d}\}]} = \overrightarrow{PQ}, \qquad (7.1)$$

wobei $\mathfrak{d}^T := (0, 4, 1, 6, -7)^T$ (siehe Aufgabe 7.2). Das aus (7.1) folgende LGS

$$\begin{pmatrix} 1 & 0 & 2 & 4 \\ 2 & 1 & -1 & 1 \\ -1 & 1 & 0 & 6 \\ 0 & 1 & 1 & -7 \end{pmatrix} \cdot \begin{pmatrix} x_1 \\ x_2 \\ x_3 \\ x_4 \end{pmatrix} = \begin{pmatrix} 3 \\ 3 \\ 4 \\ -9 \end{pmatrix}$$

hat die Lösung $(x_1, x_2, x_3, x_4)^T = (1, -1, -1, 1)^T$.
Die gesuchten Punkte S und S' lassen sich dann wie folgt berechnen:

$$S = P + \mathfrak{y} = P + \mathfrak{a} - \mathfrak{b} = \begin{pmatrix} 1 \\ 2 \\ 0 \\ -2 \\ 5 \end{pmatrix}, \quad S' = Q - \mathfrak{y}' = Q + \mathfrak{c} = \begin{pmatrix} 1 \\ 6 \\ 1 \\ 4 \\ -2 \end{pmatrix}.$$

Folglich gilt $\mathfrak{l} = \overrightarrow{SS'} = (0, 4, 1, 6, -7)^T$.

(d): Der Abstand l von $\mathcal{E}$ und $\mathcal{E}'$ ist gleich der Norm des in (c) bestimmten Lotes: $l = \|\overrightarrow{SS'}\| = \sqrt{102}$.

(e): Das Spatvolumen berechnet sich nach der Formel aus Abschnitt 7.2 wie folgt:

$$\mathrm{Sp}(P, P+\mathfrak{a}, P+\mathfrak{b}, P+\mathfrak{c}) = \sqrt{\left| \begin{matrix} \varphi(\mathfrak{a},\mathfrak{a}) & \varphi(\mathfrak{a},\mathfrak{b}) & \varphi(\mathfrak{a},\mathfrak{c}) \\ \varphi(\mathfrak{b},\mathfrak{a}) & \varphi(\mathfrak{b},\mathfrak{b}) & \varphi(\mathfrak{b},\mathfrak{c}) \\ \varphi(\mathfrak{c},\mathfrak{a}) & \varphi(\mathfrak{c},\mathfrak{b}) & \varphi(\mathfrak{c},\mathfrak{c}) \end{matrix} \right|}$$

$$= \sqrt{\left| \begin{matrix} 6 & 1 & 0 \\ 1 & 3 & 0 \\ 0 & 0 & 6 \end{matrix} \right|}$$

$$= \sqrt{102}.$$

Aufgabe 7.4 *(Orthogonale Matrix, Beispiel zu Satz 7.3.5)*
Man bestimme $x, y, z \in \mathbb{R}$ so, daß

$$\mathfrak{A} := \frac{1}{9} \cdot \begin{pmatrix} 8 & 4 & -1 \\ -1 & 4 & 8 \\ x & y & z \end{pmatrix}$$

eine orthogonale Matrix ist. Außerdem verifiziere man Satz 7.3.5 für diese orthogonale Matrix.

Lösung. Seien $\mathfrak{a} := (0; 8, 4, -1)^T$ und $\mathfrak{b} := (0; -1, 4, 8)^T$ (in Koordinaten bezüglich $(\mathfrak{i}, \mathfrak{j}, \mathfrak{k})$). Die gesuchten Werte x, y, z kann man dann z.B. als Koordinaten eines Vektors $\frac{1}{|\mathfrak{a} \times \mathfrak{b}|} \cdot (\mathfrak{a} \times \mathfrak{b})$ bezüglich der Basis $(\mathfrak{i}, \mathfrak{j}, \mathfrak{k})$ auffassen, wobei sich $\mathfrak{a} \times \mathfrak{b}$ wie folgt berechnen läßt:

$$\left| \begin{matrix} \mathfrak{i} & \mathfrak{j} & \mathfrak{k} \\ 8 & 4 & -1 \\ -1 & 4 & 8 \end{matrix} \right| = 36 \cdot \mathfrak{i} - 63 \cdot \mathfrak{j} + 36 \cdot \mathfrak{k}.$$

Also gilt:

$$x = \frac{4}{9}, \; y = -\frac{7}{9}, \; z = \frac{4}{9}$$

und

$$\mathfrak{A} = \frac{1}{9} \cdot \begin{pmatrix} 8 & 4 & -1 \\ -1 & 4 & 8 \\ 4 & -7 & 4 \end{pmatrix}.$$

Wie man leicht nachrechnet, gilt $|\mathfrak{A}| = 1$. Zwecks Verifikation von Satz 7.3.5 haben wir damit zu zeigen, daß es gewisse $\alpha_1, \alpha_2, \alpha_3 \in \mathbb{R}$ mit

$$\mathfrak{A} = \begin{pmatrix} 1 & 0 & 0 \\ 0 & \cos\alpha_3 & -\sin\alpha_3 \\ 0 & \sin\alpha_3 & \cos\alpha_3 \end{pmatrix} \cdot \begin{pmatrix} \cos\alpha_2 & 0 & -\sin\alpha_2 \\ 0 & 1 & 0 \\ \sin\alpha_2 & 0 & \cos\alpha_2 \end{pmatrix} \cdot \begin{pmatrix} \cos\alpha_1 & -\sin\alpha_1 & 0 \\ \sin\alpha_1 & \cos\alpha_1 & 0 \\ 0 & 0 & 1 \end{pmatrix}$$

gibt. Das folgende Verfahren zum Lösen dieser Aufgabe stammt aus dem Beweis von Satz 7.3.4. Vor diesem Satz findet man auch die nachfolgend benutzten Bezeichnungen erläutert.

Wir setzen $\mathfrak{A} = (a_{ij})_{3,3}$ und $\mathfrak{A}' := (a'_{ij})_{3,3} := \mathfrak{A} \cdot \mathfrak{E}_{3;1,2}(-\alpha_1)$, wobei

$$a'_{11} = a_{11} \cdot \cos\alpha_1 - a_{12}\sin\alpha_1 \quad \text{und}$$
$$a'_{12} = a_{11} \cdot \sin\alpha_1 + a_{12}\cos\alpha_1.$$

Die Zahl α_1 ist so zu bestimmen, daß $a'_{12} = 0$ und $a'_{11} \geq 0$ gilt. Wegen $a_{11} = 8$ und $a_{12} = 4$ erhalten wir hieraus die Bedingung $\tan\alpha_1 = -\frac{1}{2}$. Mit Hilfe der Definitionen der trigonometrischen Funktionen folgt $\sin(\alpha_1) = -\frac{1}{\sqrt{5}}$ und $\cos(\alpha_1) = \frac{2}{\sqrt{5}}$.

Als nächstes bilden wir $\mathfrak{A}'' := (a''_{ij})_{3,3} := \mathfrak{A}' \cdot \mathfrak{E}_{3;1,3}(-\alpha_2)$, wobei

$$a''_{11} = a'_{11} \cdot \cos\alpha_2 - a'_{13}\sin\alpha_2 \quad \text{und}$$
$$a''_{13} = a'_{11} \cdot \sin\alpha_2 + a'_{13}\cos\alpha_2.$$

Der Wert α_2 ist dann wieder so zu bestimmen, daß $a''_{13} = 0$ und $a''_{11} \geq 0$ gilt. Wir erhalten aus diesen Bedingungen zunächst $\tan\alpha_2 = \frac{1}{\sqrt{80}}$ und hieraus $\sin\alpha_2 = \frac{1}{9}$ und $\cos\alpha_2 = \frac{\sqrt{80}}{9}$. Folglich

$$\mathfrak{A} \cdot \mathfrak{E}_{3;1,2}(-\alpha_1) \cdot \mathfrak{E}_{3;1,3}(-\alpha_2) = \begin{pmatrix} 1 & 0 & 0 \\ 0 & \frac{1}{\sqrt{5}} & \frac{2}{\sqrt{5}} \\ 0 & -\frac{2}{\sqrt{5}} & \frac{1}{\sqrt{5}} \end{pmatrix}.$$

Da $(\mathfrak{E}_{n;r,s}(-\alpha))^{-1} = \mathfrak{E}_{n;r,s}(\alpha)$ für beliebige n, r, s (siehe Abschnitt 7.3), erhalten wir

$$\mathfrak{A} = \begin{pmatrix} 1 & 0 & 0 \\ 0 & \frac{1}{\sqrt{5}} & \frac{2}{\sqrt{5}} \\ 0 & -\frac{2}{\sqrt{5}} & \frac{1}{\sqrt{5}} \end{pmatrix} \cdot \begin{pmatrix} \frac{\sqrt{80}}{9} & 0 & -\frac{1}{9} \\ 0 & 1 & 0 \\ \frac{1}{9} & 0 & \frac{\sqrt{80}}{9} \end{pmatrix} \cdot \begin{pmatrix} \frac{2}{\sqrt{5}} & \frac{1}{\sqrt{5}} & 0 \\ -\frac{1}{\sqrt{5}} & \frac{2}{\sqrt{5}} & 0 \\ 0 & 0 & 1 \end{pmatrix}.$$

Aufgaben zu:
Eigenwerte, Eigenvektoren und Normalformen von Matrizen

Für die Aufgaben 8.1–8.4 benötigt man die im Abschnitt 8.2 behandelten Eigenschaften der Polynome.

Aufgabe 8.1 *(Nullstellen eines Polynoms; Horner-Schema)*
Sei $p_4(x) := x^4 - 3x^3 - 24x^2 - 25x - 21$. Man berechne:

(a) $p_4(9)$ und $\frac{p_4(x)}{x-9}$ mittels Horner-Schema;

(b) $p_4(8)$ und $\frac{p_4(x)}{x-8}$ mittels Horner-Schema;

(c) die Nullstellen von $p_4(x)$. (Hinweis: Zwei der Nullstellen von p_4 sind ganz-zahlig.)

Lösung. **(a):** Aus dem Horner-Schema

$$
\begin{array}{r|rrrrr}
  & 1 & -3 & -24 & -25 & -21 \\
9 &   & 9 & 54 & 270 & 2205 \\
\hline
  & 1 & 6 & 30 & 245 & 2184
\end{array}
$$

ergibt sich $p_4(9) = 2184$ und

$$\frac{p_4(x)}{x-9} = x^3 + 6x^2 + 30x + 245 + \frac{2184}{x-9}.$$

(b): Aus dem Horner-Schema

$$
\begin{array}{r|rrrrr}
  & 1 & -3 & -24 & -25 & -21 \\
8 &   & 8 & 40 & 128 & 824 \\
\hline
  & 1 & 5 & 16 & 103 & 803
\end{array}
$$

ergibt sich $p_4(8) = 803$ und

$$\frac{p_4(x)}{x-8} = x^3 + 5x^2 + 16x + 103 + \frac{803}{x-8}.$$

D. Lau, *Übungsbuch zur Linearen Algebra und analytischen Geometrie*, 2. Aufl., Springer-Lehrbuch, DOI 10.1007/978-3-642-19278-4_8, © Springer-Verlag Berlin Heidelberg 2011

(c): Mittels Horner-Schema

$$
\begin{array}{r|rrrrr}
 & 1 & -3 & -24 & -25 & -21 \\
-3 & & -3 & 18 & 18 & 21 \\
\hline
 & 1 & -6 & -6 & -7 & 0 \\
7 & & 7 & 7 & 7 \\
\hline
 & 1 & 1 & 1 & 0
\end{array}
$$

erhält man zunächst $p_4(x) = (x+3)(x-7)(x^2+x+1)$ und damit die Nullstellen $x_1 = -3$ und $x_2 = 7$. Die fehlenden Nullstellen x_3 und x_4 sind komplex: $x_3 = -\frac{1}{2} + \frac{\sqrt{3}}{2} \cdot i$ und $x_4 = -\frac{1}{2} - \frac{\sqrt{3}}{2} \cdot i$.

Aufgabe 8.2 *(Eigenschaft eines Polynoms)*

Sei α eine k-fache Nullstelle des Polynoms $p(x) \in \mathfrak{P}_n$ ($k, n \in \mathbb{N}$, $n \geq 1$). Man zeige, daß dann α eine $(k-1)$-fache Nullstelle der Ableitung $p'(x)$ ist.

Lösung. Sei

$$
p_n(x) := a_n x^n + a_{n-1} x^{n-1} + \ldots + a_1 x + a_0,
$$

wobei $a_n \neq 0$. Falls α eine k-fache Nullstelle von $p_n(x)$ ist, existiert nach Satz 8.2.4 ein gewisses Polynom $q(x)$ vom Grad $n - k$ mit

$$
p_n(x) = a_n \cdot (x - \alpha)^k \cdot q(x)
$$

und $q(\alpha) \neq 0$. Bildet man mit Hilfe der Produktregel die erste Ableitung $p_n'(x)$ von $p_n(x)$, so erhält man

$$
\begin{aligned}
p_n'(x) &= a_n \cdot k \cdot (x - \alpha)^{k-1} \cdot q(x) + a_n (x - \alpha)^k \cdot q'(x) \\
&= (x - \alpha)^{k-1} \cdot a_n \cdot (k \cdot q(x) + (x - \alpha) \cdot q'(x)),
\end{aligned}
$$

woraus die Behauptung folgt.

Aufgabe 8.3 *(Eigenschaft der Nullstellen eines Polynoms)*

Man beweise: Besitzt ein Polynom p mit nur reellen Koeffizienten eine Nullstelle $z := a + b \cdot i \in \mathbb{C} \setminus \mathbb{R}$, so ist auch die konjugiert komplexe Zahl $\bar{z} = a - b \cdot i$ eine Nullstelle von p.

Lösung.   Nach den Rechenregeln für komplexe Zahlen (siehe Satz 2.3.5 und Aufgabe 2.34) gibt es zu beliebig gewählten $x, y \in \mathbb{R}$ gewisse $u, v \in \mathbb{R}$ mit

$$
p(x + y \cdot i) = u + v \cdot i, \quad p(\overline{x + y \cdot i}) = \overline{p(x + y \cdot i)} = u - v \cdot i,
$$

falls p nur reelle Koeffizienten besitzt. Speziell gilt dann $u = v = 0$, falls $x + y \cdot i$ eine Nullstelle des Polynoms p ist. Folglich gilt auch $p(x - y \cdot i) = 0$.

Aufgabe 8.4 *(Eigenschaft der Nullstellen eines Polynoms)*
Man beweise: Jedes Polynom ungeraden Grades mit nur reellen Koeffizienten besitzt mindestens eine reelle Nullstelle.

Lösung.   Offenbar ist die Behauptung für Polynome ersten Grades mit nur reellen Koeffizienten richtig.

Falls das Polynom p mit nur reellen Koeffizienten den Grad $2k + 1$ mit $k \geq 1$ hat, gibt es zu jeder komplexen Nullstelle $z \in \mathbb{C} \setminus \mathbb{R}$ des Polynoms die zugehörige konjugiert komplexe Nullstelle $\overline{z} \in \mathbb{C} \setminus \mathbb{R}$ (siehe Aufgabe 8.3), womit das Polynom p nur eine gerade Anzahl von nicht-reellen Nullstellen besitzen kann. Unsere Behauptung folgt dann aus Satz 8.2.5, wonach ein Polynom genau n Nullstellen in $\mathbb{C}$ besitzt, wenn man die Vielfachheiten der Nullstellen mitzählt. $\square$

Um die Eigenwerte der in der nächsten Aufgabe angegebenen Matrizen $\mathfrak{A}$ zu bestimmen, benutzte man Satz 8.2.1, d.h., man berechne alle $\lambda \in \mathbb{R}$, für die $|\mathfrak{A} - \lambda \cdot \mathfrak{E}_n| = 0$ gilt. Hat man einen Eigenwert λ von $\mathfrak{A} \in \mathbb{R}^{n \times n}$ ermittelt, sind die zu λ gehörenden Eigenvektoren von $\mathfrak{A}$ die nichttrivialen Lösungen des homogenen LGS $(\mathfrak{A} - \lambda \cdot \mathfrak{E}_n) \cdot \mathfrak{x} = \mathfrak{o}$.

Aufgabe 8.5 *(Eigenwerte und Eigenvektoren)*
Sei $K = \mathbb{R}$. Man berechne die Eigenwerte und die Eigenvektoren der Matrix $\mathfrak{A}$ über $\mathbb{R}$ für

(a) $\mathfrak{A} = \begin{pmatrix} 4 & 6 \\ 7 & 3 \end{pmatrix}$ (b) $\mathfrak{A} = \begin{pmatrix} 5 & 4 \\ 2 & 3 \end{pmatrix}$

(c) $\mathfrak{A} = \begin{pmatrix} 1 & 0 & 2 & 0 \\ 0 & 1 & 2 & 0 \\ 2 & 2 & 12 & 2 \\ 0 & 0 & 2 & 1 \end{pmatrix}$ (d) $\mathfrak{A} = \begin{pmatrix} 5 & -1 & -1 \\ 1 & 3 & 1 \\ -2 & 2 & 4 \end{pmatrix}$

(e) $\mathfrak{A} = \begin{pmatrix} 4 & 0 & 2 \\ -6 & 1 & -4 \\ -6 & 0 & -3 \end{pmatrix}$

Lösung.   **(a)**: Wie man leicht nachrechnet, gilt

$$|\mathfrak{A} - \lambda \cdot \mathfrak{E}_2| = \begin{vmatrix} 4 - \lambda & 6 \\ 7 & 3 - \lambda \end{vmatrix} = \lambda^2 - 7\lambda - 30 = 0$$

genau dann, wenn $\lambda \in \{10, -3\}$. Also sind $\lambda_1 = 10$, $\lambda_2 = -3$ die Eigenwerte von $\mathfrak{A}$. Die Eigenvektoren zum EW λ_1 sind die nichttrivialen Lösungen des LGS

$$(\mathfrak{A} - 10 \cdot \mathfrak{E}_2) \cdot \mathfrak{x} = \begin{pmatrix} -6 & 6 \\ 7 & -7 \end{pmatrix} \cdot \mathfrak{x} = \mathfrak{o},$$

die man durch

$$t \cdot \begin{pmatrix} 1 \\ 1 \end{pmatrix} \qquad t \in \mathbb{R} \backslash \{0\},$$

beschreiben kann. Analog erhält man die Eigenvektoren zum EW λ_2:

$$t \cdot \begin{pmatrix} 6 \\ -7 \end{pmatrix} \qquad t \in \mathbb{R} \backslash \{0\}.$$

(b): Eigenwerte: $\lambda_1 = 7$, $\lambda_2 = 1$. Eigenvektoren zum EW λ_1:

$$t \cdot \begin{pmatrix} 2 \\ 1 \end{pmatrix} \qquad t \in \mathbb{R} \backslash \{0\},$$

Eigenvektoren zum EW λ_2:

$$t \cdot \begin{pmatrix} -1 \\ 1 \end{pmatrix} \qquad t \in \mathbb{R} \backslash \{0\}.$$

(c): Eigenwerte: $\lambda_1 = 0$, $\lambda_2 = \lambda_3 = 1$, $\lambda_4 = 13$. Eigenvektoren zum EW λ_1:

$$t \cdot \begin{pmatrix} 1 \\ 1 \\ -1/2 \\ 1 \end{pmatrix} \qquad t \in \mathbb{R} \backslash \{0\},$$

Eigenvektoren zum EW λ_2:

$$t_1 \cdot \begin{pmatrix} -1 \\ 1 \\ 0 \\ 0 \end{pmatrix} + t_2 \cdot \begin{pmatrix} -1 \\ 0 \\ 0 \\ 1 \end{pmatrix} \qquad t_1, t_2 \in \mathbb{R} \backslash \{0\},$$

Eigenvektoren zum EW λ_4:

$$t \cdot \begin{pmatrix} 1 \\ 1 \\ 6 \\ 1 \end{pmatrix} \qquad t \in \mathbb{R} \backslash \{0\}.$$

(d): Eigenwerte: $\lambda_1 = 2$, $\lambda_2 = 4$, $\lambda_3 = 6$. Eigenvektoren zum EW λ_1:

$$t \cdot \begin{pmatrix} 0 \\ 1 \\ -1 \end{pmatrix} \qquad t \in \mathbb{R} \backslash \{0\},$$

Eigenvektoren zum EW λ_2:

$$t \cdot \begin{pmatrix} 1 \\ 1 \\ 0 \end{pmatrix} \qquad t \in \mathbb{R}\backslash\{0\},$$

Eigenvektoren zum EW λ_3:

$$t \cdot \begin{pmatrix} 1 \\ 0 \\ -1 \end{pmatrix} \qquad t \in \mathbb{R}\backslash\{0\}.$$

(e): Eigenwerte: $\lambda_1 = 0$, $\lambda_2 = \lambda_3 = 1$. Eigenvektoren zum EW λ_1:

$$t \cdot \begin{pmatrix} 1 \\ -2 \\ -2 \end{pmatrix} \qquad t \in \mathbb{R}\backslash\{0\},$$

Eigenvektoren zum EW $\lambda_2 = \lambda_3$:

$$t_1 \cdot \begin{pmatrix} 0 \\ 1 \\ 0 \end{pmatrix} + t_2 \cdot \begin{pmatrix} 2 \\ 0 \\ -3 \end{pmatrix} \qquad t_1, t_2 \in \mathbb{R}\backslash\{0\}.$$

$\square$

Ein allgemeines Verfahren zum Lösen der folgenden Aufgabe findet man im Abschnitt 8.4.

Aufgabe 8.6 *(Orthogonale Matrix)*

Für die in Aufgabe 8.5, (c) angegebene symmetrische Matrix $\mathfrak{A}$ berechne man eine orthogonale Matrix $\mathfrak{B}$ mit der Eigenschaft, daß $\mathfrak{B}^T \cdot \mathfrak{A} \cdot \mathfrak{B}$ eine Diagonalmatrix ist.

Lösung.   Nach Satz 8.1.4 erhält man die gesuchte Matrix $\mathfrak{B} := (\mathfrak{b}_1, \mathfrak{b}_2, \mathfrak{b}_3, \mathfrak{b}_4)$, indem man aus den zur Aufgabe 8.5, (c) bestimmten Eigenvektoren

$$\mathfrak{a}_1 := \begin{pmatrix} 1 \\ 1 \\ -1/2 \\ 1 \end{pmatrix}, \quad \mathfrak{a}_2 := \begin{pmatrix} -1 \\ 1 \\ 0 \\ 0 \end{pmatrix}, \quad \mathfrak{a}_3 := \begin{pmatrix} -1 \\ 0 \\ 0 \\ 1 \end{pmatrix}, \quad \mathfrak{a}_4 := \begin{pmatrix} 1 \\ 1 \\ 6 \\ 1 \end{pmatrix}$$

mit Hilfe des Schmidtschen Orthonormierungsverfahren (siehe Satz 6.5.2) eine orthonormierte Basis $\{\mathfrak{b}_1, \mathfrak{b}_2, \mathfrak{b}_3, \mathfrak{b}_4\}$ für $\mathbb{R}^{4 \times 1}$ berechnet, deren Elemente dann die Spalten von $\mathfrak{B}$ bilden. Man erhält:

$$b_1 := \frac{1}{\sqrt{13}} \cdot \begin{pmatrix} 2 \\ 2 \\ -1 \\ 2 \end{pmatrix}, \quad b_2 := \frac{1}{\sqrt{2}} \cdot \begin{pmatrix} -1 \\ 1 \\ 0 \\ 0 \end{pmatrix},$$

$$b_3 := \frac{1}{\sqrt{6}} \cdot \begin{pmatrix} -1 \\ -1 \\ 0 \\ 2 \end{pmatrix}, \quad b_4 := \frac{1}{\sqrt{39}} \cdot \begin{pmatrix} 1 \\ 1 \\ 6 \\ 1 \end{pmatrix}.$$

Es gilt damit

$$\mathfrak{B} = \begin{pmatrix} \frac{2}{\sqrt{13}} & \frac{-1}{\sqrt{2}} & \frac{-1}{\sqrt{6}} & \frac{1}{\sqrt{39}} \\ \frac{2}{\sqrt{13}} & \frac{1}{\sqrt{2}} & \frac{-1}{\sqrt{6}} & \frac{1}{\sqrt{39}} \\ \frac{-1}{\sqrt{13}} & 0 & 0 & \frac{6}{\sqrt{39}} \\ \frac{2}{\sqrt{13}} & 0 & \frac{2}{\sqrt{6}} & \frac{1}{\sqrt{39}} \end{pmatrix}.$$

□

Für die folgende Aufgabe benötigt man Satz 8.1.4.

Aufgabe 8.7 *(Diagonalisierbarkeit von Matrizen)*

Eine Matrix $\mathfrak{A} \in \mathbb{R}^{n \times n}$ heißt **diagonalisierbar**, wenn eine Matrix $\mathfrak{B} \in \mathbb{R}_r^{n \times n}$ mit $\mathfrak{B}^{-1} \cdot \mathfrak{A} \cdot \mathfrak{B} = \mathfrak{D}$ und $\mathfrak{D}$ ist Diagonalmatrix existiert. Man beweise, daß die Matrix

$$\mathfrak{A}_1 = \begin{pmatrix} 0 & 1 & 0 & 0 \\ 0 & 0 & 1 & 0 \\ 0 & 0 & 0 & 1 \\ -6 & 1 & 7 & -1 \end{pmatrix} \in \mathbb{R}^{4 \times 4}$$

diagonalisierbar ist und gebe eine Matrix $\mathfrak{B} \in \mathbb{R}^{4 \times 4}$ an, die mittels $\mathfrak{B}^{-1} \cdot \mathfrak{A}_1 \cdot \mathfrak{B}$ die Matrix $\mathfrak{A}_1$ in eine Diagonalmatrix überführt. Man begründe außerdem die Nichtdiagonalisierbarkeit der Matrix

$$\mathfrak{A}_2 = \begin{pmatrix} 1 & 0 & 1 \\ 0 & 1 & 0 \\ 0 & 0 & 1 \end{pmatrix} \in \mathbb{R}^{3 \times 3}.$$

Lösung. Zum Nachweis der Diagonalisierbarkeit von $\mathfrak{A}_1$ hat man zu zeigen, daß es 4 l.u. EVen zu den EWen von $\mathfrak{A}_1$ gibt.

Die EWe von $\mathfrak{A}_1$ sind: $\lambda_1 = 1$, $\lambda_2 = -1$, $\lambda_3 = 2$ und $\lambda_4 = -3$. Hieraus lassen sich dann die Eigenräume

$$L_{\mathfrak{A}_1}(\lambda_1) = \{(t \cdot (1, 1, 1, 1)^T \mid t \in \mathbb{R}\},$$

$$L_{\mathfrak{A}_1}(\lambda_2) = \{(t \cdot (1, -1, 1, -1)^T \mid t \in \mathbb{R}\},$$

$$L_{\mathfrak{A}_1}(\lambda_3) = \{(t \cdot (1, 2, 4, 8)^T \mid t \in \mathbb{R}\},$$

$$L_{\mathfrak{A}_1}(\lambda_4) = \{(t \cdot (1, -3, 9, -27)^T \mid t \in \mathbb{R}\}$$

berechnen. Wie man leicht nachprüft, ist

$$\mathfrak{B} := \begin{pmatrix} 1 & 1 & 1 & 1 \\ 1 & -1 & 2 & -3 \\ 1 & 1 & 4 & 9 \\ 1 & -1 & 8 & -27 \end{pmatrix}$$

eine reguläre Matrix, die – nach Satz 8.1.4 – mittels $\mathfrak{B}^{-1} \cdot \mathfrak{A}_1 \cdot \mathfrak{B}$ die Matrix $\mathfrak{A}_1$ in eine Diagonalmatrix überführt (mit den EWen in der Hauptdiagonalen), womit $\mathfrak{A}_1$ diagonalisierbar ist.

$\mathfrak{A}_2$ ist nicht diagonalisierbar, da $|\mathfrak{A}_2 - \lambda \cdot \mathfrak{E}_3| = (1 - \lambda)^3$ und der Eigenraum

$$L_{\mathfrak{A}_2}(1) = \{t_1 \cdot (1,0,0)^T + t_2 \cdot (0,1,0)^T \,|\, t_1, t_2 \in \mathbb{R}\}$$

nur die Dimension 2 hat, womit keine drei l.u. EVen der Matrix $\mathfrak{A}_2$ existieren, was nach Satz 8.1.4 aber eine notwendige Bedingung für Diagonalisierbarkeit ist.

Aufgabe 8.8 *(Satz 8.5.7 für $n = 2$; Jordansche Normalformen für $(2,2)$-Matrizen)*

Sei $\mathfrak{A} \in \mathbb{R}^{2 \times 2}$. Man zeige:

(a) Besitzt $\mathfrak{A}$ einen Eigenwert $\lambda \in \mathbb{R}$ mit $\dim L_{\mathfrak{A}}(\lambda) = 2$, so existiert eine reguläre Matrix $\mathfrak{B}$ mit $\mathfrak{B}^{-1} \cdot \mathfrak{A} \cdot \mathfrak{B} = \begin{pmatrix} \lambda & 0 \\ 0 & \lambda \end{pmatrix}$.

(b) Besitzt $\mathfrak{A}$ einen Eigenwert $\lambda \in \mathbb{R}$ mit $\dim L_{\mathfrak{A}}(\lambda) = 1$, so existiert eine reguläre Matrix $\mathfrak{B}$ mit $\mathfrak{B}^{-1} \cdot \mathfrak{A} \cdot \mathfrak{B} = \begin{pmatrix} \lambda & 1 \\ 0 & \lambda \end{pmatrix}$.

(c) Besitzt $\mathfrak{A}$ zwei verschiedene Eigenwerte $\lambda_1, \lambda_2 \in \mathbb{R}$, so existiert eine reguläre Matrix $\mathfrak{B}$ mit $\mathfrak{B}^{-1} \cdot \mathfrak{A} \cdot \mathfrak{B} = \begin{pmatrix} \lambda_1 & 0 \\ 0 & \lambda_2 \end{pmatrix}$.

(d) Besitzt $\mathfrak{A}$ keinen Eigenwert $\lambda \in \mathbb{R}$, so existiert eine reguläre Matrix $\mathfrak{B}$ mit $\mathfrak{B}^{-1} \cdot \mathfrak{A} \cdot \mathfrak{B} = \begin{pmatrix} 0 & -d \\ 1 & s \end{pmatrix}$, wobei s die Spur von $\mathfrak{A}$ ist und $d := \det \mathfrak{A}$.

Lösung. Bekanntlich hat ein Polynom zweiten Grades mit reellen Koeffizienten entweder zwei reelle Nullstellen oder zwei Nullstellen $\in \mathbb{C} \backslash \mathbb{R}$. Hat also $\mathfrak{A}$ nur einen reellen Eigenwert, so hat dieser die Vielfachheit 2, womit in der obigen Aufgabe bei (a) und (b) die Matrix $\mathfrak{A}$ in $\mathbb{C}$ nur den Eigenwert λ besitzt. Sei nachfolgend

$$\mathfrak{B} := (\mathfrak{b}_1, \mathfrak{b}_2).$$

(a): Wegen $\dim L_{\mathfrak{A}}(\lambda) = 2$ findet man zwei l.u. EVen zum EW λ und (a) folgt aus Satz 8.1.4.

(c) folgt ebenfalls aus Satz 8.1.4, wenn man $L_{\mathfrak{A}}(\lambda_1) \cap L_{\mathfrak{A}}(\lambda_2) = \{\mathfrak{o}\}$ zeigen kann. Angenommen, es existiert ein $\mathfrak{x} \in (L_\mathfrak{A}(\lambda_1) \cap L_\mathfrak{A}(\lambda_1)) \setminus \{\mathfrak{o}\}$. Dann ist $\mathfrak{x}$ sowohl EV zum EW λ_1 als auch zum EW λ_2. Folglich gilt $\mathfrak{A} \cdot \mathfrak{x} = \lambda_1 \cdot \mathfrak{x}$ und $\mathfrak{A} \cdot \mathfrak{x} = \lambda_2 \cdot \mathfrak{x}$. Folglich haben wir $\lambda_1 \cdot \mathfrak{x} = \lambda_2 \cdot \mathfrak{x}$ bzw. $(\lambda_1 - \lambda_2) \cdot \mathfrak{x} = \mathfrak{o}$, was wegen $\lambda_1 \neq \lambda_2$ nur für $\mathfrak{x} = \mathfrak{o}$ gelten kann, im Widerspruch zu unserer Annahme. Also ist jede Matrix $\mathfrak{B} := (\mathfrak{b}_1, \mathfrak{b}_2)$, wobei $\mathfrak{b}_i$ EV zum EW λ_i für $i = 1, 2$ ist, regulär und $\mathfrak{B}^{-1} \cdot \mathfrak{A} \cdot \mathfrak{B} = \begin{pmatrix} \lambda_1 & 0 \\ 0 & \lambda_2 \end{pmatrix}$ folgt aus Satz 8.1.4.

(b): Zunächst eine kleine Vorüberlegung: Angenommen, $\mathfrak{B}^{-1} \cdot \mathfrak{A} \cdot \mathfrak{B} = \begin{pmatrix} \lambda & 1 \\ 0 & \lambda \end{pmatrix}$. Dann gilt $\mathfrak{A} \cdot \mathfrak{B} = (\mathfrak{A} \cdot \mathfrak{b}_1, \mathfrak{A} \cdot \mathfrak{b}_2) = (\lambda \cdot \mathfrak{b}_1, \mathfrak{b}_1 + \lambda \cdot \mathfrak{b}_2)$, d.h., $\mathfrak{b}_1$ ist EV zum EW λ und $\mathfrak{A} \cdot \mathfrak{b}_2 = \mathfrak{b}_1 + \lambda \cdot \mathfrak{b}_2$.

Die nachfolgende Lösungsmöglichkeit für Aufgabe (b) ist so gewählt, daß man am Spezialfall eine allgemeine Lösungsidee für (n, n)-Matrizen $\mathfrak{A}$ mit n$\geq$ 3 und dem charakteristischen Polynom $|\mathfrak{A} - x \cdot \mathfrak{E}| = (\lambda - x)^n$ erkennen kann. Wir betrachten sogenannte *verallgemeinerte Eigenräume*

$$L_\mathfrak{A}^i(\lambda) := \{\mathfrak{x} \in \mathbb{R}^{2 \times 2} \mid (\mathfrak{A} - \lambda \cdot \mathfrak{E})^i \cdot \mathfrak{x} = \mathfrak{o}\}.$$

für $i = 1, 2, \dots.$ Offenbar gilt

$$L_\mathfrak{A}(\lambda) = L_\mathfrak{A}^1(\lambda) \subseteq L_\mathfrak{A}^2(\lambda) \subseteq L_\mathfrak{A}^3(\lambda) \subseteq \dots \subseteq \mathbb{R}^{2 \times 2}.$$

Nach dem Satz von Cayley-Hamilton (Satz 8.2.11) ist nun $(\mathfrak{A} - \lambda \cdot \mathfrak{E})^2 = \mathfrak{O}_{2,2}$, womit

$$L_\mathfrak{A}(\lambda) = L_\mathfrak{A}^1(\lambda) \subset L_\mathfrak{A}^2(\lambda) = \mathbb{R}^{2 \times 2}.$$

Folglich existiert ein $\mathfrak{b}_2 \in \mathbb{R}^{2 \times 2} \setminus L_\mathfrak{A}(\lambda)$. Wählt man dann $\mathfrak{b}_1 := (\mathfrak{A} - \lambda \cdot \mathfrak{E}) \cdot \mathfrak{b}_2$, so gehört $\mathfrak{b}_1$ wegen

$$(\mathfrak{A} - \lambda \cdot \mathfrak{E}) \cdot \mathfrak{b}_1 = (\mathfrak{A} - \lambda \cdot \mathfrak{E})^2 \cdot \mathfrak{b}_2 = \mathfrak{o}$$

zu $L_\mathfrak{A}(\lambda)$. Nach Konstruktion sind $\mathfrak{b}_1, \mathfrak{b}_2$ l.u. und damit die Matrix $\mathfrak{B} := (\mathfrak{b}_1, \mathfrak{b}_2)$ regulär. Man rechnet nun leicht nach, daß die so gewählte Matrix $\mathfrak{B}$ das unter (b) Gewünschte leistet:
Wegen $\mathfrak{b}_1 := (\mathfrak{A} - \lambda \cdot \mathfrak{E}) \cdot \mathfrak{b}_2$ gilt $\mathfrak{A} \cdot \mathfrak{b}_2 = \mathfrak{b}_1 + \lambda \cdot \mathfrak{b}_2$. Folglich haben wir

$$\mathfrak{A} \cdot \mathfrak{B} = (\mathfrak{A} \cdot \mathfrak{b}_1, \mathfrak{A} \cdot \mathfrak{b}_2) = (\lambda \cdot \mathfrak{b}_1, \mathfrak{b}_1 + \lambda \cdot \mathfrak{b}_2)$$

und damit (wegen $\mathfrak{B}^{-1} \cdot \mathfrak{b}_1 = (1, 0)^T$ und $\mathfrak{B}^{-1} \cdot \mathfrak{b}_2 = (0, 1)^T$)

$$\mathfrak{B}^{-1} \cdot \mathfrak{A} \cdot \mathfrak{B} = \begin{pmatrix} \lambda & 1 \\ 0 & \lambda \end{pmatrix},$$

was zu zeigen war.

(d): Sei nachfolgend $\mathfrak{A} := (a_{ij})_{2,2} \in \mathbb{R}^{n \times n}$ eine Matrix, die keine EWe in $\mathbb{R}$ besitzt, $d := |\mathfrak{A}|$ und $s := a_{11} + a_{22}$.
Eine Idee für die weiter unten angegebene Konstruktion der gesuchten Matrix

$\mathfrak{B}$ liefert die folgende **Vorbemerkung**:

Angenommen, es gibt eine Matrix $\mathfrak{B} := (\mathfrak{b}_1, \mathfrak{b}_2) \in \mathbb{R}^{2\times 2}$ mit $\mathfrak{B}^{-1} \cdot \mathfrak{A} \cdot \mathfrak{B} = \begin{pmatrix} 0 & -d \\ 1 & s \end{pmatrix}$. Folglich $\mathfrak{A} \cdot \mathfrak{B} = \mathfrak{B} \cdot \begin{pmatrix} 0 & -d \\ 1 & s \end{pmatrix}$, woraus sich zunächst

$$(\mathfrak{A} \cdot \mathfrak{b}_1, \mathfrak{A} \cdot \mathfrak{b}_2) = (\mathfrak{b}_2, -d \cdot \mathfrak{b}_1 + s \cdot \mathfrak{b}_2)$$

und dann

$$\mathfrak{b}_2 = \mathfrak{A} \cdot \mathfrak{b}_1 \quad \text{und} \quad \mathfrak{A} \cdot \mathfrak{b}_2 = -d \cdot \mathfrak{b}_1 + s \cdot \mathfrak{b}_2$$

ergibt. Aus obigen zwei Gleichungen folgt dann

$$\mathfrak{A}^2 \cdot \mathfrak{b}_1 + d \cdot \mathfrak{b}_1 - s \cdot \mathfrak{A} \cdot \mathfrak{b}_1 = \mathfrak{o}$$

beziehungsweise

$$(\mathfrak{A}^2 - s \cdot \mathfrak{A} + d \cdot \mathfrak{E}_2) \cdot \mathfrak{b}_1 = \mathfrak{o}.$$

Also: Unter der Annahme der Existenz einer Matrix $\mathfrak{B}$ mit den geforderten Eigenschaften, haben wir erhalten, daß die erste Spalte von $\mathfrak{B}$ eine nichttriviale Lösung der homogenen Gleichung $(\mathfrak{A}^2 - s \cdot \mathfrak{A} + d \cdot \mathfrak{E}_2) \cdot \mathfrak{x} = \mathfrak{o}$ ist und sich $\mathfrak{b}_2$ aus $\mathfrak{b}_1$ mittels $\mathfrak{b}_2 := \mathfrak{A} \cdot \mathfrak{b}_1$ ergibt.

Die Existenz der Matrix $\mathfrak{B}$ läßt sich nun wie folgt begründen:
Bekanntlich gilt

$$|\mathfrak{A} - x \cdot \mathfrak{E}_2| = x^2 - s \cdot x + d.$$

Nach dem Satz von Cayley-Hamilton folgt hieraus

$$\mathfrak{A}^2 - s \cdot \mathfrak{A} + d \cdot \mathfrak{E}_2 = \mathfrak{O}_{2,2}.$$

Folglich besitzt die Gleichung

$$(\mathfrak{A}^2 - s \cdot \mathfrak{A} + d \cdot \mathfrak{E}_2) \cdot \mathfrak{x} = \mathfrak{o}$$

eine nichttriviale Lösung $\mathfrak{b}_1$ und $\mathfrak{b}_2 := \mathfrak{A} \cdot \mathfrak{b}_1$ ist von $\mathfrak{b}_1$ linear unabhängig, wie man sich wie folgt überlegen kann:
Angenommen, $\mathfrak{b}_2 = \alpha \cdot \mathfrak{b}_1$ für ein gewisses $\alpha \in \mathbb{R}$. Dann gilt aber auch $\mathfrak{A} \cdot \mathfrak{b}_1 = \alpha \cdot \mathfrak{b}_1$, womit $\alpha \in \mathbb{R}$ Eigenwert von $\mathfrak{A}$ ist, was laut Voraussetzung nicht sein kann. Also ist $\mathfrak{b}_2$ nicht linear abhängig von $\mathfrak{b}_1$.
Die gesuchte Matrix $\mathfrak{B}$ ist dann $\mathfrak{B} := (\mathfrak{b}_1, \mathfrak{b}_2)$, da nach Konstruktion $|\mathfrak{B}| \neq 0$ und

$$\mathfrak{B}^{-1} \cdot \mathfrak{A} \cdot \mathfrak{B} = \mathfrak{B}^{-1} \cdot (\mathfrak{A} \cdot \mathfrak{b}_1, \mathfrak{A} \cdot \mathfrak{b}_2) = \mathfrak{B}^{-1} \cdot (\mathfrak{b}_2, \underbrace{\mathfrak{A}^2 \cdot \mathfrak{b}_1}_{-d \cdot \mathfrak{b}_1 + s \cdot \mathfrak{b}_2}) = \begin{pmatrix} 0 & -d \\ 1 & s \end{pmatrix}.$$

Aufgabe 8.9 *(Eigenschaft von Eigenwerten)*

Seien $\mathfrak{A} \in \mathbb{C}^{n\times n}$ und λ ein EW von $\mathfrak{A}$. Man zeige, daß λ^r für jedes $r \in \mathbb{N}$ ein EW von $\mathfrak{A}^r$ ist. Außerdem gebe man ein Beispiel dafür an, daß die Vielfachheit von λ^r als EW von $\mathfrak{A}^r$ größer sein kann als die Vielfachheit von λ als EW von $\mathfrak{A}$.

Lösung.   Sei $\mathfrak{x}$ ein EV zum EW λ von $\mathfrak{A}$, d.h., es gilt $\mathfrak{A} \cdot \mathfrak{x} = \lambda \cdot \mathfrak{x}$. Durch vollständige Induktion über r läßt sich

$$\forall r \in \mathbb{R} : \mathfrak{A}^r \cdot \mathfrak{x} = \lambda^r \cdot \mathfrak{x}$$

wie folgt zeigen:

(I) Für $r = 1$ gilt die Behauptung laut Voraussetzung.

(II) Angenommen, die Behauptung ist für $r = k \geq 1$ richtig. Dann haben wir:

$$\mathfrak{A}^{k+1} \cdot \mathfrak{x} = \mathfrak{A} \cdot (\mathfrak{A}^k \cdot \mathfrak{x}) = \mathfrak{A} \cdot (\lambda^k \cdot \mathfrak{x}) = \lambda^k \cdot (\mathfrak{A} \cdot \mathfrak{x}) = \lambda^k \cdot (\lambda \cdot \mathfrak{x}) = \lambda^{k+1} \cdot \mathfrak{x},$$

q.e.d.

Wählt man $\mathfrak{A} = \begin{pmatrix} 1 & 0 \\ 0 & -1 \end{pmatrix}$, so hat $\mathfrak{A}$ die EWe 1 und -1. $\mathfrak{A}^2 = \mathfrak{E}_2$ hat dagegen nur den EW 1 mit der Vielfachheit 2.

Aufgabe 8.10 *(Eigenschaft von Eigenwerten)*
Sei $\mathfrak{A} \in K^{n \times n}$. Man beweise:

(a) $\mathfrak{A}$ und $\mathfrak{A}^T$ haben die gleichen Eigenwerte.

(b) Sind $K = \mathbb{R}$, $\mathfrak{A}$ orthogonal und λ ein EW von $\mathfrak{A}$, so ist $\lambda \neq 0$ und $\frac{1}{\lambda}$ ebenfalls ein EW von $\mathfrak{A}$.

Lösung.

(a): Die Behauptung folgt (unter Verwendung von Satz 3.1.4) aus

$$|\mathfrak{A} - \lambda \cdot \mathfrak{E}_n| = |(\mathfrak{A} - \lambda \cdot \mathfrak{E}_n)^T| = |\mathfrak{A}^T - \lambda \cdot \mathfrak{E}_n|.$$

(b): Da $\mathfrak{A}$ orthogonal, ist $|\mathfrak{A}| \neq 0$. Folglich hat das LGS $\mathfrak{A} \cdot \mathfrak{x} = \mathfrak{o}$ nur die triviale Lösung, womit 0 kein EW von $\mathfrak{A}$ ist.

Sei $\mathfrak{x}$ EV von $\mathfrak{A}$ zum EW λ. Aus der Gleichung $\mathfrak{A} \cdot \mathfrak{x} = \lambda \cdot \mathfrak{x}$ folgt durch Multiplikation mit $\mathfrak{A}^T$ wegen der Orthogonalität von $\mathfrak{A}$

$$\mathfrak{x} = \lambda \cdot \mathfrak{A}^T \cdot \mathfrak{x}.$$

Division durch λ und die bewiesene Aussage (a) ergeben, daß $\frac{1}{\lambda}$ EW von $\mathfrak{A}$ ist.

Aufgabe 8.11 *(Eigenschaft des charakteristischen Polynoms)*
Man beweise: Es sei $n \in \mathbb{N}$ gerade, $\mathfrak{A} \in \mathbb{C}^{n \times n}$ und $\mathfrak{A} = -\mathfrak{A}^T$. Dann treten in dem charakteristischen Polynom von $\mathfrak{A}$ nur gerade λ-Potenzen auf.

Lösung.   Sei

$$f(\lambda) := |\mathfrak{A} - \lambda \cdot \mathfrak{E}| := \lambda^n + \alpha_1 \cdot \lambda^{n-1} + \ldots + \alpha_{n-1} \cdot \lambda + \alpha_n.$$

Wegen $\mathfrak{A} = -\mathfrak{A}^T$ und n gerade gilt dann (unter Verwendung bekannter Rechenregeln für Matrizen und Determinanten):

$$
\begin{aligned}
f(\lambda) &= |-\mathfrak{A}^T - \lambda \cdot \mathfrak{E}| \\
&= |(-\mathfrak{A} - \lambda \cdot \mathfrak{E})^T| \\
&= |-\mathfrak{A} - \lambda \cdot \mathfrak{E}| \\
&= (-1)^n \cdot |\mathfrak{A} + \lambda \cdot \mathfrak{E}| \\
&= |\mathfrak{A} - (-\lambda) \cdot \mathfrak{E}|,
\end{aligned}
$$

d.h., es ist $f(\lambda) = f(-\lambda)$, womit f eine gerade Funktion ist. Folglich haben wir

$$
\begin{aligned}
f(\lambda) &= \\
|\mathfrak{A} - \lambda \cdot \mathfrak{E}| &:= \lambda^n + \alpha_1 \cdot \lambda^{n-1} + \alpha_2 \cdot \lambda^{n-2} + \dots + \alpha_{n-2} \cdot \lambda^2 + \alpha_{n-1} \cdot \lambda + \alpha_n \\
&= f(-\lambda) = \\
|\mathfrak{A} - \lambda \cdot \mathfrak{E}| &:= \lambda^n - \alpha_1 \cdot \lambda^{n-1} + \alpha_2 \cdot \lambda^{n-2} - \dots + \alpha_{n-2} \cdot \lambda^2 - \alpha_{n-1} \cdot \lambda + \alpha_n.
\end{aligned}
$$

Mittels Koeffizientenvergleich ergibt sich hieraus die Behauptung

$$
\alpha_1 = \alpha_3 = \alpha_5 = \dots = \alpha_{n-1} = 0.
$$

Aufgabe 8.12 *(Eigenschaft von Eigenwerten)*
Für $\mathfrak{A} \in \mathbb{C}^{n \times n}$ seien $n-1$ Eigenwerte bekannt. Wie kann man dann einen weiteren Eigenwert von $\mathfrak{A}$ bestimmen?

Lösung. *Erste Möglichkeit:* Sei $|\mathfrak{A} - \lambda \mathfrak{E}| = (-\lambda)^n + a_{n-1} \cdot \lambda^{n-1} + \dots + a_1 \cdot \lambda + a_0$. Nach dem Vietaschen Wurzelsatz (Satz 8.2.6) gilt dann

$$
a_{n-1} = -(\lambda_1 + \lambda_2 + \dots + \lambda_n).
$$

Sind also $\lambda_1, \lambda_2, \dots, \lambda_{n-1}$ bekannt, so erhält man λ_n durch

$$
\lambda_n := -a_{n-1} - \lambda_1 - \lambda_2, \dots - \lambda_{n-1}.
$$

Zweite Möglichkeit: Falls $|\mathfrak{A}| := |a_{ij}|_n$, gilt nach Satz 8.2.9, (b)

$$
a_{11} + a_{22} + \dots + a_{nn} = \lambda_1 + \lambda_2 + \dots + \lambda_n.
$$

Folglich

$$
\lambda_n := \sum_{i=1}^{n} a_{ii} - \sum_{j=1}^{n-1} \lambda_j.
$$

Aufgabe 8.13 *(Eigenschaft von Eigenwerten)*
Man beweise, daß $\mathfrak{A} \in K^{n \times n}$ genau dann regulär ist, wenn 0 kein Eigenwert von $\mathfrak{A}$ ist.

Lösung.   Ist $\mathfrak{A}$ regulär, so hat die Matrixgleichung $\mathfrak{A} \cdot \mathfrak{x} = \mathfrak{o}$ nur die triviale Lösung $\mathfrak{x} = \mathfrak{o}$, womit 0 kein EW von $\mathfrak{A}$ sein kann.
Ist umgekehrt 0 kein EW von $\mathfrak{A}$, so gibt es kein $\mathfrak{x} \neq \mathfrak{o}$ mit $\mathfrak{A} \cdot \mathfrak{x} = \mathfrak{o}$. Folglich hat diese Matrixgleichung nur die triviale Lösung. Nach den Lösbarkeitskriterien für LGS (siehe die Sätze 3.4.4 und 3.4.5) geht dies nur, wenn $\mathrm{rg}\mathfrak{A} = n$, d.h., $|\mathfrak{A}| \neq 0$, gilt.   □

Ein Lösungsverfahren mit Beispielen für die folgende Aufgabe findet man im Abschnitt 8.5 nach Satz 8.5.5.

Aufgabe 8.14 *(Jordansche Normalform von Matrizen)*

Für die folgende Matrix $\mathfrak{A}$ berechne man eine Jordan-Matrix $\mathfrak{J}$ sowie eine reguläre Matrix $\mathfrak{B}$ mit $\mathfrak{B}^{-1} \cdot \mathfrak{A} \cdot \mathfrak{B} = \mathfrak{J}$.

(a)

$$\mathfrak{A} := \begin{pmatrix} 7 & 1 & -8 & -1 \\ 0 & 3 & 0 & 0 \\ 4 & 2 & -5 & -1 \\ 0 & -4 & 0 & -1 \end{pmatrix}$$

(b)

$$\mathfrak{A} := \begin{pmatrix} 8 & -3 & -2 & -2 \\ 1 & 7 & -2 & -1 \\ 1 & -2 & 5 & -2 \\ -1 & 0 & 2 & 8 \end{pmatrix},$$

(c)

$$\mathfrak{A} := \begin{pmatrix} 2 & -2 & 1 & -4 & -3 & -21 \\ 3 & 29 & 0 & 19 & 31 & 217 \\ 0 & -3 & 2 & 0 & -3 & -21 \\ 0 & 6 & -1 & 6 & 7 & 49 \\ 42 & -34 & 60 & 26 & -36 & -266 \\ -6 & 1 & -8 & -6 & 1 & 9 \end{pmatrix}.$$

Hinweis zu (c): Es gilt $|\mathfrak{A} - \lambda \cdot \mathfrak{E}_6| = (2 - \lambda)^6$.

Lösung.   Aus Platzgründen sind nachfolgend nur die Ergebnisse angegeben.

(a): Es gilt

$$
\begin{pmatrix} -1 & 0 & 1 & 0 \\ 0 & 1 & 0 & 0 \\ 1 & 0 & -2 & -1 \\ 0 & 1 & 0 & 1 \end{pmatrix} \cdot \mathfrak{A} \cdot \begin{pmatrix} -2 & 1 & 1 & 1 \\ 0 & 1 & 0 & 0 \\ -1 & 1 & -1 & -1 \\ 0 & -1 & 0 & 1 \end{pmatrix} = \begin{pmatrix} 3 & 1 & 0 & 0 \\ 0 & 3 & 0 & 0 \\ 0 & 0 & -1 & 1 \\ 0 & 0 & 0 & -1 \end{pmatrix} .
$$

(b): Es gilt

$$
\begin{pmatrix} -1 & 0 & 1 & 0 \\ 0 & 1 & 0 & 0 \\ 1 & 0 & -2 & -1 \\ 0 & 1 & 0 & 1 \end{pmatrix} \cdot \mathfrak{A} \cdot \begin{pmatrix} -2 & 1 & 1 & 1 \\ 0 & 1 & 0 & 0 \\ -1 & 1 & -1 & -1 \\ 0 & -1 & 0 & 1 \end{pmatrix} = \begin{pmatrix} 7 & 1 & 0 & 0 \\ 0 & 7 & 1 & 0 \\ 0 & 0 & 7 & 1 \\ 0 & 0 & 0 & 7 \end{pmatrix} .
$$

(c): Setzt man

$$
\mathfrak{B} := \begin{pmatrix} -2 & 0 & 1 & -1 & 0 & 0 \\ 27 & 1 & -9 & 4 & -1 & 0 \\ -3 & 0 & 1 & 0 & 0 & 0 \\ 6 & 0 & -2 & 1 & 0 & 0 \\ -34 & 14 & 16 & -4 & 1 & -7 \\ 1 & -2 & -1 & 0 & 0 & 1 \end{pmatrix},
$$

dann gilt

$$
\mathfrak{B}^{-1} := \begin{pmatrix} 1 & 0 & 1 & 1 & 0 & 0 \\ 0 & 1 & 0 & 0 & 1 & 7 \\ 3 & 0 & 4 & 3 & 0 & 0 \\ 0 & 0 & 2 & 1 & 0 & 0 \\ 0 & 0 & -1 & 4 & 1 & 7 \\ 2 & 2 & 3 & 2 & 2 & 15 \end{pmatrix}
$$

und

$$
\mathfrak{B}^{-1} \cdot \mathfrak{A} \cdot \mathfrak{B} = \begin{pmatrix} 2 & 1 & 0 & 0 & 0 & 0 \\ 0 & 2 & 1 & 0 & 0 & 0 \\ 0 & 0 & 2 & 0 & 0 & 0 \\ 0 & 0 & 0 & 2 & 1 & 0 \\ 0 & 0 & 0 & 0 & 2 & 0 \\ 0 & 0 & 0 & 0 & 0 & 2 \end{pmatrix} .
$$

Aufgabe 8.15 *(Lösen von Differentialgleichungssystemen mit Hilfe Jordan-scher Normalformen von Matrizen)*
Seien $y, y_1, ..., y_n$ nachfolgend die Bezeichnungen für differenzierbare Funktionen mit einem gewissen Definitionsbereich $A \subseteq \mathbb{R}$. Die Ableitungen dieser Funktionen seien mit $y', y_1', ..., y_n'$ bezeichnet. Außerdem seien $\alpha, C \in \mathbb{R}$ und f eine über A stetige Funktion. Wie man leicht nachprüft, ist dann $y(x) = C \cdot e^{\alpha \cdot x}$ für jedes $C \in \mathbb{R}$ eine Lösung der Differentialgleichung $y'(x) = \alpha \cdot y(x)$, und $y(x) = C \cdot e^{\alpha \cdot x} + e^{\alpha \cdot x} \cdot (\int f(x) \cdot e^{-\alpha \cdot x} \, dx)$ für beliebiges

$C \in \mathbb{R}$ eine Lösung der Differentialgleichung $y'(x) - \alpha \cdot y(x) = f(x)$. Diese Lösungsformeln kann man benutzen, um ein Differentialgleichungssystem (mit den unbekannten Funktionen $y_1, ..., y_n$ und gegebener Konstanten α) der Form

$$
\begin{aligned}
y_1'(x) &= \alpha \cdot y_1(x) \\
y_2'(x) &= \quad y_1(x) + \alpha \cdot y_2(x) \\
y_3'(x) &= \qquad\qquad y_2(x) + \alpha \cdot y_3(x) \\
&\cdots\cdots\cdots\cdots\cdots\cdots\cdots\cdots\cdots\cdots\cdots \\
y_n'(x) &= \qquad\qquad\qquad\qquad y_{n-1}(x) + \alpha \cdot y_n(x)
\end{aligned}
$$

zu lösen. Man berechne eine Lösung des obigen Differentialgleichungssystems für $n = 3$ und $\alpha = 2$.

Es sei nun $\mathfrak{y}' := (y_1'(x), y_2'(x), ..., y_n'(x))^T$, $\mathfrak{y} := (y_1(x), y_2(x), ..., y_n(x))^T$ und $\mathfrak{A} \in \mathbb{R}^{n \times n}$. Zwecks Lösung der Gleichung $\mathfrak{y}' = \mathfrak{A} \cdot \mathfrak{y}$ kann man $\mathfrak{y} = \mathfrak{B} \cdot \mathfrak{z}$ mit einer geeigneten regulären Matrix $\mathfrak{B}$ substituieren und erhält aus $\mathfrak{y}' = \mathfrak{A} \cdot \mathfrak{y}$ die Gleichung $\mathfrak{z}' = \mathfrak{B}^{-1} \cdot \mathfrak{A} \cdot \mathfrak{B} \cdot \mathfrak{z}$ mit der neuen Unbekannten $\mathfrak{z} := (z_1(x), ..., z_n(x))^T$. Wie hat man $\mathfrak{B}$ zu wählen, um zunächst $\mathfrak{z}$ und dann $\mathfrak{y}$ bestimmen zu können?

Lösung.   Die Lösung des Differentialgleichungssystems

$$
\begin{aligned}
y_1'(x) &= 2 \cdot y_1(x) \\
y_2'(x) &= \quad y_1(x) + 2 \cdot y_2(x) \\
y_3'(x) &= \qquad\qquad y_2(x) + 2 \cdot y_3(x)
\end{aligned}
$$

erhält man wie folgt:

Man ermittelt zuerst die Lösung der ersten Gleichung:

$$
y_1(x) = C_1 \cdot e^{2x},
$$

wobei $C_1 \in \mathbb{R}$ eine beliebige Konstante bezeichnet. Einsetzen dieser Lösung in die zweite Gleichung ergibt

$$
y_2'(x) = C_1 \cdot e^{2x} + 2 \cdot y_2(x).
$$

Die Lösung dieser Differentialgleichung ist

$$
y_2(x) = (C_1 \cdot x + C_2) \cdot e^{2x},
$$

wobei C_2 ebenfalls eine beliebig wählbare Konstante aus $\mathbb{R}$ ist. Setzt man diese Lösung in die letzte Gleichung ein, erhält man die Differentialgleichung

$$
y_3'(x) = (C_1 \cdot x + C_2) \cdot e^{2x} + 2 \cdot y_3(x).
$$

Offenbar ist dann für eine beliebig wählbare Konstante $C_3 \in \mathbb{R}$:

$$
y_3(x) = \left(\frac{C_1}{2} \cdot x^2 + C_2 \cdot x + C_3\right) \cdot e^{2x}.
$$

Obige Lösungsmethode funktioniert auch, wenn anstelle von

$$\mathfrak{y}' = \begin{pmatrix} 2 & 0 & 0 \\ 1 & 2 & 0 \\ 0 & 1 & 2 \end{pmatrix} \cdot \mathfrak{y}$$

ein Differentialgleichungssystem der Form

$$\mathfrak{y}' = \begin{pmatrix} 2 & 1 & 0 \\ 0 & 2 & 1 \\ 0 & 0 & 2 \end{pmatrix} \cdot \mathfrak{y}$$

gelöst werden soll. Entweder löst man die Gleichungen von unten nach oben oder man ändert die Reihenfolge der Gleichungen und der Summanden in den Gleichungen.

Die Koeffizientenmatrix der letzten Matrixgleichung ist ein spezielles Jordankästchen.

Indem man diese Beobachtung verallgemeinert, erhält man die folgende Lösungsmethode für ein Differentialgleichungssystem der Form

$$\mathfrak{y}' = \mathfrak{A} \cdot \mathfrak{y},$$

wobei $\mathfrak{A} \in \mathbb{R}^{n \times n}$:

Man bestimmt zunächst eine reguläre Matrix $\mathfrak{B} \in \mathbb{R}^{n \times n}$ so, daß $\mathfrak{B}^{-1} \cdot \mathfrak{A} \cdot \mathfrak{B}$ eine Jordan-Matrix $\mathfrak{J}$ ist (siehe dazu Abschnitt 8.5). Mittels der Substitution $\mathfrak{y} = \mathfrak{B} \cdot \mathfrak{z}$ erhält man aus $\mathfrak{y}' = \mathfrak{A} \cdot \mathfrak{y}$ das leicht lösbare Differentialgleichungssystem $\mathfrak{z}' = \mathfrak{B}^{-1} \cdot \mathfrak{A} \cdot \mathfrak{B} \cdot \mathfrak{z} = \mathfrak{J} \cdot \mathfrak{z}$ mit der Unbekannten $\mathfrak{z}$. Die gesuchte Lösung $\mathfrak{y}$ ist dann durch $\mathfrak{y} = \mathfrak{B} \cdot \mathfrak{z}$ berechenbar.

Aufgaben zu:
Hyperflächen 2. Ordnung

Die folgenden zwei Aufgaben löse man mit Hilfe des am Ende von Abschnitt 9.2 angegebenen Verfahrens „Hauptachsentransformation". Zu diesem Verfahren findet man im Abschnitt 9.2 außerdem fünf Beispiele.

Aufgabe 9.1 *(Normalformen von Kurven zweiter Ordnung)*
Man berechne für die folgende Kurve zweiter Ordnung T_i ($i \in \{1, 2, ..., 5\}$) eine Normalform. Insbesondere gebe man die zugehörigen Koordinatentransformationen und die Art der Kurve an. Außerdem skizziere man die Kurve im x, y-Koordinatensystem.

(a) $T_1 : 7x^2 - y^2 + 6xy + 52x + 4y + 58 = 0$,

(b) $T_2 : 6x^2 + 3y^2 + 4xy - 4x + 8y + 9 = 0$,

(c) $T_3 : x^2 + y^2 + 8xy - 10x + 20y - 35 = 0$,

(d) $T_4 : x^2 + 7y^2 + 2\sqrt{7}xy - 2y = 0$,

(e) $T_5 : 2x^2 + 2y^2 - 4xy + 2x + 6y = 0$.

Lösung. Bei den nachfolgend kurz geschilderten Lösungsschritten werden zunächst die in den Matrizendarstellungen $\mathfrak{x}^T \cdot \mathfrak{A} \cdot \mathfrak{x} + 2 \cdot \mathfrak{b}^T \cdot \mathfrak{x} + c = 0$ für T_i vorkommenden Matrizen $\mathfrak{A}$ und $\mathfrak{b}$ sowie die Konstante c angegeben. Anschließend folgen einige Zwischenschritte der Hauptachsentransformation und dann die Lösung.

(a): Es gilt

$$\mathfrak{A} = \begin{pmatrix} 7 & 3 \\ 3 & -1 \end{pmatrix}, \ \mathfrak{b} = \begin{pmatrix} 26 \\ 2 \end{pmatrix}, \ c = 58.$$

Wegen $\operatorname{rg}\mathfrak{A} = 2$ liegt Fall 1 vor. Die Eigenwerte der Matrix $\mathfrak{A}$ sind

$$\lambda_1 := 8, \ \lambda_2 := -2.$$

Mit Hilfe der Koordinatentransformation

D. Lau, *Übungsbuch zur Linearen Algebra und analytischen Geometrie*, 2. Aufl., Springer-Lehrbuch, DOI 10.1007/978-3-642-19278-4_9, © Springer-Verlag Berlin Heidelberg 2011

$$\mathfrak{x} = \mathfrak{c} + \mathfrak{B} \cdot \mathfrak{x}'' = \begin{pmatrix} -2 \\ -4 \end{pmatrix} + \frac{1}{\sqrt{10}} \cdot \begin{pmatrix} 3 & -1 \\ 1 & 3 \end{pmatrix} \cdot \mathfrak{x}''$$

kann die Kurve T_1 beschrieben werden durch

$$4x''^2 - y''^2 = 1,$$

d.h., T_1 ist eine Hyperbel.

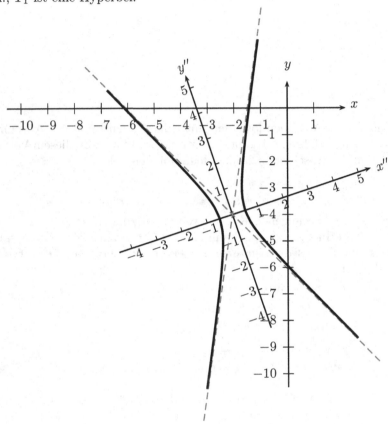

(b): Es gilt

$$\mathfrak{A} = \begin{pmatrix} 6 & 2 \\ 2 & 3 \end{pmatrix}, \; \mathfrak{b} = \begin{pmatrix} -2 \\ 4 \end{pmatrix}, \; c = 9.$$

Wegen $\operatorname{rg} \mathfrak{A} = 2$ liegt Fall 1 vor. Die Eigenwerte der Matrix $\mathfrak{A}$ sind

$$\lambda_1 := 7, \; \lambda_2 := 2.$$

Mit Hilfe der Koordinatentransformation

$$\mathfrak{x} = \mathfrak{c} + \mathfrak{B} \cdot \mathfrak{x}'' = \begin{pmatrix} 1 \\ -2 \end{pmatrix} + \frac{1}{\sqrt{5}} \cdot \begin{pmatrix} 2 & -1 \\ 1 & 2 \end{pmatrix} \cdot \mathfrak{x}''$$

kann die Kurve T_2 beschrieben werden durch

$$7x''^2 + 2y''^2 = 1,$$

d.h., T_2 ist eine Ellipse.

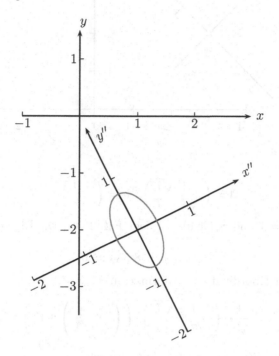

(c): Es gilt

$$\mathfrak{A} = \begin{pmatrix} 1 & 4 \\ 4 & 1 \end{pmatrix}, \; \mathfrak{b} = \begin{pmatrix} -5 \\ 10 \end{pmatrix}, \; c = -35.$$

Wegen $\operatorname{rg}\mathfrak{A} = 2$ liegt Fall 1 vor. Die Eigenwerte der Matrix $\mathfrak{A}$ sind

$$\lambda_1 := 5, \; \lambda_2 := -3.$$

Mit Hilfe der Koordinatentransformation

$$\mathfrak{x} = \mathfrak{c} + \mathfrak{B} \cdot \mathfrak{x}'' = \begin{pmatrix} -3 \\ 2 \end{pmatrix} + \frac{1}{\sqrt{2}} \cdot \begin{pmatrix} 1 & -1 \\ 1 & 1 \end{pmatrix} \cdot \mathfrak{x}''$$

kann die Kurve T_3 beschrieben werden durch

$$5x''^2 - 3y''^2 = 0,$$

d.h., T_3 besteht aus zwei sich schneidenden Geraden.

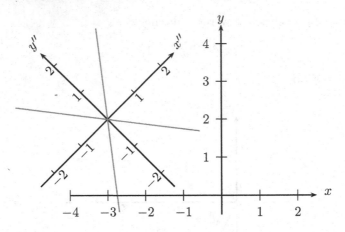

(d): Es gilt

$$\mathfrak{A} = \begin{pmatrix} 1 & \sqrt{7} \\ \sqrt{7} & 7 \end{pmatrix}, \; \mathfrak{b} = \begin{pmatrix} 0 \\ -1 \end{pmatrix}, \; c = 0.$$

Wegen $\operatorname{rg}\mathfrak{A} = 1$ und $\operatorname{rg}(\mathfrak{A}, \mathfrak{b}) = 2$ liegt Fall 2 vor. Die Eigenwerte der Matrix $\mathfrak{A}$ sind

$$\lambda_1 := 8, \; \lambda_2 := 0.$$

Mit Hilfe der Koordinatentransformation

$$\mathfrak{x} = \mathfrak{B} \cdot (\mathfrak{c} + \mathfrak{x}'') = \frac{1}{\sqrt{8}} \cdot \begin{pmatrix} 1 & -\sqrt{7} \\ \sqrt{7} & 1 \end{pmatrix} \cdot \left(\begin{pmatrix} \frac{\sqrt{7}}{16\sqrt{2}} \\ -\frac{7\sqrt{2}}{64} \end{pmatrix} + \mathfrak{x}'' \right) \approx \begin{pmatrix} 0.186 \\ 0.055 \end{pmatrix} + \mathfrak{B} \cdot \mathfrak{x}''$$

kann die Kurve T_4 beschrieben werden durch

$$8x''^2 - \frac{1}{\sqrt{2}} y'' = 0,$$

d.h., T_4 ist eine Parabel.

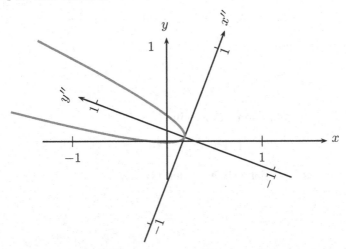

(e): Es gilt

$$\mathfrak{A} = \begin{pmatrix} 2 & -2 \\ -2 & 2 \end{pmatrix}, \; \mathfrak{b} = \begin{pmatrix} 1 \\ 3 \end{pmatrix}, \; c = 0.$$

Wegen $\operatorname{rg} \mathfrak{A} = 1$ und $\operatorname{rg}(\mathfrak{A}, \mathfrak{b}) = 2$ liegt Fall 2 vor. Die Eigenwerte der Matrix $\mathfrak{A}$ sind

$$\lambda_1 := 4, \; \lambda_2 := 0.$$

Mit Hilfe der Koordinatentransformation

$$\mathfrak{x} = \mathfrak{B} \cdot (\mathfrak{c} + \mathfrak{x}'') = \frac{1}{\sqrt{2}} \cdot \begin{pmatrix} 1 & 1 \\ -1 & 1 \end{pmatrix} \cdot \left(\begin{pmatrix} \frac{1}{2\sqrt{2}} \\ \frac{\sqrt{2}}{16} \end{pmatrix} + \mathfrak{x}'' \right) = \begin{pmatrix} \frac{5}{16} \\ -\frac{3}{16} \end{pmatrix} + \mathfrak{B} \cdot \mathfrak{x}''$$

kann die Kurve T_5 beschrieben werden durch

$$4x''^2 + \frac{8}{\sqrt{2}} y'' = 0,$$

d.h., T_5 ist eine Parabel.

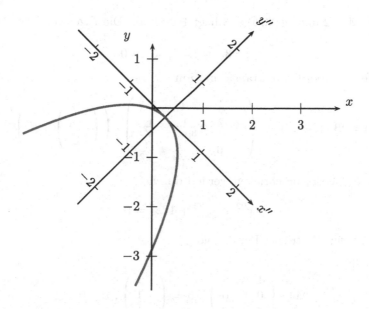

Aufgabe 9.2 *(Normalformen von Flächen zweiter Ordnung)*

Man berechne für die folgende Fläche zweiter Ordnung T_i ($i \in \{1, 2, ..., 6\}$) eine Normalform. Insbesondere gebe man die zugehörigen Koordinatentransformationen und die Art der Fläche an.

(a) $T_1:\ 3x^2 + 3y^2 + 3z^2 + 4\sqrt{2}xz - 2yz - 12x - 6\sqrt{2}y + 6\sqrt{2}z - 1 = 0$,

(b) $T_2:\ x^2 + y^2 + 16z^2 + 8xz + 2x - 2y + 2z = 0$,

(c) $T_3:\ x^2 + y^2 + 2xy + 4x - 2y + 6z + 183 = 0$,

(d) $T_4:\ x^2 + 9y^2 + 16z^2 - 6xy - 8xz + 24yz + 2x - 12y - 16z + 1 = 0$,

(e) $T_5:\ xy + xz + yz + x + y + z = 0$,

(f) $T_6:\ 3x^2 + 3y^2 + 6xy + 2x + 2y - 4z + 3 = 0$.

Lösung.   **(a):** Es gilt

$$\mathfrak{A} = \begin{pmatrix} 3 & 0 & 2\sqrt{2} \\ 0 & 3 & -1 \\ 2\sqrt{2} & -1 & 3 \end{pmatrix}, \quad \mathfrak{b} = \begin{pmatrix} -6 \\ -3\sqrt{2} \\ 3\sqrt{2} \end{pmatrix}, \quad c = -1.$$

Wegen $\mathrm{rg}\,\mathfrak{A} = 2$ und $\mathrm{rg}\,(\mathfrak{A}, \mathfrak{b}) = 3$ liegt Fall 2 vor. Die Eigenwerte der Matrix $\mathfrak{A}$ sind

$$\lambda_1 := 3, \ \lambda_2 := 6, \ \lambda_3 := 0.$$

Mit Hilfe der Koordinatentransformation

$$\mathfrak{x} = \mathfrak{B} \cdot (\mathfrak{c} + \mathfrak{x}'') = \cdot \begin{pmatrix} \frac{1}{3} & \frac{2}{3} & -\frac{2}{3} \\ \frac{2 \cdot \sqrt{2}}{3} & -\frac{1}{3 \cdot \sqrt{2}} & \frac{1}{3 \cdot \sqrt{2}} \\ 0 & \frac{1}{\sqrt{2}} & \frac{1}{\sqrt{2}} \end{pmatrix} \cdot \left(\begin{pmatrix} -2 \\ 0 \\ \frac{11}{12} \end{pmatrix} + \mathfrak{x}'' \right)$$

kann die Fläche T_1 beschrieben werden durch

$$3x''^2 + 6y''^2 + 12z'' = 0,$$

d.h., T_1 ist ein elliptisches Paraboloid.

(b): Es gilt

$$\mathfrak{A} = \begin{pmatrix} 1 & 0 & 4 \\ 0 & 1 & 0 \\ 4 & 0 & 16 \end{pmatrix}, \quad \mathfrak{b} = \begin{pmatrix} 1 \\ -1 \\ 1 \end{pmatrix}, \quad c = 0.$$

Wegen $\mathrm{rg}\,\mathfrak{A} = 2$ und $\mathrm{rg}\,(\mathfrak{A}, \mathfrak{b}) = 3$ liegt Fall 2 vor. Die Eigenwerte der Matrix $\mathfrak{A}$ sind $\lambda_1 := 1$, $\lambda_2 := 17$, $\lambda_3 := 0$. Mit Hilfe der Koordinatentransformation

$$\mathfrak{x} = \mathfrak{B} \cdot (\mathfrak{c} + \mathfrak{x}'') = \frac{1}{\sqrt{17}} \cdot \begin{pmatrix} 0 & 1 & -4 \\ \sqrt{17} & 0 & 0 \\ 0 & 4 & 1 \end{pmatrix} \cdot \left(\begin{pmatrix} 1 \\ -\frac{5}{17\sqrt{17}} \\ -\frac{157\sqrt{17}}{867} \end{pmatrix} + \mathfrak{x}'' \right)$$

$$= \frac{1}{867} \cdot \begin{pmatrix} 613 \\ 867 \\ -217 \end{pmatrix} + \frac{1}{\sqrt{17}} \cdot \begin{pmatrix} 0 & 1 & -4 \\ \sqrt{17} & 0 & 0 \\ 0 & 4 & 1 \end{pmatrix} \cdot \mathfrak{x}''$$

kann die Fläche T_2 beschrieben werden durch

$$x''^2 + 17y''^2 - \frac{6}{\sqrt{17}} z'' = 0,$$

d.h., T_2 ist ein elliptisches Paraboloid.

(c): Es gilt

$$\mathfrak{A} = \begin{pmatrix} 1 & 1 & 0 \\ 1 & 1 & 0 \\ 0 & 0 & 0 \end{pmatrix}, \quad \mathfrak{b} = \begin{pmatrix} 2 \\ -1 \\ 3 \end{pmatrix}, \quad c = 183.$$

Wegen $\mathrm{rg}\,\mathfrak{A} = 1$ und $\mathrm{rg}\,(\mathfrak{A}, \mathfrak{b}) = 2$ liegt Fall 2 vor. Die Eigenwerte der Matrix $\mathfrak{A}$ sind $\lambda_1 := 2$, $\lambda_2 := 0$, $\lambda_3 := 0$. Mit Hilfe der Koordinatentransformation

$$\mathfrak{x} = \mathfrak{B} \cdot (\mathfrak{c} + \mathfrak{x}'') = \frac{1}{\sqrt{6}} \cdot \begin{pmatrix} \sqrt{3} & -\sqrt{2} & 1 \\ \sqrt{3} & \sqrt{2} & -1 \\ 0 & \sqrt{2} & 2 \end{pmatrix} \cdot \left(\begin{pmatrix} -\frac{1}{2\sqrt{2}} \\ 0 \\ \frac{\sqrt{6}}{18} \cdot (\frac{1}{2\sqrt{2}} - 183) \end{pmatrix} + \mathfrak{x}'' \right)$$

$$\approx \begin{pmatrix} -10.4 \\ 9.9 \\ -20.29 \end{pmatrix} + \frac{1}{\sqrt{6}} \cdot \begin{pmatrix} \sqrt{3} & -\sqrt{2} & 1 \\ \sqrt{3} & \sqrt{2} & -1 \\ 0 & \sqrt{2} & 2 \end{pmatrix} \cdot \mathfrak{x}''$$

kann die Fläche T_3 beschrieben werden durch

$$2x''^2 + 3\sqrt{6}z'' = 0,$$

d.h., T_3 ist ein parabolischer Zylinder.

(d): Es gilt

$$\mathfrak{A} = \begin{pmatrix} 1 & -3 & -4 \\ -3 & 9 & 12 \\ -4 & 12 & 16 \end{pmatrix}, \quad \mathfrak{b} = \begin{pmatrix} 1 \\ -6 \\ -8 \end{pmatrix}, \quad c = 1.$$

Wegen $\mathrm{rg}\,\mathfrak{A} = 1$ und $\mathrm{rg}\,(\mathfrak{A}, \mathfrak{b}) = 2$ liegt Fall 2 vor. Die Eigenwerte der Matrix $\mathfrak{A}$ sind $\lambda_1 := 26$, $\lambda_2 := 0$, $\lambda_3 := 0$. Mit Hilfe der Koordinatentransformation

$$\mathfrak{x} = \mathfrak{B} \cdot (\mathfrak{c} + \mathfrak{x}'') =$$

$$\frac{1}{\sqrt{650}} \cdot \begin{pmatrix} -\sqrt{25} & 0 & 25 \\ 3\sqrt{25} & 4\sqrt{26} & 3 \\ 4\sqrt{25} & -3\sqrt{26} & 4 \end{pmatrix} \cdot \left(\begin{pmatrix} \frac{51}{26\sqrt{26}} \\ 0 \\ (\frac{51}{26\sqrt{26}} + 3)\sqrt{0.26} \end{pmatrix} + \mathfrak{x}'' \right)$$

$$\approx \begin{pmatrix} 1.7 \\ 5.4 \\ 0.57 \end{pmatrix} + \frac{1}{\sqrt{650}} \cdot \begin{pmatrix} -5 & 0 & 25 \\ 15 & 4\sqrt{26} & 3 \\ 20 & -3\sqrt{26} & 4 \end{pmatrix} \cdot \mathfrak{x}''$$

kann die Fläche T_4 beschrieben werden durch

$$26x''^2 - 50\sqrt{650}z'' = 0,$$

d.h., T_4 ist ein parabolischer Zylinder.

(e): Es gilt

$$\mathfrak{A} = \begin{pmatrix} 0 & \frac{1}{2} & \frac{1}{2} \\ \frac{1}{2} & 0 & \frac{1}{2} \\ \frac{1}{2} & \frac{1}{2} & 0 \end{pmatrix}, \quad \mathfrak{b} = \begin{pmatrix} \frac{1}{2} \\ \frac{1}{2} \\ \frac{1}{2} \end{pmatrix}, \quad c = 0.$$

Wegen $\operatorname{rg}\mathfrak{A} = 3$ liegt Fall 1 vor. Die Eigenwerte der Matrix $\mathfrak{A}$ sind $\lambda_1 := 2$, $\lambda_2 := -1$, $\lambda_3 := -1$. Mit Hilfe der Koordinatentransformation

$$\mathfrak{x} = \mathfrak{c} + \mathfrak{B} \cdot \mathfrak{x}'' = \begin{pmatrix} -\frac{1}{2} \\ -\frac{1}{2} \\ -\frac{1}{2} \end{pmatrix} + \frac{1}{\sqrt{6}} \cdot \begin{pmatrix} \sqrt{2} & -\sqrt{3} & -1 \\ \sqrt{2} & \sqrt{3} & -1 \\ \sqrt{2} & 0 & 2 \end{pmatrix} \cdot \mathfrak{x}''$$

kann die Kurve T_5 beschrieben werden durch

$$2x''^2 - y''^2 - z''^2 = \frac{3}{2},$$

d.h., T_5 ist ein zweischaliges Hyperboloid.

(f): Es gilt

$$\mathfrak{A} = \begin{pmatrix} 3 & 3 & 0 \\ 3 & 3 & 0 \\ 0 & 0 & 0 \end{pmatrix}, \quad \mathfrak{b} = \begin{pmatrix} 1 \\ 1 \\ -2 \end{pmatrix}, \quad c = 3.$$

Wegen $\operatorname{rg}\mathfrak{A} = 1$ und $\operatorname{rg}(\mathfrak{A}, \mathfrak{b}) = 2$ liegt Fall 2 vor. Die Eigenwerte der Matrix $\mathfrak{A}$ sind $\lambda_1 := 6$, $\lambda_2 = \lambda_3 := 0$. Mit Hilfe der Koordinatentransformation

$$\mathfrak{x} = \mathfrak{B} \cdot (\mathfrak{c} + \mathfrak{x}'') = \begin{pmatrix} \frac{1}{\sqrt{2}} & \frac{1}{\sqrt{2}} & 0 \\ \frac{1}{\sqrt{2}} & -\frac{1}{\sqrt{2}} & 0 \\ 0 & 0 & 1 \end{pmatrix} \cdot \left(\begin{pmatrix} -\frac{1}{3\sqrt{2}} \\ 0 \\ \frac{2}{3} \end{pmatrix} + \mathfrak{x}'' \right) = \begin{pmatrix} -\frac{1}{6} \\ -\frac{1}{6} \\ \frac{2}{3} \end{pmatrix} + \mathfrak{B} \cdot \mathfrak{x}''$$

kann die Fläche T_6 beschrieben werden durch

$$6x''^2 - 4z'' = 0,$$

d.h., T_6 ist ein parabolischer Zylinder.

Aufgabe 9.3 *(Kurve zweiter Ordnung)*

Gegeben seien zwei Koordinatensysteme $S := (A; \mathfrak{i}, \mathfrak{j})$ und $S' := (A', \mathfrak{a}, \mathfrak{b})$ der Ebene, wobei $A' := A + 3 \cdot \mathfrak{i} + \mathfrak{j}$, $\mathfrak{a} := \frac{1}{2} \cdot \mathfrak{i} + \frac{\sqrt{3}}{2} \cdot \mathfrak{j}$ und $\mathfrak{b} := -\frac{\sqrt{3}}{2} \cdot \mathfrak{i} + \frac{1}{2} \cdot \mathfrak{j}$. Weiter sei bezüglich des Koordinatensystems S' eine Ellipse

$$E : \frac{1}{4} \cdot x'^2 + y'^2 = 1$$

gegeben. Berechnen Sie die beschreibende Gleichung für E bezüglich des Koordinatensystems S.

Lösung. Zwischen den Koordinaten $\mathfrak{x}$ eines Punktes $X \in \mathfrak{R}_2$ bezüglich S und den Koordinaten $\mathfrak{x}'$ bezüglich S' besteht folgender Zusammenhang:

$$\mathfrak{x} = \begin{pmatrix} 3 \\ 1 \end{pmatrix} + \frac{1}{2} \cdot \begin{pmatrix} 1 & -\sqrt{3} \\ \sqrt{3} & 1 \end{pmatrix} \cdot \mathfrak{x}'$$

beziehungsweise

$$x' = \tfrac{1}{2} \cdot (x + \sqrt{3}y) - \tfrac{3}{2} - \tfrac{\sqrt{3}}{2},$$
$$y' = \tfrac{1}{2} \cdot (-\sqrt{3}x + y) + \tfrac{3\sqrt{3}}{2} - \tfrac{1}{2}.$$

Einsetzen obiger Gleichungen in die vorgegebene Ellipsengleichung liefert die beschreibende Gleichung von E bezüglich S:

$$E : 13x^2 + 7y^2 - 6\sqrt{3}xy + (-78 + 6\sqrt{3})x + (-14 + 18\sqrt{3})y + 108 - 18\sqrt{3} = 0.$$

Aufgabe 9.4 *(Kurve zweiter Ordnung)*

Gegeben seien zwei Koordinatensysteme $S := (A; \mathfrak{i}, \mathfrak{j})$ und $S' := (A', \mathfrak{a}, \mathfrak{b})$ der Ebene, wobei $A' := A + \mathfrak{i} - \mathfrak{j}$, $\mathfrak{a} := \frac{\sqrt{2}}{2} \cdot \mathfrak{i} + \frac{\sqrt{2}}{2} \cdot \mathfrak{j}$ und $\mathfrak{b} := \frac{\sqrt{2}}{2} \cdot \mathfrak{i} - \frac{\sqrt{2}}{2} \cdot \mathfrak{j}$. Weiter sei bezüglich des Koordinatensystems S' eine Parabel

$$P : x'^2 - 2 \cdot y' = 0$$

gegeben. Berechnen Sie die beschreibende Gleichung für P bezüglich des Koordinatensystems S.

Lösung. Zwischen den Koordinaten $\mathfrak{x}$ eines Punktes $X \in \mathfrak{R}_2$ bezüglich S und den Koordinaten $\mathfrak{x}'$ bezüglich S' besteht folgender Zusammenhang:

$$\mathfrak{x} = \begin{pmatrix} 1 \\ -1 \end{pmatrix} + \frac{1}{\sqrt{2}} \cdot \begin{pmatrix} 1 & 1 \\ 1 & -1 \end{pmatrix} \cdot \mathfrak{x}'$$

beziehungsweise

$$x' = \tfrac{1}{\sqrt{2}} \cdot (x + y),$$
$$y' = \tfrac{1}{\sqrt{2}} \cdot (x - y) - \sqrt{2}.$$

Einsetzen obiger Gleichungen in die vorgegebene Parabelgleichung liefert die beschreibende Gleichung von P bezüglich S:

$$P: \frac{1}{2}x^2 + xy + \frac{1}{2}y^2 - \sqrt{2}x + \sqrt{2}y + 2\sqrt{2} = 0.$$

Aufgabe 9.5 *(Zeichnen von Ellipsen und Hyperbeln)*

Zeichnen (*nicht* skizzieren) Sie

(a) die Ellipse $E: \frac{x^2}{25} + \frac{y^2}{9} = 1$;

(b) die Hyperbel $H: \frac{x^2}{25} - \frac{y^2}{9} = 1$ und ihre Asymptoten.

Außerdem gebe man die Parameterdarstellungen der Ellipse und Hyperbel an.

Lösung.   Die Parameterdarstellungen sind:

$$E: \ x = 5 \cdot \cos\varphi, \ y = 3 \cdot \sin\varphi, \ \varphi \in [0, 2 \cdot \pi)$$

und

$$H: \ x = 5 \cdot \cosh t, \ y = 3 \cdot \sinh t, \ t \in \mathbb{R}.$$

Für eine Zeichnung der Ellipse E per Hand kann man zur Konstruktion einiger Punkte mit Zirkel und Lineal die nach Lemma 9.3.4 angegebene Methode nutzen. Ebenfalls hilfreich für eine solche Skizze ist das Zeichnen von Krümmungskreisen (siehe Literatur).

Die nachfolgende Zeichnung, in der auch die Hyperbel H und ihre Asymptoten $y =. \pm \frac{3}{5}x$ eingezeichnet sind, wurde mit Latex unter Verwendung von pstricks und pst-plot gezeichnet.

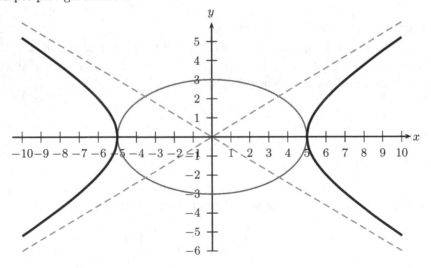

Aufgabe 9.6 *(Schnitte einer Fläche zweiter Ordnung mit Geraden und Ebenen)*

Für die durch $F : \frac{1}{4}x^2 + \frac{1}{9}y^2 - z^2 = 1$ gegebene Fläche 2. Ordnung bestimme man

(a) ihre Schnittpunkte mit der Geraden $g : X = (1; 4, 9, 2)^T + t \cdot (0; 2, 6, 1)^T$,

(b) ihre Schnittkurve S mit der Ebene $E : y + 3z - 3 = 0$,

(c) die Gestalt von S und das singuläre Gebilde von S.

Lösung. **(a):** Indem man in der Gleichung $\frac{1}{4}x^2 + \frac{1}{9}y^2 - z^2 = 1$ die Variable x durch $4 + 2 \cdot t$, y durch $9 + 6 \cdot t$ sowie z durch $2 + t$ ersetzt, erhält man nach einigen Umformungen die Gleichung $t^2 + 3t + 2 = 0$ mit den Lösungen $t_1 = -1$ und $t_2 = -2$. Folglich sind $S_1 := (1; 4, 9, 2)^T - (0; 2, 6, 1)^T = (1; 2, 3, 1)^T$ und $S_2 := (1; 4, 9, 2)^T - 2 \cdot (0; 2, 6, 1)^T = (1, 0, -3, 0)^T$ die gesuchten Schnittpunkte der Geraden g mit der Fläche F.

(b): Ersetzt man y in der Gleichung $\frac{1}{4}x^2 + \frac{1}{9}y^2 - z^2 = 1$ durch $3 - 3z$, erhält man nach einigen Umformungen $z = \frac{1}{8}x^2$. Die Schnittkurve S wird damit durch die Gleichungen

$$z = \frac{1}{8}x^2, \ y = 3 - \frac{3}{8}x^2$$

beschrieben.

(c): S ist offenbar eine Parabel und das singuläre Gebilde von S ist die leere Menge.

Aufgabe 9.7 *(Geraden auf einem einschaligen Hyperboloid)*

Durch $x^2 + y^2 - z^2 = 49$ ist ein einschaliges Hyperboloid H gegeben und es seien $P_1 := (1; 7, 0, 0)^T$ und $P_2 := (1; 20, 15, 24)^T$. Man berechne Geraden $g, g', g'', g''' \subseteq H$, für die

(a) $P_1 \in g$, $P_1 \in g'$ und $g \neq g'$,

(b) $P_1 \in g''$, $P_2 \in g'''$ und $g'' \cap g''' \neq \emptyset$

gilt. Außerdem zeige man, daß g und g''' windschief zueinander sind.

Lösung. **(a):** Es sei

$$h : \begin{pmatrix} 1 \\ x \\ y \\ z \end{pmatrix} = \begin{pmatrix} 1 \\ 7 \\ 0 \\ 0 \end{pmatrix} + \lambda \cdot \begin{pmatrix} 0 \\ a \\ b \\ c \end{pmatrix}$$

eine Gerade, die P_1 enthält. Gilt $h \subset H$, so haben wir

$$(7 + \lambda \cdot a)^2 + \lambda^2 \cdot b^2 - \lambda^2 \cdot c^2 = 49$$

bzw.

$$14\lambda a + \lambda^2(a^2 + b^2 - c^2) = 0$$

für beliebige $\lambda \in \mathbb{R}$, was nur für $a = 0$ und $a^2 + b^2 - c^2 = 0$ möglich ist. Also gilt $h \subset H$ nur für $a = 0$ und $|b| = |c|$. Folglich sind

$$g: \begin{pmatrix} 1 \\ x \\ y \\ z \end{pmatrix} = \begin{pmatrix} 1 \\ 7 \\ 0 \\ 0 \end{pmatrix} + \lambda \cdot \begin{pmatrix} 0 \\ 0 \\ 1 \\ -1 \end{pmatrix}, \quad g': \begin{pmatrix} 1 \\ x \\ y \\ z \end{pmatrix} = \begin{pmatrix} 1 \\ 7 \\ 0 \\ 0 \end{pmatrix} + \lambda \cdot \begin{pmatrix} 0 \\ 0 \\ 1 \\ 1 \end{pmatrix}$$

Geraden mit den unter (a) geforderten Eigenschaften.

(b): Eine Gerade $h \subset H$, die P_2 enthält, läßt sich durch

$$h: \begin{pmatrix} 1 \\ x \\ y \\ z \end{pmatrix} = \begin{pmatrix} 1 \\ 20 \\ 15 \\ 24 \end{pmatrix} + \lambda \cdot \begin{pmatrix} 0 \\ a \\ b \\ c \end{pmatrix}$$

beschreiben, wobei $(20 + \lambda \cdot a)^2 + (15 + \lambda \cdot b)^2 - (24 + \lambda \cdot c)^2 = 49$ gelten muß. Für die Koordinaten a, b, c des Richtungsvektors der Geraden h gilt folglich

$$\forall \lambda \in \mathbb{R}: \ \lambda(40a + 30b - 48c) + \lambda^2(a^2 + b^2 - c^2) = 0,$$

woraus sich

$$40a + 30b - 48c = 0 \text{ und } a^2 + b^2 - c^2 = 0$$

ergibt. Der Fall $c = 0$ entfällt, da aus $c = 0$ die Bedingung $a = b = 0$ folgt. O.B.d.A. können wir damit $c = 5$ annehmen und erhalten

$$20a + 15b = 120, \ a^2 + b^2 = 25.$$

Löst man die erste Gleichung nach b auf und ersetzt b in der zweiten Gleichung durch den erhaltenen Ausdruck, erhält man

$$a^2 + (8 - \frac{4}{3}a)^2 = 25.$$

Lösungen dieser Gleichung sind $a_1 = \frac{117}{25}$ und $a_2 = 3$, woraus sich die zugehörigen b-Werte $b_1 = \frac{44}{25}$ und $b_2 = 4$ ergeben. Durch P_2 verlaufen also genau zwei Geraden mit den verlangten Eigenschaften:

$$h_1: \begin{pmatrix} 1 \\ x \\ y \\ z \end{pmatrix} = \begin{pmatrix} 1 \\ 20 \\ 15 \\ 24 \end{pmatrix} + \lambda \cdot \begin{pmatrix} 0 \\ \frac{117}{25} \\ \frac{44}{25} \\ 5 \end{pmatrix}, \quad h_2: \begin{pmatrix} 1 \\ x \\ y \\ z \end{pmatrix} = \begin{pmatrix} 1 \\ 20 \\ 15 \\ 24 \end{pmatrix} + \lambda \cdot \begin{pmatrix} 0 \\ 3 \\ 4 \\ 5 \end{pmatrix}$$

Setzt man $g''' := h_2$ und $g'' := g'$, so prüft man leicht nach, daß sich diese Geraden schneiden.

Man prüft ebenfalls leicht $g \cap g''' = \emptyset$ nach. Da g und g''' offenbar nicht parallel zueinander sind, sind sie folglich windschief zueinander.

Zu einem analogen Ergebnis gelangt man übrigens, wenn man anstelle von g die Gerade g' wählt, wobei dann nur $g''' = h_1$ in Frage kommt.

Aufgabe 9.8 *(Normalformen von Hyperflächen 2. Ordnung)*

Man berechne für die folgende Hyperfläche 2. Ordnung T_i ($i \in \{1, 2\}$) des R_4 eine Normalform und gebe die zugehörigen Koordinatentransformationen an.

(a) $2(x_1x_2 + x_1x_3 - x_1x_4 - x_2x_3 + x_2x_4 + x_3x_4 - x_2 - 2x_3 - 3x_4) + 5 = 0$,

(b) $4(x_1x_2 + x_1x_3 + x_1x_4 + x_2x_3 + x_2x_4 + x_3x_4) + 3x_4^2 + 14x_4 + 11 = 0$.

Lösung.   **(a):** Die Matrizendarstellung $\mathfrak{x}^T \cdot \mathfrak{A} \cdot \mathfrak{x} + 2 \cdot \mathfrak{b}^T \cdot \mathfrak{x} + c = 0$ für T_1 lautet:

$$T_1 : \mathfrak{x}^T \cdot \begin{pmatrix} 0 & 1 & 1 & -1 \\ 1 & 0 & -1 & 1 \\ 1 & -1 & 0 & 1 \\ -1 & 1 & 1 & 0 \end{pmatrix} \cdot \mathfrak{x} + 2 \cdot (0, -1, -2, -3) \cdot \mathfrak{x} + 5 = 0.$$

Wegen $\mathrm{rg}\mathfrak{A} = 4$ liegt Fall 1 vor. Das benötigte $\mathfrak{c}$ für die 1. Transformation $\mathfrak{x} = \mathfrak{c} + \mathfrak{x}'$ ist

$$\mathfrak{c} = (0, 1, 2, 3)^T,$$

womit $c' := \mathfrak{b}^T \cdot \mathfrak{c} + c = -9$.

Die EWe von $\mathfrak{A}$ sind

$$\lambda_1 = \lambda_2 = \lambda_3 = 1, \ \lambda_4 = -3.$$

Durch die 2. Transformation $\mathfrak{x}' = \mathfrak{B} \cdot \mathfrak{x}''$ mit geeignetem $\mathfrak{B}$ erhält man dann als Normalform

$$\frac{1}{9} \cdot (x_1''^2 + x_2''^2 + x_3''^2 - 3x_4''^2) = 1.$$

(b): Die Matrizendarstellung $\mathfrak{x}^T \cdot \mathfrak{A} \cdot \mathfrak{x} + 2 \cdot \mathfrak{b}^T \cdot \mathfrak{x} + c = 0$ für T_2 lautet:

$$T_2 : \mathfrak{x}^T \cdot \begin{pmatrix} 0 & 2 & 2 & 2 \\ 2 & 0 & 2 & 2 \\ 2 & 2 & 0 & 2 \\ 2 & 2 & 2 & 3 \end{pmatrix} \cdot \mathfrak{x} + 2 \cdot (0, 0, 0, 7) \cdot \mathfrak{x} + 11 = 0.$$

Wegen $\mathrm{rg}\mathfrak{A} = 3 < \mathrm{rg}(\mathfrak{A}, -\mathfrak{b}) = 4$ liegt Fall 2 vor.

Die EWe von $\mathfrak{A}$ sind

$$\lambda_1 = \lambda_2 = -2, \ \lambda_3 = 7, \ \lambda_4 = 0.$$

Ein normierter EV zum EW 0 ist

$$\mathfrak{b}_4 := \frac{1}{\sqrt{7}} \cdot (-1, -1, -1, 2)^T,$$

womit $b'_4 = \mathfrak{b}^T \cdot \mathfrak{b}_4 = \frac{14}{\sqrt{7}} = 2 \cdot \sqrt{7}$. Durch eine Koordinatentransformation der Form $\mathfrak{x} = \mathfrak{B} \cdot (\mathfrak{c} + \mathfrak{x}'')$ erhält man dann die folgende Normalform von T_2:

$$-2x''^2_1 - 2x''^2_2 + 7x''^2_3 + 4\sqrt{7}x''_4 = 0.$$

Aufgabe 9.9 *(Beweis von Satz 9.3.5)*

Man beweise:
Seien $e > a > 0$, $b := \sqrt{e^2 - a^2}$, $F_{1/S} := (-e, 0)^T$, $F_{2/S} := (e, 0)^T$. Dann gilt für beliebige $X \in \mathfrak{R}_2$ mit $X_{/S} := (x, y)^T$:

$$X \in H \; (:\Longleftrightarrow \; ||X - F_1| - |X - F_2|| = 2a) \; \Longleftrightarrow \; \frac{x^2}{a^2} - \frac{y^2}{b^2} = 1.$$

Lösung.   „$\Longrightarrow$": Sei $||X - F_1| - |X - F_2|| = 2a$. Folglich

$$|\sqrt{(x + e)^2 + y^2} - \sqrt{(x - e)^2 + y^2}| = 2a.$$

Quadriert man diese Gleichung, so erhält man

$$(x + e)^2 + y^2 - 2 \cdot \sqrt{((x + e)^2 + y^2) \cdot ((x - e)^2 + y^2)} + (x - e)^2 + y^2 = 4a^2$$

sowie (nach einigen Zusammenfassungen)

$$x^2 + y^2 + e^2 - 2a^2 = \sqrt{((x + e)^2 + y^2) \cdot ((x - e)^2 + y^2)}$$

Erneutes Quadrieren liefert die Gleichung

$$((x^2 + y^2 + e^2) - 2a^2)^2 = ((x^2 + y^2 + e^2) + 2xe) \cdot ((x^2 + y^2 + e^2) - 2xe),$$

aus der die Gleichung

$$(a^2 - e^2)x^2 + a^2y^2 + a^2e^2 - a^4 = 0$$

folgt. Indem man $b^2 := e^2 - a^2$ setzt und durch a^2b^2 dividiert, erhält man

$$-\frac{x^2}{a^2} + \frac{y^2}{b^2} + 1 = 0,$$

w.z.b.w.

„$\Longleftarrow$": Sei $X \in \mathfrak{R}_2$ ein Punkt, für dessen Koordinaten x, y (bez. des kartesischen Koordinatensystems $S := (A; \mathfrak{i}, \mathfrak{j}))$ $\frac{x^2}{a^2} - \frac{y^2}{b^2} = 1$ gilt. Folgende Gleichungen prüft man leicht nach:

$$
\begin{aligned}
|X - F_1| &= \sqrt{(x+e)^2 + y^2} \\
&= \sqrt{x^2 + 2xe + e^2 - b^2 + \tfrac{b^2}{a^2} \cdot x^2} \\
&\quad (\text{ da } y^2 = b^2(-1 + \tfrac{x^2}{a^2})) \\
&= \sqrt{x^2 + 2xe + e^2 - e^2 + a^2 + \tfrac{e^2}{a^2}x^2 - x^2} \\
&\quad (\text{ wegen } b^2 = e^2 - a^2) \\
&= \sqrt{2xe + a^2 + \tfrac{e^2}{a^2} \cdot x^2} \\
&= \sqrt{(a + \tfrac{e}{a} \cdot x)^2} \\
&= |a + \tfrac{e}{a} \cdot x|.
\end{aligned}
$$

Analog rechnet man leicht nach, daß

$$
|X - F_2| = |a - \frac{e}{a} \cdot x|
$$

gilt. Wegen $x^2/a^2 - y^2/b^2 = 1$ ist $|x| \geq a$. Hieraus und aus der Voraussetzung $e > a$ läßt sich nun schlußfolgern, daß

$$
||X - F_1| - |X - F_2|| = \begin{cases} a + \tfrac{e}{a}x + (a - \tfrac{e}{a}x) & \text{für } x > 0, \\ |-(a + \tfrac{e}{a}x) - a + \tfrac{e}{a}x| & \text{für } x < 0, \end{cases}
$$

womit $||X - F_1| - |X - F_2|| = 2a$ gilt.

Aufgaben zu:
Lineare Abbildungen

Aufgabe 10.1 *(Überprüfen, ob Abbildung linear)*

Sei K ein Körper und $K^{m \times 1}$ wie im Kapitel 4 definiert. Welche der folgenden Abbildungen f_i ($i \in \{1, 2, 3\}$) sind linear?

(a) $f_1 : K^{n \times 1} \longrightarrow K^{2 \times 1}$, $(x_1, ..., x_n)^T \mapsto (x_1, x_2 - x_3)^T$,
(b) $f_2 : K^{n \times 1} \longrightarrow K$, $(x_1, ..., x_n)^T \mapsto x_1 + x_2 + ... + x_n$,
(c) $f_3 : K^{n \times 1} \longrightarrow K$, $(x_1, ..., x_n)^T \mapsto x_1^2 + x_2$.

Lösung. Nach Abschnitt 10.1 ist jede Abbildung der Gestalt

$$f : K^{n \times 1} \longrightarrow K^{m \times 1}, \mathfrak{x} \mapsto \mathfrak{A} \cdot \mathfrak{x},$$

wobei $\mathfrak{A} \in K^{m \times n}$ eine beliebige Matrix ist, eine lineare Abbildung von $K^{n \times 1}$ in $K^{m \times 1}$. Da

$$f_1((x_1, ..., x_n)^T) = \begin{pmatrix} 1 & 0 & 0 & 0 & ... & 0 \\ 0 & 1 & -1 & 0 & ... & 0 \end{pmatrix} \cdot (x_1, ..., x_n)^T$$

und

$$f_2((x_1, ..., x_n)^T) = (1, 1, 1, 1, ..., 1) \cdot (x_1, ..., x_n)^T,$$

sind f_1 und f_2 folglich lineare Abbildungen.

Wegen $f_3(\alpha \cdot (1, 0, 1, ..., 1)^T) = \alpha^2 \neq \alpha = \alpha \cdot f_3((1, 0, 1, ..., 1)^T)$ für $\alpha \in K \setminus \{0, 1\}$ ist f_3 keine lineare Abbildung, falls $|K| > 2$.

Aufgabe 10.2 *(Lineare Abbildung)*

Sei K ein Körper. Man beweise, daß $f : K \longrightarrow K$, $x \mapsto x^2$ genau dann linear ist, wenn $|K| = 2$ gilt.

Lösung. Eine Abbildung $f : K \longrightarrow K$ ist genau dann linear, wenn f die Bedingung

D. Lau, *Übungsbuch zur Linearen Algebra und analytischen Geometrie*, 2. Aufl., Springer-Lehrbuch,
DOI 10.1007/978-3-642-19278-4_10, © Springer-Verlag Berlin Heidelberg 2011

$$\forall a, x, y \in K: \quad f(a \cdot x) = a \cdot f(x) \ \wedge \ f(x + y) = f(x) + f(y)$$

erfüllt. Wählt man $f(x) = x^2$, so haben wir $f(a \cdot x) = a^2 x^2$ und $f(x + y) = (x + y)^2$. Damit ist f genau dann eine lineare Abbildung, wenn $k^2 = k$ für alle $k \in K$ gilt. Da in einem Körper $k^2 = k$ nur für $k \in \{0, 1\}$ richtig ist, ist f nur für $|K| = 2$ linear.

Aufgabe 10.3 *(Lineare Abbildung)*

Sei V ein eindimensionaler Vektorraum über dem Körper K. Man beweise, daß eine Abbildung $f : V \longrightarrow V$ genau dann linear ist, wenn es ein gewisses Element $c \in K$ gibt, so daß $f(\mathfrak{x}) = c \cdot \mathfrak{x}$ für alle $\mathfrak{x} \in V$ gilt.

Lösung.   Nach Satz 4.6.3 ist ein n-dimensionaler Vektorraum mit $n \in \mathbb{N}$ über einem Körper isomorph zum Körper $K^{n \times 1}$. Folglich ist V zu $K^{1 \times 1}$ isomorph und die zu beweisende Aussage ein Spezialfall von Satz 10.1.3.

Aufgabe 10.4 *(Beschreibung linearer Abbildungen mittels Matrizen)*

Sei V ein 4-dimensionaler Vektorraum über dem Körper $\mathbb{R}$ mit der Basis $B := (\mathfrak{b}_1, \mathfrak{b}_2, \mathfrak{b}_3, \mathfrak{b}_4)$. Eine lineare Abbildung $f : V \longrightarrow V$ besitze außerdem bezüglich B die Abbildungsmatrix

$$\mathfrak{A}_f(B, B) := \begin{pmatrix} 1 & 2 & 0 & 1 \\ 3 & 0 & -1 & 2 \\ 2 & 5 & 3 & 1 \\ 1 & -2 & 1 & 3 \end{pmatrix}.$$

Man berechne die Abbildungsmatrix von f bezüglich der Basis

(a) $B' := (\mathfrak{b}_4, \mathfrak{b}_3, \mathfrak{b}_2, \mathfrak{b}_1)$
(b) $B'' := (\mathfrak{b}_1, \mathfrak{b}_1 + \mathfrak{b}_2, \mathfrak{b}_1 + \mathfrak{b}_2 + \mathfrak{b}_3, \mathfrak{b}_1 + \mathfrak{b}_2 + \mathfrak{b}_3 + \mathfrak{b}_4)$.

Lösung.   Nach Satz 10.1.4 ist die i-te Spalte der Abbildungsmatrix $\mathfrak{A}_f(B, B)$ bezüglich der Basis $B = (\mathfrak{b}_1, ..., \mathfrak{b}_i, ..., \mathfrak{b}_n)$ gerade $f(\mathfrak{b}_i)_{/B}$, $i = 1, 2, ..., n$. Nach entsprechenden Koordinatenberechnungen erhält man

$$\mathfrak{A}_f(B', B') := \begin{pmatrix} 1 & -2 & 1 & 3 \\ 2 & 5 & 3 & 1 \\ 3 & 0 & -1 & 2 \\ 1 & 2 & 0 & 1 \end{pmatrix}$$

und

$$\mathfrak{A}_f(B'', B'') := \begin{pmatrix} -2 & 2 & 1 & -1 \\ 1 & -5 & -4 & 1 \\ 1 & 3 & 2 & -2 \\ 1 & 2 & 1 & 3 \end{pmatrix}.$$

Aufgabe 10.5 *(Rang einer linearen Abbildung)*

Es sei $_KV := {_\mathbb{R}}\mathbb{R}^{3\times 1}$ und $t \in \mathbb{R}$. Durch

$$f\left(\begin{pmatrix} x \\ y \\ z \end{pmatrix}\right) := \begin{pmatrix} t-2 & 2 & -1 \\ 2 & t & 2 \\ 2t & 2t+2 & t+1 \end{pmatrix} \cdot \begin{pmatrix} x \\ y \\ z \end{pmatrix}$$

ist eine lineare Abbildung von V in V definiert. Man bestimme $\mathrm{rg}f$ in Abhängigkeit von t und $f(V)$ für diejenigen Zahlen t, für die $\mathrm{rg}f \leq 2$ gilt.

Lösung. Nach Satz 10.1.5 gilt $\mathrm{rg}f := \mathrm{rg}\mathfrak{A}$, wobei

$$\mathfrak{A} := \begin{pmatrix} t-2 & 2 & -1 \\ 2 & t & 2 \\ 2t & 2t+2 & t+1 \end{pmatrix}.$$

Wegen $\det\mathfrak{A} = t(t-1)(t-2)$ haben wir

$$\mathrm{rg}f = 3 \iff t \in \mathbb{R} \setminus \{0,1,2\}.$$

Man prüft leicht $\mathrm{rg}f = 2$ für jedes $t \in \{0,1,2\}$ nach. Bezeichnet man mit $\mathfrak{a}_i$, $i \in \{1,2,3\}$, die i-te Spalte der Matrix $\mathfrak{A}$, so gilt außerdem, daß für jedes $t \in \{0,1,2\}$ die Spalte $\mathfrak{a}_3$ linear abhängig von den linear unabhängigen Spalten $\mathfrak{a}_1$, $\mathfrak{a}_2$ ist. Folglich gilt $f(\mathbb{R}^{3\times 1}) = [\{\mathfrak{a}_1, \mathfrak{a}_2\}]$ für jedes $t \in \{0,1,2\}$ (siehe dazu die Sätze 10.1.1 und 10.1.2).

Aufgabe 10.6 *(Orthogonalprojektion)*

Es sei U ein t-dimensionaler UVR des n-dimensionalen VRs V über $K \in \{\mathbb{R}, \mathbb{C}\}$ mit Skalarprodukt φ $(t, n \in \mathbb{N})$. Wie im Abschnitt 6.5 vereinbart, sei die orthogonale Projektion von $\mathfrak{x} \in V$ in U mit $\mathfrak{x}_U$ bezeichnet. Man beweise, daß die Abbildung

$$f : V \longrightarrow V, \ \mathfrak{x} \mapsto \mathfrak{x}_U$$

eine lineare Abbildung ist.

Speziell für $_KV := {_\mathbb{R}}\mathbb{R}^{4\times 1}$ mit dem Standardskalarprodukt und $U := [\{(1,1,1,1)^T\}]$ berechne man außerdem die Matrix $\mathfrak{A}_f$ mit der Eigenschaft $f(\mathfrak{x}) = \mathfrak{A}_f \cdot \mathfrak{x}$ für alle $\mathfrak{x} \in \mathbb{R}^{4\times 1}$.

Lösung. Nach den Sätzen 6.5.2 und 6.5.11 besitzt der UVR U eine orthonormierte Basis $\mathfrak{e}_1, \mathfrak{e}_2, ..., \mathfrak{e}_t$, mit deren Hilfe sich die (eindeutig bestimmte) orthogonale Projektion $\mathfrak{x}_U$ von $\mathfrak{x} \in V$ wie folgt berechnen läßt:

$$\mathfrak{x}_U = \sum_{i=1}^{t} \varphi(\mathfrak{x}, \mathfrak{e}_i) \cdot \mathfrak{e}_i. \tag{10.1}$$

Folglich ist f eine Abbildung und für beliebige $a, b \in K$ und $\mathfrak{x}, \mathfrak{y} \in V$ gilt wegen der Bilinearität von φ:

$$\begin{aligned} f(a \cdot \mathfrak{x} + b \cdot \mathfrak{y}) &= \sum_{i=1}^{t} \varphi(a \cdot \mathfrak{x} + b \cdot \mathfrak{y}, \mathfrak{e}_i) \cdot \mathfrak{e}_i \\ &= \sum_{i=1}^{t} a \cdot \varphi(\mathfrak{x}, \mathfrak{e}_i) \cdot \mathfrak{e}_i + \sum_{i=1}^{t} b \cdot \varphi(\mathfrak{y}, \mathfrak{e}_i) \cdot \mathfrak{e}_i \\ &= a \cdot f(\mathfrak{x}) + b \cdot f(\mathfrak{y}). \end{aligned}$$

Also ist f eine lineare Abbildung.

Dem Beweis von Satz 10.1.3 kann man entnehmen, daß die Spalten der gesuchten Matrix $\mathfrak{A}_f$ gerade die Bilder der Standardbasis

$$\mathfrak{b}_1 := (1,0,0,0)^T, \mathfrak{b}_2 := (0,1,0,0)^T, \mathfrak{b}_3 := (0,0,1,0)^T, \mathfrak{b}_4 := (0,0,0,1)^T$$

bei der Abbildung f sind. Offenbar ist $\mathfrak{e} := \frac{1}{4} \cdot (1,1,1,1)^T$ eine orthonormierte Basis von $U := [\{(1,1,1,1)^T\}]$, womit man nach (10.1)

$$(\mathfrak{b}_j)_U = \underbrace{\varphi(\mathfrak{b}_j, \mathfrak{e})}_{=\mathfrak{b}_j^T \cdot \mathfrak{e}} \cdot \mathfrak{e} = \frac{1}{4} \cdot \mathfrak{e}$$

$(j = 1, ..., 4)$ hat. Folglich gilt für den Spezialfall unserer Projektionsabbildung

$$\forall \mathfrak{x} \in \mathbb{R}^{4 \times 1} : \ f(\mathfrak{x}) = ((\mathfrak{b}_1)_U, (\mathfrak{b}_2)_U, (\mathfrak{b}_3)_U, (\mathfrak{b}_4)_U) \cdot \mathfrak{x} = \underbrace{(\frac{1}{4}, \frac{1}{4}, \frac{1}{4}, \frac{1}{4})}_{=\mathfrak{A}_f} \cdot \mathfrak{x}.$$

Aufgabe 10.7 *(Ableitungsoperator)*

Im Vektorraum $\mathfrak{P}_2$ aller Polynome, die höchstens den Grad 2 haben und die auf dem Intervall $[a, b]$ definiert sind, über dem Körper $K = \mathbb{R}$, sei durch

$$\forall s, t \in \mathfrak{P}_2 : \ \varphi(s, t) := \int_{-1}^{1} s(x) \cdot t(x) \, dx$$

ein Skalarprodukt φ definiert. Außerdem sei

$$f : \mathfrak{P}_2 \longrightarrow \mathfrak{P}_2, \ ax^2 + bx + c \mapsto 2ax + b$$

der sogenannte *Ableitungsoperator*, der eine lineare Abbildung ist. Man bestimme die Matrizen $\mathfrak{A}_f$ und $\mathfrak{A}_{f^*}$ (siehe Satz 10.1.4) bezüglich der Basis

(a) $B := (1, x, x^2)$,
(b) $B' := (\frac{1}{2}x^2 - \frac{1}{2}x, x^2 - 1, \frac{1}{2}x^2 + \frac{1}{2}x)$.

Lösung. Wir überlegen uns zunächst eine Matrizendarstellung für das Skalarprodukt φ (bezüglich der Basis B) und berechnen die Übergangsmatrix

$\mathfrak{M}(B, B')$ (kurz mit $\mathfrak{M}$ bezeichnet), um später aus der weiter unten bestimmte Lösung für die Aufgabe (a) die Lösung von (b) zu erhalten.
Nach Satz 6.2.1 gilt

$$\varphi(\mathfrak{r}, \mathfrak{y}) = \mathfrak{r}_{/B}^T \cdot \underbrace{\begin{pmatrix} \varphi(1,1) & \varphi(1,x) & \varphi(1,x^2) \\ \varphi(x,1) & \varphi(x,x) & \varphi(x,x^2) \\ \varphi(x^2,1) & \varphi(x^2,x) & \varphi(x^2,x^2) \end{pmatrix}}_{:= \mathfrak{C}} \cdot \mathfrak{y}_{/B}$$

mit

$$\mathfrak{C} = \begin{pmatrix} 2 & 0 & \frac{2}{3} \\ 0 & \frac{2}{3} & 0 \\ \frac{2}{3} & 0 & \frac{2}{5} \end{pmatrix}.$$

Eine Folgerung aus Satz 4.7.2 ist

$$\mathfrak{r}_{/B} = \mathfrak{M} \cdot \mathfrak{r}_{/B'}$$

$(\mathfrak{r} \in \mathfrak{P}_2)$, wobei

$$\mathfrak{M} = \left((\tfrac{1}{2}x^2 - \tfrac{1}{2}x)_{/B}, (x^2 - 1)_{/B}, (\tfrac{1}{2}x^2 + \tfrac{1}{2}x)_{/B} \right)$$

$$= \begin{pmatrix} 0 & -1 & 0 \\ -\frac{1}{2} & 0 & \frac{1}{2} \\ \frac{1}{2} & 1 & \frac{1}{2} \end{pmatrix}.$$

(a): Ist $\mathcal{B} := (\mathfrak{b}_1, \mathfrak{b}_2, \mathfrak{b}_3)$ eine Basis für $\mathfrak{P}_2$, so gilt nach Satz 10.1.4 für jede lineare Abbildung f von $\mathfrak{P}_2$ in $\mathfrak{P}_2$:

$$\forall \mathfrak{r} \in V: \ f(\mathfrak{r})_{/\mathcal{B}} = \mathfrak{A}_f \cdot (\mathfrak{r}_{/\mathcal{B}}), \quad \text{wobei}$$

$$\mathfrak{A}_f := (f(\mathfrak{b}_1)_{/\mathcal{B}}, f(\mathfrak{b}_2)_{/\mathcal{B}}, f(\mathfrak{b}_3)_{/\mathcal{B}}).$$

Für $B = (1, x, x^2)$ gilt folglich

$$\mathfrak{A}_f = \begin{pmatrix} 0 & 1 & 0 \\ 0 & 0 & 2 \\ 0 & 0 & 0 \end{pmatrix}.$$

Wegen Satz 10.2.1, (b) existiert zu f die (eindeutig bestimmte) adjungierte Abbildung $f^\star$. Da die Basis B bezüglich φ nicht orthonormiert ist, können wir jedoch zur Berechnung von $\mathfrak{A}_{f^\star}$ nicht die Formel (10.23) aus Satz 10.2.1, (b) verwenden. Mit Hilfe der obigen Matrizendarstellung des Skalarprodukts φ und der Formel (10.23) aus Abschnitt 10.2 kann man jedoch $\mathfrak{A}_{f^\star}$ wie folgt berechnen:
Für beliebige $\mathfrak{r}, \mathfrak{y} \in \mathfrak{P}_2$ gilt:

$$\varphi(f(\mathfrak{r}), \mathfrak{y}) = f(\mathfrak{r})_{/B}^T \cdot \mathfrak{C} \cdot \mathfrak{y}_{/B} = (\mathfrak{r}_{/B}^T \cdot \mathfrak{A}_f^T) \cdot \mathfrak{C} \cdot \mathfrak{y}_{/B} = \mathfrak{r}_{/B}^T \cdot (\mathfrak{A}_f^T \cdot \mathfrak{C}) \cdot \mathfrak{y}_{/B}$$

$$= \varphi(\mathfrak{r}, f^\star(\mathfrak{y})) = \mathfrak{r}_{/B}^T \cdot \mathfrak{C} \cdot \mathfrak{A}_{f^\star} \cdot \mathfrak{y}_{/B},$$

d.h.,

$$\forall \mathfrak{x}, \mathfrak{y} \in \mathfrak{P}_2 : \mathfrak{x}_{/B}^T \cdot (\mathfrak{A}_f^T \cdot \mathfrak{C}) \cdot \mathfrak{y}_{/B} = \mathfrak{x}_{/B}^T \cdot (\mathfrak{C} \cdot \mathfrak{A}_{f^\star}) \cdot \mathfrak{y}_{/B}. \tag{10.2}$$

Die Gleichung aus (10.2) kann jedoch für beliebige $\mathfrak{x}, \mathfrak{y} \in \mathfrak{P}_2$ nur gelten, wenn $\mathfrak{A}_f^T \cdot \mathfrak{C} = \mathfrak{C} \cdot \mathfrak{A}_{f^\star}$ bzw.

$$\mathfrak{A}_{f^\star} = \mathfrak{C}^{-1} \cdot \mathfrak{A}_f^T \cdot \mathfrak{C}.$$

Folglich

$$\mathfrak{A}_{f^\star} = \begin{pmatrix} \frac{9}{8} & 0 & -\frac{15}{8} \\ 0 & \frac{3}{2} & 0 \\ -\frac{15}{8} & 0 & \frac{45}{8} \end{pmatrix} \cdot \begin{pmatrix} 0 & 0 & 0 \\ 1 & 0 & 0 \\ 0 & 2 & 0 \end{pmatrix} \cdot \begin{pmatrix} 2 & 0 & \frac{2}{3} \\ 0 & \frac{2}{3} & 0 \\ \frac{2}{3} & 0 & \frac{2}{5} \end{pmatrix}$$

$$= \begin{pmatrix} 0 & -\frac{5}{2} & 0 \\ 3 & 0 & 1 \\ 0 & \frac{15}{2} & 0 \end{pmatrix}.$$

(b): Für $B' = (\frac{1}{2}x^2 - \frac{1}{2}x, x^2 - 1, \frac{1}{2}x^2 + \frac{1}{2}x)$ erhalten wir aus (a):

$$\mathfrak{A}_f = \begin{pmatrix} -\frac{3}{2} & -2 & -\frac{1}{2} \\ \frac{1}{2} & 0 & -\frac{1}{2} \\ \frac{1}{2} & 2 & \frac{3}{2} \end{pmatrix}$$

und

$$\mathfrak{A}_{f^\star} = \begin{pmatrix} -3 & 2 & 2 \\ -\frac{5}{4} & 0 & \frac{5}{4} \\ 2 & -2 & 3 \end{pmatrix},$$

da $(\mathfrak{A}_g)_{/B'} = \mathfrak{M}^{-1} \cdot (\mathfrak{A}_g)_{/B} \cdot \mathfrak{M}$ für $g \in \{f, f^\star\}$ und

$$\mathfrak{M}^{-1} = \begin{pmatrix} 1 & -1 & 1 \\ -1 & 0 & 0 \\ 1 & 1 & 1 \end{pmatrix}.$$

Aufgabe 10.8 *(Eigenschaften adjungierter Abbildungen)*

Es sei $K \in \{\mathbb{R}, \mathbb{C}\}$, $_K V$ ein Vektorraum mit Skalarprodukt φ und f, g lineare Abbildungen von V in V, für die die adjungierten Abbildungen $f^\star, g^\star, (f+g)^\star$ und $(f \square g)^\star$ existieren (siehe Abschnitt 10.2). Man beweise:

(a) $(f + g)^\star = f^\star + g^\star$,
(b) $\forall \lambda \in K : (\lambda \cdot f)^\star = \overline{\lambda} \cdot f^\star$,
(c) $(f \square g)^\star = g^\star \square f^\star$.

Lösung. Wie im Abschnitt 10.2 gezeigt wurde, ist die zu einer linearen Abbildung $h : V \longrightarrow V$ existierende adjungierte Abbildung $h^\star$ durch die Eigenschaft

$$\forall \mathfrak{x}, \mathfrak{y} \in V : \varphi(h(\mathfrak{x}), \mathfrak{y}) = \varphi(\mathfrak{x}, h^\star(\mathfrak{y}))$$

eindeutig bestimmt. Damit gilt:

(a) folgt aus

$$\forall \mathfrak{x}, \mathfrak{y} \in V :$$
$$\varphi(\mathfrak{x}, (f+g)^\star(\mathfrak{y})) = \varphi((f+g)(\mathfrak{x}), \mathfrak{y}) = \varphi(f(\mathfrak{x}) + g(\mathfrak{x}), \mathfrak{y}) =$$
$$\varphi(f(\mathfrak{x}), \mathfrak{y}) + \varphi(g(\mathfrak{x}), \mathfrak{y}) = \varphi(\mathfrak{x}, f^\star(\mathfrak{y})) + \varphi(\mathfrak{x}, g^\star(\mathfrak{y})) =$$
$$\varphi(\mathfrak{x}, f^\star(\mathfrak{y}) + g^\star(\mathfrak{y})) = \varphi(\mathfrak{x}, (f^\star + g^\star)(\mathfrak{y})).$$

(b) folgt aus

$$\forall \mathfrak{x}, \mathfrak{y} \in V :$$
$$\varphi(f(\mathfrak{x}), \mathfrak{y}) = \varphi(\mathfrak{x}, f^\star(\mathfrak{y})) \implies \forall \lambda \in K : \underbrace{\lambda \cdot \varphi(f(\mathfrak{x}), \mathfrak{y})}_{=\varphi(\lambda \cdot f(\mathfrak{x}), \mathfrak{y})} = \underbrace{\lambda \cdot \varphi(\mathfrak{x}, f^\star(\mathfrak{y}))}_{=\varphi(\mathfrak{x}, \overline{\lambda} \cdot f^\star(\mathfrak{y}))}.$$

(c) folgt aus

$$\forall \mathfrak{x}, \mathfrak{y} \in V :$$
$$\varphi(\mathfrak{x}, (f \square g)^\star(\mathfrak{y})) = \varphi(\underbrace{((f \square g)(\mathfrak{x})}_{f(g(\mathfrak{x}))}, \mathfrak{y}) = \varphi(g(\mathfrak{x}), f^\star(\mathfrak{y})) = \varphi(\mathfrak{x}, \underbrace{g^\star(f^\star(\mathfrak{y}))}_{=(g^\star \square f^\star)(\mathfrak{y})}).$$

Aufgabe 10.9 *(Invariante einer linearen Abbildung)*

Es sei $K \in \{\mathbb{R}, \mathbb{C}\}$ und $_K V$ ein Vektorraum, auf dem ein Skalarprodukt φ definiert ist. Man beweise: Ist ein UVR $U \subseteq V$ invariant bezüglich der linearen Abbildung $f : V \longrightarrow V$, so ist das orthogonale Komplement $U^\perp$ von U invariant bezüglich der zu f adjungierten Abbildung $f^\star$.

Lösung. Es sei der UVR $U \subseteq V$ eine Invariante der linearen Abbildung $f : V \longrightarrow V$, d.h.,

$$\forall \mathfrak{x} \in U : f(\mathfrak{x}) \in U.$$

Nach Abschnitt 10.2 ist die zu f adjungierte Abbildung $f^\star$, falls sie existiert, eindeutig bestimmt und hat die Eigenschaft:

$$\forall \mathfrak{x}, \mathfrak{y} \in V : \varphi(f(\mathfrak{x}), \mathfrak{y}) = \varphi(\mathfrak{x}, f^\star(\mathfrak{y})).$$

Sei nun $\mathfrak{x} \in U^\perp := \{\mathfrak{x} \in V \mid \forall \mathfrak{y} \in U : \varphi(\mathfrak{x}, \mathfrak{y}) = 0\}$ beliebig gewählt. Wir haben $f^\star(\mathfrak{x}) \in U^\perp$ zu zeigen. Es gilt für beliebige $\mathfrak{y} \in U$ nach den Eigenschaften eines Skalarprodukts und unter Verwendung der obigen Voraussetzungen:

$$\varphi(f^\star(\mathfrak{x}), \mathfrak{y}) = \overline{\varphi(\mathfrak{y}, f^\star(\mathfrak{x}))} = \overline{\varphi(f(\mathfrak{y}), \mathfrak{x})} = 0.$$

Folglich ist $U^\perp$ eine Invariante der zu f adjungierten Abbildung $f^\star$.

Aufgabe 10.10 *(Eigenschaft einer orthogonalen Abbildung)*

Es sei $n \in \mathbb{N}$ und V ein euklidischer n-dimensionaler Vektorraum mit dem Skalarprodukt φ. Man beweise: Haben zwei Vektoren $\mathfrak{y}$ und $\mathfrak{z}$ aus V gleiche Länge, so gibt es eine orthogonale Abbildung $f : V \longrightarrow V$ mit $f(\mathfrak{y}) = \mathfrak{z}$.

Lösung.   Aus der Definition einer orthogonalen Abbildung (siehe Abschnitt 10.5) folgt unmittelbar, daß die identische Abbildung von V auf V eine orthogonale Abbildung ist, womit, falls $\mathfrak{y} = \mathfrak{z} = \mathfrak{o}$, obige Behauptung richtig ist. Sei im weiteren $\mathfrak{y}, \mathfrak{z} \in V$ mit $\mathfrak{y} \neq \mathfrak{o}$ und $\|\mathfrak{y}\|_\varphi = \|\mathfrak{z}\|_\varphi$. Offenbar kann man (wie im Beweis von Satz 6.5.2 gezeigt wurde), eine orthonormierte Basis $B := (\mathfrak{b}_1, \mathfrak{b}_2, ..., \mathfrak{b}_n)$ für V mit $\mathfrak{b}_1 = \frac{1}{\|\mathfrak{y}\|_\varphi} \cdot \mathfrak{y}$ konstruieren. Sei $\mathfrak{a}_1 := \mathfrak{z}_{/B} \in \mathbb{R}^{n \times 1}$ die Koordinatenspalte von $\mathfrak{z}$ bezüglich der Basis B. Bezüglich Standardskalarprodukt kann man $\mathfrak{a}'_1 = \frac{1}{\|\mathfrak{a}_1\|_\varphi} \cdot \mathfrak{a}_1$ zu einer Basis $B' := (\mathfrak{a}'_1, \mathfrak{a}_2, ..., \mathfrak{a}_n)$ des Vektorraums $\mathbb{R}^{n \times 1}$ ergänzen und die Matrix

$$\mathfrak{A} := (\mathfrak{a}'_1, \mathfrak{a}_2, ..., \mathfrak{a}_n)$$

bilden, die nach Satz 7.3.1 eine orthogonale Matrix ist. Folglich ist wegen Satz 10.5.1 die lineare Abbildung $f : V \longrightarrow V$ mit

$$f(\mathfrak{x})_{/B} := \mathfrak{A} \cdot (\mathfrak{x}_{/B})$$

eine orthogonale Abbildung (bzw. eine Isometrie) mit der Eigenschaft

$$f(\mathfrak{y})_{/B} := \mathfrak{A} \cdot \underbrace{(\mathfrak{y}_{/B})}_{=(\|\mathfrak{a}_1\|_\varphi, 0, ..., 0)^T} = \mathfrak{a}_1 = \mathfrak{z}_{/B}.$$

Aufgabe 10.11 *(Eigenschaften einer orthogonalen Abbildung)*

Es sei $n \in \mathbb{N}$ und V ein euklidischer n-dimensionaler Vektorraum mit dem Skalarprodukt φ und der Norm $\| \cdot \|_\varphi$. Außerdem sei f eine lineare Abbildung von V in V. Man beweise, daß die folgenden Aussagen äquivalent sind:

(a) f ist eine orthogonale Abbildung.
(b) $\forall \mathfrak{x}, \mathfrak{y} \in V : \varphi(\mathfrak{x}, \mathfrak{y}) = \varphi(f(\mathfrak{x}), f(\mathfrak{y}))$.
(c) Es existiert eine Basis $\mathfrak{b}_1, ..., \mathfrak{b}_n$ von V mit $\varphi(\mathfrak{b}_i, \mathfrak{b}_j) = \varphi(f(\mathfrak{b}_i), f(\mathfrak{b}_j))$ für alle $i, j \in \{1, ..., n\}$.

Lösung.   Die Aussagen „(b)$\Longrightarrow$(a)" und „(b)$\Longrightarrow$(c)" sind trivial.
„(a)$\Longrightarrow$(b)": Nach Satz 10.5.2 ist f genau dann orthogonal, wenn

$$\forall \mathfrak{x} \in V : \|\mathfrak{x}\|_\varphi = \|f(\mathfrak{x})\|_\varphi \tag{10.3}$$

gilt. Wir setzen (10.3) voraus. Folglich haben wir (unter Verwendung der Linearität von f und der Bilinearität sowie Symmetrie von φ) für beliebige $\mathfrak{x}, \mathfrak{y} \in V$:

$$\|\mathfrak{x} + \mathfrak{y}\|_\varphi^2 = \varphi(\mathfrak{x} + \mathfrak{y}, \mathfrak{x} + \mathfrak{y}) = \varphi(\mathfrak{x}, \mathfrak{x}) + 2\varphi(\mathfrak{x}, \mathfrak{y}) + \varphi(\mathfrak{y}, \mathfrak{y})$$
$$= \|f(\mathfrak{x} + \mathfrak{y})\|_\varphi^2 = \varphi(f(\mathfrak{x}) + f(\mathfrak{y}), f(\mathfrak{x}) + f(\mathfrak{y}))$$
$$= \varphi(f(\mathfrak{x}), f(\mathfrak{x})) + 2\varphi(f(\mathfrak{x}), f(\mathfrak{y})) + \varphi((\mathfrak{y}), (\mathfrak{y})).$$

Wegen (10.3) folgt aus obigen Gleichungen $\varphi(\mathfrak{x}, \mathfrak{y}) = \varphi(f(\mathfrak{x}), f(\mathfrak{y}))$, d.h., (b) ist bewiesen.

„(c)$\Longrightarrow$(b)": Wir setzen (c) voraus und wählen $\mathfrak{x}, \mathfrak{y} \in V$ beliebig. Da die Vektoren $\mathfrak{b}_1, ..., \mathfrak{b}_n$ eine Basis für V bilden, existieren gewisse $x_1, ..., x_n, y_1, ..., y_n \in \mathbb{R}$ mit $\mathfrak{x} = \sum_{i=1}^n x_i \mathfrak{b}_i$ und $\mathfrak{y} = \sum_{i=1}^n y_j \mathfrak{b}_j$. Folglich gilt

$$\varphi(\mathfrak{x}, \mathfrak{y}) = \varphi(\sum_{i=1}^n x_i \mathfrak{b}_i, \sum_{j=1}^n y_j \mathfrak{b}_j) = \sum_{i=1}^n \sum_{j=1}^n x_i \cdot y_j \cdot \underbrace{\varphi(\mathfrak{b}_i, \mathfrak{b}_j)}_{=\varphi(f(\mathfrak{b}_i), f(\mathfrak{b}_j))} = \varphi(f(\mathfrak{x}), f(\mathfrak{y})).$$

Aufgabe 10.12 *(Eigenschaft einer normalen Abbildung)*
Es sei $K \in \{\mathbb{R}, \mathbb{C}\}$, $_K V$ ein Vektorraum mit Skalarprodukt φ und $f : V \longrightarrow V$ eine normale Abbildung (siehe Abschnitt 10.3). Nach Definition existiert dann zu f die adjungierte Abbildung $f^\star$ (siehe Abschnitt 10.2). Man zeige, daß $\|f(\mathfrak{x})\|_\varphi = \|f^\star(\mathfrak{x})\|_\varphi$ für beliebige $\mathfrak{x} \in V$ gilt.

Lösung.   Wegen der Sätze 6.3.1 und 10.3.1 haben wir

$$\|f(\mathfrak{x})\|_\varphi^2 = \varphi(f(\mathfrak{x}), f(\mathfrak{x})) = \varphi(f^\star(\mathfrak{x}), f^\star(\mathfrak{x})) = \|f^\star(\mathfrak{x})\|_\varphi^2,$$

woraus unmittelbar die Behauptung folgt.

Aufgabe 10.13 *(Eigenschaft einer linearen Abbildung)*
Sei V ein $2k + 1$-dimensionaler Vektorraum über dem Körper $\mathbb{R}$ ($k \in \mathbb{N}$). Man beweise, daß jede lineare Abbildung $f : V \longrightarrow V$ mindestens einen Eigenwert besitzt.

Lösung.   Es sei $n := 2k + 1$ und B eine Basis des n-dimensionalen Vektorraums V über $\mathbb{R}$. Nach Satz 10.1.4 existiert dann für jede lineare Abbildung f von V in V eine Matrix $\mathfrak{A}_f \in \mathbb{R}^{n \times n}$ mit

$$\forall \mathfrak{x} \in V : f(\mathfrak{x})_{/B} = \mathfrak{A}_f \cdot \mathfrak{x}_{/B}.$$

Nach Satz 10.3.3 ist $\lambda \in \mathbb{R}$ genau dann ein Eigenwert von f, wenn λ ein Eigenwert der Matrix $\mathfrak{A}_f$ ist, d.h., wenn $|\mathfrak{A}_f - \lambda \mathfrak{E}_n| = 0$ gilt (siehe Satz 8.2.1). Da n nach Voraussetzung eine ungerade Zahl ist und $\mathfrak{A}_f$ zu $\mathbb{R}^{n \times n}$ gehört, hat nach Aufgabe 8.4 das charakteristische Polynom von $\mathfrak{A}_f$ mindestens eine reelle Nullstelle, womit mindestens ein Eigenwert von $\mathfrak{A}_f$ existiert.

Aufgabe 10.14 *(Eigenschaft einer linearen Abbildung)*

Es seien V und W Vektorräume über dem Körper K und $f : V \longrightarrow W$ eine injektive lineare Abbildung. Außerdem seien $\mathfrak{b}_1, ..., \mathfrak{b}_n \in V$ linear unabhängig. Man beweise, daß dann auch die Vektoren $f(\mathfrak{b}_1), ..., f(\mathfrak{b}_n) \in V$ linear unabhängig sind.

Lösung.   Wegen der Injektivität von f ist $\operatorname{Ker} f = \mathfrak{o}$. Nach Satz 10.1.13 ist f damit eine isomorphe Abildung von V auf $f(V)$. Hieraus folgt dann unmittelbar die Behauptung.

Aufgaben zu:
Affine Abbildungen

Aufgabe 11.1 *(Beispiele für affine Abbildungen; Translation, Parallelprojektion)*

Es sei $n \in \mathbb{N}$ und R_n ein n-dimensionaler affiner Raum mit dem zugehörigen VR V_n über dem Körper K. Man zeige, daß die nachfolgend definierten Abbildungen f_T („*Translation*") und f_P („*Parallelprojektion*") affine Abbildungen von R_n in R_n sind.

(a) $f_T : R_n \longrightarrow R_n$ sei eine Abbildung mit der Eigenschaft: $f_T(P) - P = f_T(Q) - Q$ für alle $P, Q \in R_n$.

(b) Auf V_n sei ein Skalarprodukt definiert. Zwecks Definition von f_P seien ein $Q \in R$ und ein UVR U von V_n fest gewählt. Nach Definition eines affinen Raumes existiert zu jedem $X \in R_n$ ein $\mathfrak{x} \in V_n$ mit $X = Q + \mathfrak{x}$. Da V_n endlichdimensional ist, läßt sich $\mathfrak{x}$ auf eindeutige Weise als Linearkombination zweier Vektoren $\mathfrak{x}_U \in U$ und $\mathfrak{x}_{U^\perp} \in U^\perp$ mittels $\mathfrak{x} = \mathfrak{x}_U + \mathfrak{x}_{U^\perp}$ darstellen (siehe Satz 6.5.12). Die Abbildung f_P sei dann durch $f_P(X) := Q + \mathfrak{x}_U$ definiert.

Lösung. **(a):** Es sei $P \in R_n$ fest und $X \in R_n$ beliebig gewählt. Dann hat die Abbildung f_T nach Definition die Eigenschaft $f_T(X) - X = f_T(P) - P$, aus der $f_T(X) = f_T(P) + (X - P)$ folgt. Damit ist f_T eine affine Abbildung mit $\overrightarrow{f_T} = id_{V_n}$.

(b): Die Abbildung f_P ist eine affine Abbildung, wenn wir zeigen können, daß $\overrightarrow{f_P}(\mathfrak{x}) := \mathfrak{x}_U$ ($\mathfrak{x} \in V_n$) eine lineare Abbildung ist.

Seien dazu $B_U := \{\mathfrak{b}_1, ..., \mathfrak{b}_r\}$ eine Basis für U und $B_{U^\perp} := \{\mathfrak{b}_{r+1}, ..., \mathfrak{b}_n\}$ eine Basis für $U^\perp$. Da dann $B := B_U \cup B_{U^\perp}$ eine Basis für V_n ist, existieren für beliebig gewählte $\mathfrak{x}, \mathfrak{y} \in V_n$ gewisse $x_1, ..., x_n, y_1, ..., y_n \in \mathbb{R}$ mit $\mathfrak{x} = x_1 \cdot \mathfrak{b}_1 + ... + x_n \cdot \mathfrak{b}_n$ und $\mathfrak{y} = y_1 \cdot \mathfrak{b}_1 + ... + y_n \cdot \mathfrak{b}_n$. Folglich gilt für alle $a, b \in \mathbb{R}$:

D. Lau, *Übungsbuch zur Linearen Algebra und analytischen Geometrie*, 2. Aufl., Springer-Lehrbuch, DOI 10.1007/978-3-642-19278-4_11, © Springer-Verlag Berlin Heidelberg 2011

$$\overrightarrow{f_P}(a \cdot \mathfrak{x} + b \cdot \mathfrak{y}) = \overrightarrow{f_P}((ax_1 + by_1)\mathfrak{b}_1 + ... + (ax_n + by_n)\mathfrak{b}_n)$$
$$= (ax_1 + by_1)\mathfrak{b}_1 + ... + (ax_r + by_r)\mathfrak{b}_r$$
$$= a \cdot (x_1\mathfrak{b}_1 + ... + x_r\mathfrak{b}_r) + b \cdot (y_1\mathfrak{b}_1 + ... + y_r\mathfrak{b}_r)$$
$$= a \cdot \overrightarrow{f_P}(\mathfrak{x}) + b \cdot \overrightarrow{f_P}(\mathfrak{y}),$$

d.h., $\overrightarrow{f_P}$ ist eine lineare Abbildung.

Aufgabe 11.2 *(Invariante einer affinen Abbildung)*

Man beweise, daß eine affine Abbildung $f : R_n \longrightarrow R_n$ Parallelogramme in Parallelogramme überführt.

Lösung. Sei $PQQ'P'$ ein Parallelogramm des R_n, d.h., es gilt $\overrightarrow{PQ} = \overrightarrow{P'Q'}$. Wir haben $\overrightarrow{f(P)f(Q)} = \overrightarrow{f(P')f(Q')}$ zu zeigen. Dabei können wir die folgende Äquivalenz aus Aufgabe 5.10 verwenden:

$$\overrightarrow{PQ} = \overrightarrow{P'Q'} \iff P + \frac{1}{2}\overrightarrow{PQ'} = Q + \frac{1}{2}\overrightarrow{QP'}.$$

Nach Voraussetzung und obiger Äquivalenz gilt

$$f(P + \tfrac{1}{2}\overrightarrow{PQ'}) = f(P) + \tfrac{1}{2}\overrightarrow{f(P)f(Q')}$$
$$= f(Q + \tfrac{1}{2}\overrightarrow{QP'}) = f(Q) + \tfrac{1}{2}\overrightarrow{f(Q)f(P')}.$$

Nach den Überlegungen zur Aufgabe 5.10 folgt hieraus $\overrightarrow{f(P)f(Q)} = \overrightarrow{f(P')f(Q')}$.

Aufgabe 11.3 *(Eigenschaft affiner Abbildungen)*

Seien $f : R \longrightarrow R'$ eine affine Abbildung, $g \subseteq R$ und $h \subseteq R$ Geraden. Man beweise:

(a) Die Menge $f(g) := \{f(X) \mid X \in g\}$ ist eine Gerade oder besteht nur aus einem Punkt.

(b) Sind g und h parallel sowie $|f(g)| = 1$, dann ist auch $|f(h)| = 1$.

Lösung. (a) und (b) sind Folgerungen aus Satz 11.1.2.

Aufgabe 11.4 *(Eigenschaft affiner Abbildungen)*

Sei $f : R_n \longrightarrow R_n$ eine affine Abbildung. Wie viele Punkte P_i ($i \in I$) mit welchen Eigenschaften benötigt man mindestens, damit f durch die Festlegung $f(P_i) := Q_i$ eindeutig bestimmt ist?

Lösung. Sei $\mathrm{rg}\,\overrightarrow{f} = t$. Als Folgerung aus den Sätzen 11.1.1 und 10.1.2 erhält man, daß f durch die Bilder von $t + 1$ Punkten in allgemeiner Lage eindeutig bestimmt ist (siehe auch Abschnitt 5.4).

Aufgabe 11.5 *(Eigenschaft affiner Abbildungen; Translation)*

Seien R ein affine Raum mit dem zugehörigen Vektorraum V über dem Körper K und f eine affine Abbildung von R in R. Man beweise, daß die folgenden Aussagen äquivalent sind:

(a) f ist eine Translation, d.h., für beliebige $P, Q \in R$ gilt $f(P) - P = f(Q) - Q$.

(b) Für alle Punkte $P, Q \in R$ gilt $f(Q) - f(P) = Q - P$.

(c) $\vec{f} = \mathrm{id}_V$.

Lösung. „(a)$\Longrightarrow$(b)" ist eine Folgerung aus Satz 5.1.1, (f).

„(b)$\Longrightarrow$(c)" ergibt sich aus der Definition von $\vec{f}$ (siehe Formel (11.2) aus Abschnitt 11.1).

„(c)$\Longrightarrow$(a)": Sei $\vec{f}$ die identische Abbildung von V in V und seien $P, Q \in R$ beliebig gewählt. Dann existiert ein $\mathfrak{x} \in V$ mit $Q = P + \mathfrak{x}$ und wir haben nach Satz 11.1.1 $f(Q) = f(P + \mathfrak{x}) = f(P) + \vec{f}(\mathfrak{x}) = f(P) + \mathfrak{x}$. Folglich gilt $f(Q) - Q = f(P) + \mathfrak{x} - (P + \mathfrak{x}) = f(P) - P$, d.h., f ist eine Translation.

Aufgabe 11.6 *(Eigenschaft affiner Abbildungen)*

Ein Punkt P eines affinen Raumes R heißt *Fixpunkt* einer affinen Abbildung $f : R \longrightarrow R$, wenn $f(P) = P$ ist. Sei A_1 die Menge aller affinen Abbildungen des affinen Raumes R_n in R_n ($n \in \mathbb{N}$).

(a) Man beweise: Bei fixiertem $P \in R_n$ kann jede Affinität $f \in A_1$ in der Form $f = g \square h$ dargestellt werden, wobei $h \in A_1$ eine Translation und $g \in A_1$ den Fixpunkt P besitzt.

(b) Sind g und h aus (a) bei gegebenen f und P eindeutig bestimmt?

Lösung.   **(a):** Es sei $f \in A_1$ eine Affinität und $P \in R_n$. Wir zeigen, daß die Abbildungen

$$h : R_n \longrightarrow R_n, \ X \mapsto X + \overrightarrow{Pf(P)},$$
$$g := f \square h^{-1}$$

die in (a) angegebenen Eigenschaften besitzen. Offenbar ist h eine Translation mit den Eigenschaften

$$h(P) = P + (f(P) - P) = f(P),$$
$$g(P) = h^{-1}(f(P)) = P \ \text{und}$$
$$(g \square h)(X) = h(g(X)) = h(h^{-1}(f(X))) = f(X)$$

für beliebiges $X \in R_n$.

(b): Es sei $f = g \square h$, wobei h eine Translation ist und $g \in A_1$ mit $g(P) = P$. Die eindeutige Bestimmtheit von g und h läßt sich wie folgt begründen:

$$f = g \square h$$
$$\implies g^{-1} \square f = h$$
$$\implies f(\underbrace{g^{-1}(P)}_{P}) = h(P)$$
$$\implies \forall X \in R_n : \ f(P) - P = h(P) - P = h(X) - X$$
$$\implies h \text{ eindeutig bestimmt}$$
$$\implies g = f \square h^{-1} \text{ eindeutig bestimmt.}$$

Aufgabe 11.7 *(Eigenschaft affiner Abbildungen mit Fixpunkten)*

Sei $f : R_n \longrightarrow R_n$ eine affine Abbildung ($n \in \mathbb{N}$). Man beweise:

(a) Falls f genau einen Fixpunkt hat, dann ist 1 kein Eigenwert von $\overrightarrow{f}$.
(b) Besitzt f mindestens zwei verschiedene Fixpunkte, so ist 1 ein Eigenwert von $\overrightarrow{f}$.

Lösung. **(a):** Sei P der einzige Fixpunkt von f. Dann gilt

$$\forall \mathfrak{x} \in V_n : \ f(P + \mathfrak{x}) = \underbrace{f(P)}_{P} + \overrightarrow{f}(\mathfrak{x}).$$

Angenommen, 1 ist ein EW von $\overrightarrow{f}$, d.h., es existiert ein $\mathfrak{x} \in V_n \setminus \{\mathfrak{o}\}$ mit $\overrightarrow{f}(\mathfrak{x}) = \mathfrak{x}$. Dann ist jedoch $P + \mathfrak{x}$ ein von P verschiedener Fixpunkt von f, im Widerspruch zur Voraussetzung.

(b): Seien P, Q verschiedene Punkte des affinen Raumes R_n mit $f(P) = P$ und $f(Q) = Q$. Dann gilt $P - Q \neq \mathfrak{o}$ und $\overrightarrow{f}(P - Q) = f(P) - f(Q) = P - Q$, womit $P - Q$ eine Eigenvektor zum Eigenwert 1 von $\overrightarrow{f}$ ist.

Aufgabe 11.8 *(Invariante einer affinen Abbildung)*

Ist die Dimension von Unterräumen eine Invariante von

(a) surjektiven,
(b) injektiven

affinen Abbildungen?

Lösung. I.allg. ist die Dimension von Unterräumen keine Invariante einer surjektiven affinen Abbildung, da z.B die Abbildung $f : R_3 \longrightarrow R_2$, $(1, x_1, x_2, x_3) \mapsto (1, x_1, x_2)$ affin und surjektiv ist, jedoch $\dim f(R_3) \neq \dim R_3$ gilt. Dagegen ist die Dimension von Unterräumen eine Invariante jeder injektiven affinen Abbildung f, weil die zugehörige lineare Abbildung $\overrightarrow{f}$ ebenfalls injektiv ist und damit (nach Aufgabe 10.13) linear unabhängige Vektoren auf linear unabhängige Vektoren abbildet.

Aufgabe 11.9 *(Eigenschaft einer Kongruenz)*

Die Anschauungsebene $\mathfrak{R}_2$ mit dem zugehörigen Vektorraum $\vec{V_2}$ ist ein affiner Raum. Auf $\vec{V_2}$ sei das Skalarprodukt $\cdot$ aus Abschnitt 6.1 definiert. Man beweise, daß für eine beliebige affine Abbildung $f : \mathfrak{R}_2 \longrightarrow \mathfrak{R}_2$ und beliebige linear unabhängige Vektoren $\mathfrak{a}, \mathfrak{b} \in \vec{V_2}$ gilt:

$$f \text{ ist eine Kongruenz (Bewegung) des } \mathfrak{R}_2 \Longleftrightarrow$$
$$|\mathfrak{a}| = |\vec{f}(\mathfrak{a})| \wedge |\mathfrak{b}| = |\vec{f}(\mathfrak{b})| \wedge \mathfrak{a} \cdot \mathfrak{b} = \vec{f}(\mathfrak{a}) \cdot \vec{f}(\mathfrak{b}). \tag{11.1}$$

Lösung.   Es sei $f : \mathfrak{R}_2 \longrightarrow \mathfrak{R}_2$ eine affine Abbildung mit der zugehörigen linearen Abbildung $\vec{f}$ und $\mathfrak{a}, \mathfrak{b} \in \vec{V_2}$ linear unabhängig.

„$\Longrightarrow$": Sei f eine Kongruenz. Nach Definition ist dann $\vec{f}$ eine orthogonale Abbildung. In der Lösung von Aufgabe 10.11 wurde gezeigt, daß hieraus

$$\forall \mathfrak{x}, \mathfrak{y} \in \vec{V_2} : \mathfrak{x} \cdot \mathfrak{y} = \vec{f}(\mathfrak{x}) \cdot \vec{f}(\mathfrak{y})$$

folgt. Wegen $|\mathfrak{x}|^2 = \mathfrak{x} \cdot \mathfrak{x}$ $(\mathfrak{x} \in \vec{V_2})$ folgt $|\mathfrak{a}| = |\vec{f}(\mathfrak{a})|$, $|\mathfrak{b}| = |\vec{f}(\mathfrak{b})|$ und $\mathfrak{a} \cdot \mathfrak{b} = \vec{f}(\mathfrak{a}) \cdot \vec{f}(\mathfrak{b})$.

„$\Longleftarrow$": Da nach Voraussetzung $\mathfrak{a}, \mathfrak{b}$ linear unabhängig sind, bilden diese Vektoren eine Basis des $\vec{V_2}$. Folglich ist „$\Longleftarrow$" aus (11.1) eine Folgerung aus der Lösung von Aufgabe 10.11.

Aufgabe 11.10 *(Kongruenzsätze für Dreiecke)*

Sei als affiner Raum R die Anschauungsebene $\mathfrak{R}_2$ gewählt. Man beweise die Kongruenzsätze für Dreiecke, d.h., man beweise, daß zwei Dreiecke aus $\mathfrak{R}_2$ genau dann durch eine Kongruenz (siehe Satz 11.2.3) aufeinander abgebildet werden können, wenn sie in folgenden Stücken übereinstimmen:

(a) den Längen aller Seiten,
(b) den Längen zweier Seiten und dem eingeschlossenen Winkel,
(c) der Länge einer Seite und den beiden anliegenden Winkeln   oder
(d) den Längen zweier Seiten und dem der größeren Seite gegenüberliegenden Winkel.

Lösung.   Seien $A, B, C, A', B', C' \in \mathfrak{R}_2$ so gewählt, daß sich A, B, C sowie A', B', C' in allgemeiner Lage befinden. Durch diese Punkte sind zwei Dreiecke ABC und $A'B'C'$ des $\mathfrak{R}_2$ bestimmt, für die wir folgende Bezeichnungen der Seitenlängen und Winkel festlegen:

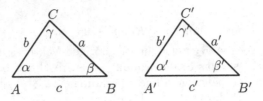

Offenbar existiert genau eine Affinität $f : \mathfrak{R}_2 \longrightarrow \mathfrak{R}_2$ mit $f(A) = A'$, $f(B) = B'$ und $f(C) = C'$ (siehe Lösung der Aufgabe 11.4). Falls f eine Kongruenz ist, stimmen die Dreiecke ABC und $A'B'C'$ in den unter (a)–(d) angegebenen Stücken überein, da Streckenlängen und Winkel Invarianten von Kongruenzen sind (siehe Abschnitt 11.3). Wie in der Lösung von Aufgabe 11.9 gezeigt wurde, folgt aus $a = a'$, $b = b'$ und $c = c'$, daß f eine Kongruenz ist. Damit haben wir nur noch die Äquivalenz der folgenden Aussagen zu beweisen:

(1) $a = a'$, $b = b'$, $c = c'$,
(2) $a = a'$, $b = b'$, $\gamma = \gamma'$,
(3) $c = c'$, $\alpha = \alpha'$, $\beta = \beta'$,
(4) $b = b'$, $c = c'$, $b' \leq c'$, $\gamma = \gamma'$.

Wir zeigen nachfolgend (1)$\Longleftrightarrow$(2), (1)$\Longrightarrow$(3), (3)$\Longrightarrow$(2) und (1)$\Longleftrightarrow$(4). Nach dem oben Bemerkten ergibt sich (1)$\Longrightarrow$(t) für jedes $t \in \{2,3,4\}$ aus den Sätzen 11.2.4 und 11.3.2, (c).

(2)$\Longrightarrow$(1) ist eine direkte Folgerung aus dem Kosinussatz

$$c^2 = a^2 + b^2 - 2a \cdot b \cdot \cos\gamma$$

(siehe Beispiel (3.) aus Abschnitt 6.1).

(3)$\Longleftrightarrow$(2): Wegen $\alpha = \alpha'$ und $\beta = \beta'$ gilt $\gamma = \gamma'$. Der Sinussatz[1]

$$\sin\alpha : \sin\beta : \sin\gamma = a : b : c$$

und die Voraussetzung liefern dann

$$\frac{a'}{c'} = \frac{\sin\alpha'}{\sin\gamma'} = \frac{\sin\alpha}{\sin\gamma} = \frac{a}{c} = \frac{a}{c'},$$

woraus $a = a'$ folgt. Analog zeigt man $b = b'$.

(4)$\Longrightarrow$(1): Nach dem Kosinussatz gilt $c'^2 = a'^2 + b'^2 - 2a'b'\cos\gamma'$. Wegen $b' \leq c'$ und $a' > 0$ ist diese Gleichung eindeutig nach a' auflösbar: $a' = b' \cdot \cos\gamma' + \sqrt{b^2 \cdot \cos^2\gamma - b'^2 + c'^2}$. Aus der Voraussetzung folgt hieraus $a = a'$.

---

[1] Zum Beweis dieses Satzes genügt es, sich $\sin\alpha : \sin\beta = a : b$ zu überlegen: Sei h die Länge der Höhe des Dreiecks ABC, die auf der Stecke AB senkrecht steht. Dann gilt nach Definition der sin-Funktion: $\sin\alpha = h : b$ und $\sin\beta = h : a$, woraus die Behauptung folgt.

Aufgaben zu:
Einführung in die Numerische Algebra

Aufgabe 12.1 *(Berechnen von Maschinenzahlen)*

Man überführe die rationalen Zahlen

(a) -55,
(b) 4520,
(c) $\frac{8}{7}$

mit der Einleseabbildung $\widehat{\gamma}$ in die Kodierung des Maschinenzahlbereichs $\mathbb{M}(2,9,3)$.

Lösung.   (a):Wegen $55 = 2^5+2^4+2^2+2+1 = (2^{-1}+2^{-2}+2^{-4}+2^{-5}+2^{-6})2^6$, gilt $\widehat{\gamma}(-55) = -0.110111000(+110)$.

(b): Da $4520 > x_{\max}$, gilt $\widehat{\gamma}(4520) = +0.111111111(+111)$.

(c): Mit Hilfe der Summenformel für die geometrische Reihe ($\sum_{n=0}^{\infty} q^n = \frac{1}{1-q}$ für $|q| < 1$) erhält man:

$$\frac{8}{7} = \frac{1}{1-2^{-3}} = \sum_{n=0}^{\infty}(2^{-3})^n = (2^{-1} + 2^{-4} + 2^{-7} + 2^{-10} + \dots\dots) \cdot 2.$$

Folglich $\widehat{\gamma}(\frac{8}{7}) = +0.100100100(+001)$.

Aufgabe 12.2 *(Dekodieren von Maschinenzahlen)*

Wie sehen die Zahlen

(a) $+0.110100001(+011)$,
(b) $-0.100110011(+101)$,
(c) $-0.100000001(-001)$

aus $\mathbb{M}(2,9,3)$ in Dezimalschreibweise aus?

D. Lau, *Übungsbuch zur Linearen Algebra und analytischen Geometrie*, 2. Aufl., Springer-Lehrbuch, DOI 10.1007/978-3-642-19278-4_12, © Springer-Verlag Berlin Heidelberg 2011

Lösung.   (a): $(2^{-1} + 2^{-2} + 2^{-4} + 2^{-9}) \cdot 2^3 = 6.515625$
(b): $-(2^{-1} + 2^{-4} + 2^{-5} + 2^{-8} + 2^{-9}) \cdot 2^5 = -19.1875$
(c): $-(2^{-1} + 2^{-9}) \cdot (2^{-1}) = 0.250976562$

Aufgabe 12.3 *(Rechnen mit Maschinenzahlen)*

Seien $a := 0.4872 \cdot 10^2$, $b := 0.4671 \cdot 10^{-2}$ und $c := 0.5505 \cdot 10^{-2}$. Man zeige, daß bei 4-stelliger dezimaler Rechnung (mit Runden) nicht mehr $a + (b + c) = (a + b) + c$ gilt.

Lösung.   Wir rechnen in $(\mathbb{M}(10, 4, 1); \widetilde{\gamma})$ (siehe Abschnitt 12.3):
$a \oplus (b \oplus c) = (0.4872(+2)) \oplus \widetilde{\gamma}(1.0176) = (0.4872(+2)) \oplus (0.1018(+1)) = \widetilde{\gamma}(49.8218) = 0.4982(+2)$,
$(a \oplus b) \oplus c = \widetilde{\gamma}(49.1871) \oplus (0.5505)(-2)) = (0.4919(+2)) \oplus (0.5505)(-2)) = \widetilde{\gamma}(49.7405) = 0.4974(+2)$.
Also gilt $a \oplus (b \oplus c) \neq (a \oplus b) \oplus c$.

Aufgabe 12.4 *(Rechnen mit Maschinenzahlen)*

Welcher der folgenden (algebraisch äquivalenten) Ausdrücke

$$A_1 := (y + z) - 2 \cdot x, \quad A_2 := (y - x) + (z - x)$$

ist beim Rechnen mit Maschinenzahlen für $x \approx y \approx z$ günstiger? Man erläutere die Beantwortung der Frage durch Beispielen aus $(\mathbb{M}(10, 3, 1); \widehat{\gamma})$ und $(\mathbb{M}(2, 4, 2); \widehat{\gamma})$.

Lösung.   Günstiger ist A_2, wie folgende Beispiele zeigen:
Seien $x := 0.929$, $y := 0.927$ und $z := 0.928$, womit $y + z - 2x = -0.003$. Rechnung in $(\mathbb{M}(10, 3, 1); \widehat{\gamma})$ liefert:

A_1 : $y \oplus z = 0.185(+1)$ A_2 : $y \ominus x = -0.200(-2)$
       $2 \odot x = 0.185(+1)$ $z \ominus x = -0.100(-2)$
       $(y \oplus z) - 2 \odot x = 0$ $(y \ominus x) \oplus (z \ominus x) = -0.300(-2)$.

Als nächstes wählen wir $x := 0.1000$, $y := 0.1010$ und $z := 0.1001$, womit $y + z - 2x = 0.0011$.
Rechnung in $(\mathbb{M}(2, 4, 2); \widehat{\gamma})$ liefert:

A_1 : $y \oplus z = 0.1001(+01)$ A_2 : $y \ominus x = 0.100(-10)$
       $2 \odot x = 0.1000(+01)$ $z \ominus x = 0.1000(-11)$
       $(y \oplus z) - 2 \odot x = 0.1000(-11)$ $(y \ominus x) \oplus (z \ominus x) = 0.1100(-10)$.

Aufgabe 12.5 *(Intervallrechnung)*

Man berechne das Intervall, in dem

$$z := \frac{x+y}{u \cdot v}$$

liegt, falls $x \in [1.45, 1.55]$, $y \in [-0.005, 0.005]$, $u \in [0.95, 1.05]$ und $v \in [-2.05, -1.95]$.

Lösung. Es gilt

$$[1.45, 1.55] + [-0.005, 0.005] = [1.445, 1.555]$$
$$[0.95, 1.05] \cdot [-2.05, -1.95] = [-2.1525, -1.8525]$$
$$[1.445, 1.555] : [-2.1525, -1.8525] = [-0.8391797708, -0.671312427],$$

d.h., z liegt im Intervall $[-0.8391797708, -0.671312427]$.

Aufgabe 12.6 *(Subdistributivität)*

Man begründe, daß für die Intervalladdition und Intervallmultiplikation das Distributivgesetz nur in der abgeschwächten Form der sogenannten Subdistributivität

$$[a,b] \cdot ([c,d] + [e,f]) \subseteq [a,b] \cdot [c,d] + [a,b] \cdot [e,f] \qquad (12.1)$$

gültig ist. Anhand eines Beispiels zeige man insbesondere „$\subset$" in (12.1).

Lösung. Seien

$$A := \{ac + ae, ad + af, bc + be, bd + bf\},$$
$$B := \{ac, ad, bc, bd\},$$
$$C := \{ae, af, be, bf\}.$$

Die Behauptung (12.1) folgt dann aus den Gleichungen

$$[a,b] \cdot ([c,d] + [e,f]) = [\min A, \max A]$$

und

$$[a,b] \cdot [c,d] + [a,b] \cdot [e,f] = [\min B, \max B] + [\min C, \max C]$$
$$= [\min B + \min C, \max B + \max C].$$

Wählt man z.B.

$$[a,b] := [1,2], \; [c,d] := [-1,0], \; [e,f] := [2,3],$$

so gilt

$$[a, b] \cdot ([c, d] + [e, f]) = [1, 2] \cdot [1, 3] = [1, 6]$$

und

$$[a, b] \cdot [c, d] + [a, b] \cdot [e, f] = [-2, 0] + [2, 6] = [0, 6],$$

womit für obiges Beispiel in (12.1) „$\subset$" steht.

Aufgaben zu:
Gleichungsauflösung

Aufgabe 13.1 *(Lipschitzbedingung)*

Man bestimme für die Funktion $f \in C[a,b]$ mit

(a) $f(x) := x^3 + x^2 - 1$, $[a,b] = [0, \frac{1}{4}]$,

(b) $f(x) := 1 - \frac{1}{7} \cdot e^x - \frac{1}{9} \cdot x^3$, $[a,b] = [0,1]$,

(c) $f(x) := \cos x - \frac{1}{x^2} + 1$, $[a,b] = [\frac{\pi}{2}, \pi]$

ein möglichst kleines k mit $0 \leq k < 1$ und $|f(x_1) - f(x_2)| \leq k \cdot |x_1 - x_2|$ für alle $x_1, x_2 \in [a,b]$.

Lösung. Nach Satz 13.2.3 erfüllt

$$k := \max_{x \in [a,b]} |f'(x)|$$

die Bedingung $|f(x_1) - f(x_2)| \leq k \cdot |x_1 - x_2|$ für alle $x_1, x_2 \in [a,b]$, falls $f(x)$ für alle $x \in (a,b)$ differenzierbar ist und die erste Ableitung $f'(x)$ zu $C[a,b]$ gehört. Man prüft leicht nach, daß die in (a)–(c) angegebenen Funktionen die Voraussetzungen von Satz 13.2.3 erfüllen. Also können wir versuchen, nach obiger Formel ein k zu bestimmen. Den betragsmäßig größten Funktionswert von $f'(x)$ erhält man z.B. mit Hilfe einer Kurvendiskussion, d.h., man berechnet die relativen Extrema von f', Werte $f'(\alpha)$, für die $f''(\alpha)$ nicht existiert, sowie die Randwerte $f'(a)$ und $f'(b)$ und bestimmt anschließend den betragsmäßig größten unter diesen Werten.

Besonders einfach ist die Berechnung des gesuchten k, wenn $f'(x)$ für $x \in [a,b]$ monoton wachsend oder fallend ist. Es gilt dann nämlich $k = max\{|f'(a)|, |f'(b)|\}$. Zum Nachweis der Monotonie kann man die folgende Eigenschaften differenzierbarer Funktionen nutzen:

Falls $f''(x) \geq 0$ für alle $x \in [a,b]$ gilt, ist $f'(x)$ eine monoton wachsende Funktion über dem Intervall $[a,b]$. Falls $f''(x) \leq 0$ für alle $x \in [a,b]$, ist $f'(x)$ monoton fallend über dem Intervall $[a,b]$.

D. Lau, *Übungsbuch zur Linearen Algebra und analytischen Geometrie*, 2. Aufl., Springer-Lehrbuch, DOI 10.1007/978-3-642-19278-4_13, © Springer-Verlag Berlin Heidelberg 2011

(a): Da $f''(x) = 6x + 2 \geq 0$ für $x \in [0, \frac{1}{4}]$, ist f' im betrachteten Intervall monoton wachsend, womit $k = f'(\frac{1}{4}) = \frac{11}{16}$.

(b): Da $f''(x) = -(\frac{1}{7}e^x + \frac{2}{3}x^3) \leq 0$, haben wir $k = max\{|f'(0)|, |f'(1)|\} = |f'(1)| = \frac{1}{7}e + \frac{1}{3} \approx 0.7217$.

(c): Es gilt $f'(x) = -\sin x + \frac{2}{x^3}$. Für diese Funktion eine Kurvendiskussion durchzuführen, ist aufwendig. Einen groben Wert $k < 1$ erhält man jedoch z.B. durch folgenden Überlegung: Für beliebige $[\frac{\pi}{2}, \pi]$ ist $\sin x \in [0, 1]$ und $\frac{2}{x^3} \in [0.064, 0.516]$, womit $f'(x) \in [-0.936, 0.516]$ und $k := 0.94$ als Lösung für (c) bei großzügiger Bewertung akzeptiert werden kann.

Wie schlecht das bestimmte k ist, sieht man anhand des Graphen der Funktion f':

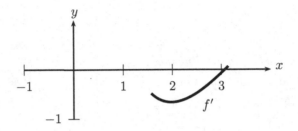

Es gilt $k \approx 0.66$.

Aufgabe 13.2 *(Anwendung des Banachschen Fixpunktsatzes 13.2.1)*

Sei $g(x) := \frac{x}{2} + \frac{1}{x}$. Man zeige, daß $g(x)$ für $x \in [1.4, 1.5]$ die Voraussetzungen des Banachschen Fixpunktsatzes erfüllt und berechne den Fixpunkt von g

(a) direkt,

(b) mit Hilfe des Iterationsverfahrens aus dem Banachschen Fixpunktsatz.

Lösung. Im betrachteten Intervall hat g den Fixpunkt $\sqrt{2}$. Wie man leicht nachprüft, gilt $g(x) \in [1.4, 1.5]$ für alle $x \in [1.4, 1.5]$. Da $g''(x) = \frac{2}{x^3} \geq 0$ für alle $x \in [1.4, 1.5]$, erfüllt g im betrachteten Intervall die Lipschitzbedingung mit $k := \max_{x \in [1.4, 1.5]} |g'(x)| = g'(1.5) = \frac{1}{18} \approx 0.056$. Die restlichen Voraussetzungen des Banachschen Fixpunktsatzes sind bekannte Eigenschaften der Menge $\mathbb{R}$. Folglich läßt sich $\sqrt{2}$ näherungsweise mit Hilfe des Iterationsverfahrens

$$x_0 := 1.5,$$
$$x_{n+1} := \frac{x_n}{2} + \frac{1}{x_n} \quad (n \in \mathbb{N}_0)$$

bestimmen. Es gilt dann:
$x_1 = \frac{17}{12}$, $x_2 = \frac{577}{408}$, $x_3 = \frac{665857}{470832}$, ...
Satz 13.2.2 liefert für $k = 1/18$ die Fehlerabschätzung

$$|\sqrt{2} - x_n| \leq \frac{1}{204} \cdot \frac{1}{18^{n-1}},$$

womit das Verfahren bereits nach wenigen Iterationen gute Werte liefert. Z.B. stimmt bereits x_3 mit dem Taschenrechnerwert 1.414213562 für $\sqrt{2}$ überein.

Aufgabe 13.3 *(Anwendung von Satz 13.2.2)*

Sei

$$f(x) := (\frac{1}{x} + 1) \cdot \frac{1}{x} + 1.$$

Eine Lösung $x_\star$ der Gleichung $f(x) = x$ aus dem Intervall $[1.8, 2]$ läßt sich mit Hilfe des Iterationsverfahrens aus dem Banachschen Fixpunktsatz berechnen, wobei sich die Lipschitz-Konstante k grob mit $k \leq 0.7$ abschätzen läßt. Wie viele Iterationsschritte n (beginnend mit $x_0 = 2$) hat man mindestens zur näherungsweisen Berechnung von $x_\star$ auszuführen, damit die n-te Näherung x_n für $x_\star$ der Abschätzung $\|x_n - x_\star\| \leq 10^{-4}$ genügt?

Lösung. Setzt man $x_0 := 2$, so ist $x_1 := f(x_0) = \frac{7}{4}$. Für $k := 0.7$ gilt folglich nach Satz 13.2.2:

$$|x_\star - x_n| \leq \frac{k^n}{1-k} \cdot |x_1 - x_0| = (0.7)^n \cdot \frac{5}{6}.$$

Verlangt man

$$(0.7)^n \cdot \frac{5}{6} \leq 10^{-4},$$

so ist diese Ungleichung für $n \geq 26$ erfüllt.

Aufgabe 13.4 *(Anwendung der Sätze 13.2.1 und 13.2.2; Newton-Verfahren)*

Die Lösung $x_\star$ der Gleichung

$$f(x) := \frac{1}{6}x^3 + \frac{1}{8}x^2 + 0.7 = x$$

aus dem Intervall $[0.9; 1.1]$ läßt sich mit Hilfe des Iterationsverfahrens aus dem Banachschen Fixpunktsatz berechnen. Man bestimme eine Abschätzung $k' < 1$ für die Konstante k aus der Lipschitzbedingung. Wie viele Iterationsschritte n (beginnend mit $x_0 := 1$) hat man zu berechnen, damit für die n-te Näherung x_n der Lösung $x_\star$ die Abschätzung $\|x_n - x_\star\| \leq 10^{-4}$ gilt? Näherungen für $x_\star$ lassen sich auch mit Hilfe des Newton-Verfahrens berechnen. Man gebe dieses Verfahren an!

Lösung. Man prüft leicht nach, daß $f(x) \in [0.9, 1.1]$ für jedes $x \in [0.9, 1.1]$. Da $f'(x) = \frac{1}{2}x^2 + \frac{1}{4}x$ für $x \in [0.9, 1.1]$ monoton wachsend ist, gilt $k := \max_{x \in [0.9, 1.1]} |f'(x)| = f'(1.1) = 0.88$.

Setzt man $x_0 := 1$, dann ist $x_1 = f(x_0) = \frac{119}{120}$. Damit gilt nach Satz 13.2.2 und den oben bestimmten Werten:

$$|x_\star - x_n| \leq \frac{k^n}{1-k} \cdot |x_1 - x_0| = (0.88)^n \cdot \frac{5}{72}.$$

Verlangt man

$$(0.88)^n \cdot \frac{5}{72} \le 10^{-4},$$

so ist diese Ungleichung für $n \ge 52$ erfüllt.

Setzt man $g(x) := f(x) - x$, so haben wir $g(x_\star) = 0$ und Näherungen für $x_\star$ sind mit dem Newton-Verfahren wie folgt berechenbar:

$$x_0 := 1,$$
$$x_{n+1} := x_n - \frac{g(x_n)}{g'(x_n)} \quad (n \in \mathbb{N}_0),$$

wobei $g(x_n) := \frac{x_n^3}{6} + \frac{x_n^2}{8} - x_n + 0.7$ und $g'(x_n) = \frac{x_n^2}{2} + \frac{x_n}{4} - 1$.

Zur Illustration der obigen Aufgabe noch die folgende Skizze:

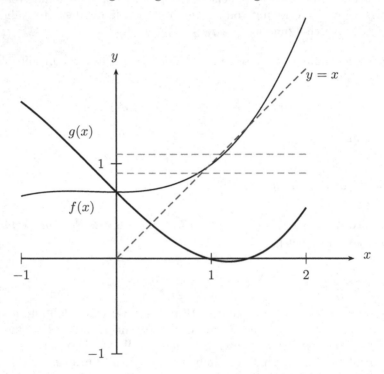

Aufgabe 13.5 *(Anwendung der Sätze 13.2.1 und 13.2.2)*

Seien $A := [0,3] \subseteq \mathbb{R}$ und $f : A \longrightarrow A, x \mapsto f(x) := \frac{1}{x+2} + 2$. Die Funktion f besitzt den Fixpunkt $\sqrt{5}$.

(a) Zeigen Sie, daß $f(x)$ für $x \in [0,3]$ die Voraussetzungen des Banachschen Fixpunktsatzes erfüllt.

(b) Geben Sie ein Iterationsverfahren zur Berechnung von $\sqrt{5}$ an. Wie viele Iterationsschritte hat man bei diesem Verfahren auszuführen, um $\sqrt{5}$ auf vier Stellen nach dem Punkt genau zu berechnen?

Lösung.   Diese Aufgabe kann man analog zur Aufgabe 13.2 bearbeiten.

Aufgabe 13.6 *(Newton-Verfahren)*

Man skizziere den Graphen der Funktion $f(x) := x^3 - 2x^2 - 26x - 14$ für $x \in [-4, 7]$ und berechne mit Hilfe des Newton-Verfahrens die betragsmäßig größte Nullstelle von g auf drei Stellen nach dem Punkt genau.

Lösung.   Der nachfolgenden Zeichnung des Graphen der Funktion f kann man entnehmen, daß die betragsmäßig größte Nullstelle $x_\star$ von f im Intervall $[6, 7]$ liegt.

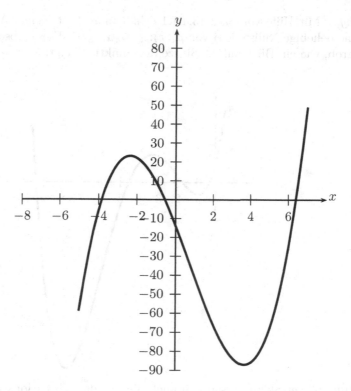

Wegen $f(6.4) < 0$ und $f(6.41) > 0$ gilt $x_\star \in [6.4, 6.41]$. Wählt man $x_0 := 6.4$ als erste Näherung für $x_\star$, kann man mit Hilfe des Newton-Verfahrens weitere Näherungen mittels

$$x_{n+1} := x_n - \frac{x_n^3 - 2x_n^2 - 26x_n - 14}{3x_n^2 - 4x_n - 26}$$

($n \in \mathbb{N}_0$) berechnen. Man erhält: $6.402 < x_\star < 6.4025$.

Aufgabe 13.7 *(Nullstellenschranken, Bisektionsverfahren)*

Man berechne Nullstellenschranken für das Polynom

$$p_4(x) := \frac{1}{24}x^4 - \frac{2}{3}x^3 + 3x^2 - 4x + 1$$

und bestimme mit Hilfe des Bisektionsverfahrens Intervalle, in denen sich jeweils genau eine der Nullstellen von p_4 befindet.

Wie lassen sich die Nullstellen mit Hilfe des Newton-Verfahrens oder der Regula falsi berechnen?

Lösung.   Mit Hilfe von Satz 13.4.1.1 erhält man die folgende Abschätzung für eine beliebige Nullstelle α von $p_4(x)$: $\frac{1}{5} \leq |\alpha| \leq 97$. Diese Abschätzung ist sehr grob, wie ein Blick auf die Skizze der Funktion zeigt:

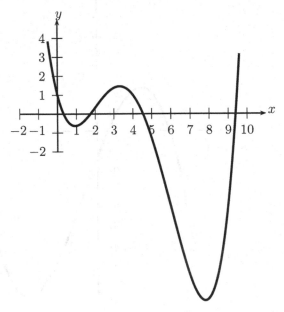

Mit Hilfe obiger Skizze lassen sich auch die mit dem Bisektionsverfahren gewonnenen Intervalle, in denen sich jeweils eine Nullstelle von p_4 befindet, überprüfen.

Aufgabe 13.8 *(Konvergenzkriterien für die Regula falsi, 1. Form)*

Unter geeigneten Voraussetzungen für die Funktion g (wie z.B. Differenzierbarkeit) stelle man Konvergenzkriterien für die Regula falsi, 1. Form auf und beweise sie.

Lösung.   Indem man die erste Ableitung der Funktion

$$f(x) := x - \frac{x - x_0}{g(x) - g(x_0)} g(x)$$

bildet und Satz 13.2.2 benutzt, erhält man den folgenden Konvergenzsatz für die Regula falsi, 1. Form:

Es sei $g \in C[a,b]$, $x_0 \in [a,b]$, g differenzierbar, g habe in $[a,b]$ nur eine Nullstelle x_* und es existiert ein $k \in \mathbb{R}$ mit $0 \le k < 1$ und

$$\forall x \in [a,b]:$$
$$g(x) \neq g(x_0) \Longrightarrow \left| \frac{g(x_0)}{g(x)-g(x_0)} \cdot \left(-1 + g'(x) \frac{x-x_0}{g(x)-g(x_0)} \right) \right| \le k,$$

so konvergiert die mit Hilfe der Regula falsi, 1. Form berechnete Folge $(x_n)_{n \in \mathbb{N}_0}$ gegen die Nullstelle x_* von g.

Aufgabe 13.9 *(Zweizeiliges Horner-Schema)*

Sei

$$p_6(x) := x^6 - 4x^4 - 7x^2 + 3x - 1.$$

Mit Hilfe des zweizeiligen Horner-Schemas berechne man
(a) ein Polynom $q(x)$ und gewisse $c_1, c_0 \in \mathbb{R}$ mit

$$p_6(x) := (x^2 + 4x + 20) \cdot q(x) + c_1 \cdot x + c_0;$$

(b) $p_6(2 - 4 \cdot i)$, $p_6(-1 + 3 \cdot i)$.

Lösung.   Das zweizeilige Horner-Schema und ein Beispiel dazu findet man im Abschnitt 13.4.2.

(a): Wir haben $p = 4$ und $q = 20$. Aus dem zweizeiligen Horner-Schema

	1	0	−4	0	−7	3	−1
−4 −		−4	16	32	−448	1180	−
−20 −		−	−20	80	160	−2240	5900
	1	−4	−8	112	−295	−1057	5899

folgt dann: $q(x) = x^4 - 4x^3 - 8x^2 + 112x - 295$, $c_1 = -1057$ und $c_0 = 5899$.

(b): Wir wählen zunächst $\alpha := 2$ und $\beta := -4$ in den Formeln aus Abschnitt 13.4.2. Folglich haben wir $p := -2\alpha = -4$ und $q := \alpha^2 + \beta^2 = 20$. Aus dem zweizeiligen Horner-Schema

$$
\begin{array}{rrrrrrr}
1 & 0 & -4 & 0 & -7 & 3 & -1 \\
4 & - & 4 & 16 & -32 & -448 & -1180 & - \\
-20 & - & - & -20 & -80 & 160 & 2240 & 5900 \\
\hline
1 & 4 & -8 & -112 & -295 & \underbrace{1063}_{=c_1} & \underbrace{5899}_{=c_0}
\end{array}
$$

folgt dann

$$
p_6(2 - 4 \cdot i) = c_1 \cdot (2 - 4 \cdot i) + c_0 = 8025 - 4252 \cdot i.
$$

Analog zu oben erhält man

$$
p_6(-1 + 3 \cdot i) = 292 - 1269 \cdot i.
$$

14

Aufgaben zu:
Lineare Gleichungssysteme mit genau einer Lösung

Vor dem Lösen der folgenden Aufgaben 14.1–14.4 lese man Abschnitt 14.2.

Aufgabe 14.1 *(Matrixnorm)*
Für die Matrix

$$\begin{pmatrix} \frac{1}{2} & 0 & 0 \\ 0 & \frac{1}{2} & \frac{1}{3} \\ 0 & \frac{1}{4} & \frac{1}{5} \end{pmatrix}$$

berechne man $\|\mathfrak{A}\|_1$, $\|\mathfrak{A}\|_\infty$ und $\|\mathfrak{A}\|_2$.

Lösung. Mit Hilfe der Sätze 14.2.4 und 14.2.3 erhält man $\|\mathfrak{A}\|_1 = \frac{3}{4}$ und $\|\mathfrak{A}\|_\infty = \frac{5}{6}$.
Nach Satz 14.2.5 ist $\|\mathfrak{A}\|_2$ die Wurzel aus dem größten Eigenwert der Matrix

$$\mathfrak{A}^T \cdot \mathfrak{A} = \begin{pmatrix} \frac{1}{4} & 0 & 0 \\ 0 & \frac{1}{2} & \frac{13}{60} \\ 0 & \frac{13}{6} & \frac{34}{225} \end{pmatrix}.$$

Wegen $|\mathfrak{A}^T \cdot \mathfrak{A} - \lambda \cdot \mathfrak{E}_3| = (\frac{1}{4} - \lambda)(\lambda^2 - \frac{1669}{3600}\lambda + \frac{1}{3600})$ hat $\mathfrak{A}^T \cdot \mathfrak{A}$ die Eigenwerte

$$\lambda_1 = \frac{1}{4}, \ \lambda_{2/3} = \frac{1669}{7200} \pm \frac{\sqrt{2771161}}{7200} \approx \frac{1669}{7200} \pm \frac{1665}{7200},$$

wobei $\lambda_2 = \frac{1669}{7200} + \frac{\sqrt{2771161}}{7200} \approx 0.463$ der größte Eigenwert ist. Folglich gilt $\|\mathfrak{A}\|_2 = \sqrt{\lambda_2} \approx 0.68$.

Aufgabe 14.2 *(Matrixnorm)*
Für die Matrix

$$\begin{pmatrix} 0.2 & 0.1 & 0.1 \\ -0.1 & 0.2 & -0.1 \\ 0.1 & -0.1 & 0.2 \end{pmatrix}$$

D. Lau, *Übungsbuch zur Linearen Algebra und analytischen Geometrie*, 2. Aufl., Springer-Lehrbuch, DOI 10.1007/978-3-642-19278-4_14, © Springer-Verlag Berlin Heidelberg 2011

berechne man $\|\mathfrak{A}\|_1$ und $\|\mathfrak{A}\|_\infty$ exakt sowie $\|\mathfrak{A}\|_2$ näherungsweise mit Hilfe der Formeln (14.1) und (14.2).

Lösung.   Mit Hilfe der Sätze 14.2.4 und 14.2.3 erhält man $\|\mathfrak{A}\|_1 = \|\mathfrak{A}\|_\infty = 0.4$.

Nach Satz 14.2.5 ist $\|\mathfrak{A}\|_2$ die Wurzel aus dem größten Eigenwert der Matrix

$$\mathfrak{A}^T \cdot \mathfrak{A} = \begin{pmatrix} 0.06 & -0.01 & 0.05 \\ -0.01 & 0.06 & -0.03 \\ 0.05 & -0.03 & 0.06 \end{pmatrix}.$$

Damit haben wir $\|\mathfrak{A}\|_2 \le \sqrt{0.18} \approx 0.424$ nach (14.1).

Um (14.2) verwenden zu können, benötigen wir nur die Mengen K_1, K_2 und K_3, da $\mathfrak{B} := \mathfrak{A}^T \cdot \mathfrak{A}$ symmetrisch ist. Es gilt (unter Beachtung von Satz 8.2.9):

$$K_1 := \{x \in \mathbb{R} \mid |b_{11} - x| \le \textstyle\sum_{j=1, j\neq 1}^{3} |b_{1j}|\} = \{x \in \mathbb{R} \mid |0.06 - x| \le 0.06\}$$

$$K_2 := \{x \in \mathbb{R} \mid |b_{22} - x| \le \textstyle\sum_{j=1, j\neq 2}^{3} |b_{2j}|\} = \{x \in \mathbb{R} \mid |0.06 - x| \le 0.04\}$$

$$K_3 := \{x \in \mathbb{R} \mid |b_{33} - x| \le \textstyle\sum_{j=1, j\neq 3}^{3} |b_{3j}|\} = \{x \in \mathbb{R} \mid |0.06 - x| \le 0.08\}.$$

Folglich gilt $K_1 \cup K_2 \cup K_3 = K_3$ und $x \le 0.14$ für alle $x \in K_3$. Damit erhalten wir $\|\mathfrak{A}\|_2 \le \sqrt{0.14} \approx 0.374$. $\square$

Bemerkung Die genaue Berechnung von $\|\mathfrak{A}\|_2$ aus obiger Aufgabe ist aufwendig. Zunächst hat man $p_3(x) := |\mathfrak{A} - \lambda \cdot \mathfrak{E}_3| = -\lambda^3 + 0.18\lambda^2 - 0.0073\lambda + 0.000036$ zu berechnen. Spätestens bei der Nullstellenberechnung von $p_3(x)$ sollte man ein Computerprogramm nutzen. Man erhält (z.B. mit Maple 8): $\lambda_1 = 0.005709919245$, $\lambda_2 = 0.05123626222$, $\lambda_3 = 0.1230538185$, womit $\|\mathfrak{A}\|_2 = \sqrt{\lambda_3} \approx 0.35$.

Aufgabe 14.3 *(Abschätzung für eine Matrixnorm)*

Man beweise die folgende Abschätzung für $\|\mathfrak{A}\|_2 = \sqrt{\tau}$, wobei τ der größte Eigenwert der Matrix $\mathfrak{A}^T \cdot \mathfrak{A}$ ist und $\mathfrak{A} := (\mathfrak{a}_1, \mathfrak{a}_2, ..., \mathfrak{a}_n) \in \mathbb{R}^{n \times n}$ (siehe Satz 14.2.5).

$$\|\mathfrak{A}\|_2 \le \sqrt{\mathfrak{a}_1^T \cdot \mathfrak{a}_1 + \mathfrak{a}_2^T \cdot \mathfrak{a}_2 + ... + \mathfrak{a}_n^T \cdot \mathfrak{a}_n} \tag{14.1}$$

Hinweis: Siehe Satz 8.2.8, (b).

Lösung.   Offenbar ist $\mathfrak{A}^T \cdot \mathfrak{A} = (\mathfrak{a}_i^T \cdot \mathfrak{a}_j)_{n,n}$. Die Matrix $\mathfrak{A}^T \cdot \mathfrak{A}$ ist symmetrisch und besitzt folglich nach Satz 8.2.9 nur reelle Eigenwerte. Zählt man die Vielfachheiten der Eigenwerte mit, gibt es genau n Eigenwerte, die wir mit $\tau_1, ..., \tau_n$ bezeichnen. Die Summe dieser Eigenwerte ist nach Satz 8.2.8, (b) gleich der Summe der Hauptdiagonalelemente der Matrix $\mathfrak{A}^T \cdot \mathfrak{A}$, d.h., es gilt

$$\tau_1 + \tau_2 + ... + \tau_n = \mathfrak{a}_1^T \cdot \mathfrak{a}_1 + \mathfrak{a}_2^T \cdot \mathfrak{a}_2 + ... + \mathfrak{a}_n^T \cdot \mathfrak{a}_n.$$

Wie im Beweis von Satz 8.2.8 gezeigt wurde, sind sämtliche Eigenwerte von $\mathfrak{A}^T \cdot \mathfrak{A}$ nichtnegativ. Folglich haben wir $\tau \leq \tau_1 + \tau_2 + ... + \tau_n = \sum_{i=1}^{n} \mathfrak{a}_i^T \cdot \mathfrak{a}_i$, woraus (14.1) folgt.   □

Die Abschätzung (14.1) ist recht grob (besonders für großes n). Indem man den betragsmäßig größten Wert aus der Menge, die in (14.2) angegeben ist, auswählt, erhält man für großes n in der Regel bessere Werte.

Aufgabe 14.4 *(Obermenge der Menge aller Eigenwerte einer Matrix)*
Für eine Matrix $\mathfrak{B} := (b_{ij})_{n,n} \in \mathbb{C}^{n \times n}$ seien die folgenden Mengen definiert:

$$K_i := \{x \in \mathbb{C} \,|\, |b_{ii} - x| \leq \sum_{j=1, j \neq i}^{n} |b_{ij}|\}$$

und

$$K_i' := \{x \in \mathbb{C} \,|\, |b_{ii} - x| \leq \sum_{i=1, i \neq j}^{n} |b_{ij}|\}$$

$(i = 1, 2, ..., n)$. Man beweise, daß dann alle Eigenwerte von $\mathfrak{B}$ zur Menge

$$(K_1 \cup K_2 \cup ... \cup K_n) \cap (K_1' \cup K_2' \cup ... \cup K_n') \qquad (14.2)$$

gehören.

Lösung.   Wir zeigen zunächst, daß jeder Eigenwert von $\mathfrak{B}$ zur Menge $K_1 \cup K_2 \cup ... \cup K_n$ gehört. Angenommen, es gibt einen Eigenwert λ von $\mathfrak{B}$ mit $\lambda \notin K_1 \cup K_2 \cup ... \cup K_n$, d.h., es gilt

$$\forall i \in \{1, ..., n\} : |b_{ii} - \lambda| > \sum_{j=1, j \neq i}^{n} |b_{ij}|. \qquad (14.3)$$

Zum Eigenwert λ existiert ein Eigenvektor $\mathfrak{x} := (x_1, ..., x_n)^T$, wobei das betragsmäßig größte x_i gleich 1 ist. O.B.d.A. sei $i = 1$. Wegen $(\mathfrak{B} - \lambda \mathfrak{E}_n) \cdot \mathfrak{x} = \mathfrak{o}$ haben wir dann

$$(b_{11} - \lambda) + b_{12} \cdot x_2 + ... + b_{1n} x_n = 0.$$

Folglich

$$|b_{11} - \lambda| = |b_{12} \cdot x_2 + ... + b_{1n} x_n| \leq |b_{12}| + |b_{13}| + ... + |b_{1n}|,$$

ein Widerspruch zu (14.3). Also gilt für jeden Eigenwert λ von $\mathfrak{B}$: $\lambda \in K_1 \cup K_2 \cup ... \cup K_n$.
Analog zeigt man $\lambda \in K_1' \cup K_2' \cup ... \cup K_n'$.   □

Die folgenden Aufgaben 14.5 und 14.6 setzen die Kenntnis des Abschnitts 14.3 voraus.

Aufgabe 14.5 *(Lösen eines LGS mit 2- und 10-stelliger Rechnung, Kondition des LGS)*

Man löse das LGS

$$0.89x - 0.87y = 3.4$$
$$-0.96x + 0.97y = -3.6$$

durch eine

(a) 2-stellige,
(b) 10-stellige

Rechnung und bestimme die Kondition dieses LGS (bezüglich der Maximumnorm).

Lösung.   Eine exakte Rechnung mit Hilfe der Cramerschen Regel liefert die Lösung

$$x = \frac{1660}{281}, \quad y = \frac{600}{281}$$

des LGS. Die hieraus berechenbare Darstellung der Lösung in Dezimalbrüchen

$$x = 5.9074747331, \quad y = 2.135231317.$$

erhält man auch bei 10-stelliger Rechnung mit den oben angegebenen Ausgangsdaten. Streicht man jedoch nach jeder ausgeführten Rechenoperation die ab der dritten Stelle nach dem Punkt auftretenden Dezimalen, so erhält man als Näherungslösung:

$$x = \frac{3.4 \cdot 0.97 - 3.6 \cdot 0.87}{0.89 \cdot 0.97 + 0.96 \cdot 0.87} \approx \frac{3.29 - 3.13}{0.86 - 0.83} = \frac{0.16}{0.03} \approx 5.33$$
$$y = \frac{-0.89 \cdot 3.6 + 3.4 \cdot 0.96}{0.89 \cdot 0.97 + 0.96 \cdot 0.87} \approx \frac{-3.20 + 3.26}{0.86 - 0.83} = \frac{0.06}{0.03} = 2.$$

Die zu $\mathfrak{A} := \begin{pmatrix} 0.89 & -0.87 \\ -0.96 & 0.97 \end{pmatrix}$ inverse Matrix ist $\frac{1}{0.0281} \begin{pmatrix} 0.97 & 0.87 \\ 0.96 & 0.89 \end{pmatrix}$. Folglich erhält man als Kondition des LGS (unter Verwendung von Satz 14.2.3)

$$\|\mathfrak{A}\|_\infty \cdot \|\mathfrak{A}^{-1}\|_\infty = 1.93 \cdot \frac{18500}{281} \approx 127.0640569.$$

Die Kondition des LGS erklärt auch die schlechten Näherungswerte bei 2-stelliger Rechnung (siehe dazu Satz 14.3.1).

Aufgabe 14.6 *(Fehlerabschätzung, Kondition eines LGS)*

Seien

$$\mathfrak{A} := \begin{pmatrix} -0.025 & 0.075 \\ 0.05 & -0.125 \end{pmatrix}, \quad \mathfrak{b} := \begin{pmatrix} 0.05 \\ -0.075 \end{pmatrix}, \quad \tilde{\mathfrak{b}} := \begin{pmatrix} 0.04 \\ -0.07 \end{pmatrix},$$

$\mathfrak{A} \cdot \mathfrak{x} = \mathfrak{b}$ und $\mathfrak{A} \cdot \tilde{\mathfrak{x}} = \tilde{\mathfrak{b}}$. Man berechne eine Abschätzung für den relativen Fehler

$$\frac{\|\mathfrak{x} - \tilde{\mathfrak{x}}\|_\infty}{\|\mathfrak{x}\|_\infty}.$$

Wie groß ist die Kondition des LGS $\mathfrak{A} \cdot \mathfrak{x} = \mathfrak{b}$?

Lösung.   Zum Lösen der Aufgabe benötigen wir

$$\mathfrak{A}^{-1} = \begin{pmatrix} 200 & 120 \\ 80 & 40 \end{pmatrix}.$$

Es gilt dann nach Satz 14.2.3 $\|\mathfrak{A}\|_\infty = 0.175$ und $\|\mathfrak{A}^{-1}\|_\infty = 320$, womit die Kondition $\|\mathfrak{A}\|_\infty \cdot \|\mathfrak{A}^{-1}\|_\infty$ des obigen LGS gleich 56 ist.
Mit Hilfe von Satz 14.3.1 erhält man dann die folgende Fehlerabschätzung:

$$\frac{\|\tilde{\mathfrak{x}} - \mathfrak{x}\|_\infty}{\|\mathfrak{x}\|_\infty} \leq \|\mathfrak{A}\|_\infty \cdot \|\mathfrak{A}^{-1}\|_\infty \cdot \frac{\|\tilde{\mathfrak{b}} - \mathfrak{b}\|_\infty}{\|\mathfrak{b}\|_\infty} = \frac{112}{15} = 7.4\overline{6}.$$

$\square$

Die nachfolgend verwendeten Verfahren zum näherungsweisen Lösen von LGS sind in den Abschnitten 14.4 und 14.5 zu finden.

Aufgabe 14.7 *(Näherungsweises Lösen eines LGS mit Konvergenz- und Fehleruntersuchungen)*
Für die nachfolgenden Aufgaben sei als LGS

$$\begin{aligned} 2x \ + \ y \ &= \ 7 \\ -x \ + \ 4y \ &= \ 10. \end{aligned}$$

gewählt.

(a) Man berechne bzw. gebe an:
   (α) die Kondition (bez. der Maximumnorm) des LGS;
   (β) das Gauß-Seidel-Verfahren zur näherungsweisen Berechnung der Lösung $\mathfrak{x}_\star$ des LGS sowie die Näherung $\mathfrak{x}_1$, wobei $\mathfrak{x}_0 = \mathfrak{o}$ gewählt sei;
   (γ) den relativen Fehler von $\mathfrak{x}_1$ bez. Maximumnorm (*Hinweis*: Die exakte Lösung des LGS ist $x = 2$, $y = 3$.);
(b) Man begründe die Konvergenz des Gauß-Seidel-Verfahrens.
(c) Wie viele Iterationsschritte sind beim Gauß-Seidel-Verfahren erforderlich, damit für die Näherung $\mathfrak{x}_n$ für $\mathfrak{x}_\star$ die Abschätzung $\|\mathfrak{x}_\star - \mathfrak{x}_n\| < 10^{-4}$ gilt?
(d) Man fertige eine Skizze zum Verfahren „Projektion auf Hyperebenen", wobei $\mathfrak{x}_0 := \mathfrak{o}$ ist, für das obige LGS an.

Lösung.   **(a):** Die zu $\mathfrak{A} := \begin{pmatrix} 2 & 1 \\ -1 & 4 \end{pmatrix}$ inverse Matrix ist $\frac{1}{9} \begin{pmatrix} 4 & -1 \\ 1 & 2 \end{pmatrix}$. Folglich erhält man als Kondition des LGS (unter Verwendung von Satz 14.2.3)

$$\|\mathfrak{A}\|_\infty \cdot \|\mathfrak{A}^{-1}\|_\infty = 5 \cdot \frac{5}{9} = \frac{25}{9}.$$

Mit Hilfe des Gauß-Seidel-Verfahrens

$$x^{(0)} := 0, \ y^{(0)} := 0,$$
$$n = 0, 1, 2, \dots$$
$$x^{(n+1)} := \tfrac{1}{2}(7 - y^{(n)})$$
$$y^{(n+1)} := \tfrac{1}{4}(10 + x^{(n)})$$

erhält man $\mathfrak{r}_1 := (x^{(1)}, y^{(1)})^T = (\tfrac{7}{2}, \tfrac{27}{8})^T$.

Wie man leicht nachprüft, ist $\mathfrak{r}_\star = (2,3)^T$ die exakte Lösung des LGS. Damit können wir den relativen Fehler von $\mathfrak{r}_1$ direkt berechnen:

$$\frac{\|\mathfrak{r}_1 - \mathfrak{r}\|_\infty}{\|\mathfrak{r}\|_\infty} = \frac{3}{2} \cdot \frac{1}{3} = \frac{1}{2}.$$

(b): Nach den Sätzen 14.4.3.1 und 14.4.3.2 konvergiert das oben angegebene Gauß-Seidel-Verfahren, wenn $\alpha < 1$ für das im Satz 14.4.3.2 angegebene α gezeigt werden kann. Setzt man $(a_{ij})_{2,2} := \mathfrak{A}$, so gilt für unser LGS

$$\alpha := \max\{\alpha_1, \alpha_2\},$$

wobei $\alpha_1 := |\frac{a_{12}}{a_{11}}| = \frac{1}{2}$ und $\alpha_2 := |\frac{a_{21}}{a_{22}}| \cdot \alpha_1 = \frac{1}{8}$. Also konvergiert das Gauß-Seidel-Verfahren wegen $\alpha = \frac{1}{2}$.

(c): Da das Gauß-Seidel-Verfahren nur ein Spezialfall des Iterationsverfahrens aus dem Banachschen Fixpunktsatz 13.2.1 ist und $k := \frac{1}{2}$ nach (b) gesetzt werden kann, können wir die Aufgabe (c) mit Hilfe der aus Satz 13.2.2 stammenden Formel

$$\forall n \geq 2 : \ \|\mathfrak{r}_\star - \mathfrak{r}_n\| \leq \frac{k^n}{1-k} \cdot \|\mathfrak{r}_1 - \mathfrak{r}_0\|,$$

wobei $\mathfrak{r}_\star$ die Lösung des LGS und $\mathfrak{r}_0, \mathfrak{r}_1$ die nach dem Gauß-Seidel-Verfahren berechneten ersten Näherungen sind, wie folgt lösen:
Anstelle von $\|\mathfrak{r}_\star - \mathfrak{r}_n\| < 10^{-4}$ fordern wir

$$\frac{k^n}{1-k} \cdot \|\mathfrak{r}_1 - \mathfrak{r}_0\| < 10^{-4}$$

und erhalten hieraus mit Hilfe der oben berechneten Werte die Bedingung

$$\frac{7}{2^n} < 10^{-4},$$

die nur für $n \geq 17$ gilt. Also benötigt man 17 Iterationsschritte, um mit Hilfe des Gauß-Seidel-Verfahrens eine Näherung mit der gewünschten Genauigkeit zu erhalten. Da wir, um auf die Zahl 17 zu kommen, eine recht grobe Abschätzung benutzt haben, ist zu erwarten, daß man auch mit weniger als 17 Iterationsschritte auskommt.

(d): Das Verfahren „Projektion auf Hyperebenen" zur Ermittlung der Lösung $\mathfrak{x}_*$ des gegebenen LGS läßt sich wie folgt geometrisch deuten: Man startet mit dem Punkt $\mathfrak{x}_0 := \mathfrak{o}$ und projiziert ihn auf die Gerade g. Die erhaltene Projektion $\mathfrak{x}_1$ wird anschließend auf die Gerade h projiziert, um $\mathfrak{x}_2$ zu erhalten. Die nächste Projektion erfolgt wieder auf g, usw.

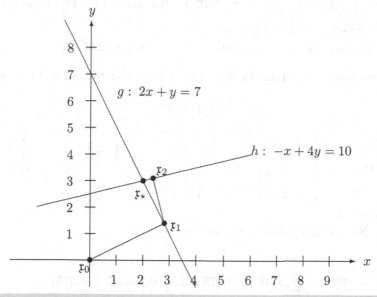

Aufgabe 14.8 *(Jacobi- und Gauß-Seidel-Verfahren)*

Gegeben sei das folgende LGS

$$
\begin{array}{rcrcrcrcr}
8x_1 & + & 2x_2 & + & 3x_3 & + & x_4 & = & 7 \\
 & & 4x_2 & + & x_3 & + & 2x_4 & = & 3 \\
x_1 & & & + & 8x_3 & & 3x_4 & = & -1 \\
x_1 & + & x_2 & & & + & 4x_4 & = & 9.
\end{array}
$$

Man gebe für dieses LGS das Jacobi- und das Gauß-Seidel-Verfahren an und berechne jeweils $\mathfrak{x}_1$, $\mathfrak{x}_2$ und $\mathfrak{x}_3$, indem man mit $\mathfrak{x}_0 := \mathfrak{o}$ beginnt. Man begründe die Konvergenz dieser Verfahren. Man gebe für beide Verfahren ein (möglichst kleines) i mit $\|\mathfrak{x}_i - \mathfrak{x}_*\|_\infty < 10^{-6}$ an.

Lösung. Das Jacobi-Verfahren beginnt mit der Wahl einer Näherung $\mathfrak{x}_0$ für die Lösung $\mathfrak{x}$ des LGS und weitere Näherungen $\mathfrak{x}_{i+1}$ erhält man durch Iteration gemäß der Formel

$$
\mathfrak{x}_{i+1} := \begin{pmatrix} \frac{7}{8} \\ \frac{3}{4} \\ -\frac{1}{8} \\ \frac{9}{7} \end{pmatrix} - \begin{pmatrix} 0 & \frac{1}{4} & \frac{3}{8} & \frac{1}{8} \\ 0 & 0 & \frac{1}{4} & \frac{1}{2} \\ \frac{1}{8} & 0 & 0 & \frac{3}{8} \\ \frac{1}{4} & \frac{1}{4} & 0 & 0 \end{pmatrix} \cdot \mathfrak{x}_i
$$

für $i = 0, 1, 2, \ldots$. Es gilt:

$\mathfrak{x}_0 := \mathfrak{o}$,

$\mathfrak{x}_1 = (\frac{7}{8}, \frac{3}{4}, -\frac{1}{8}, \frac{9}{4})^T = (0.875, 0.75, -0.125, 2.25)^T$,

$\mathfrak{x}_2 = (\frac{29}{64}, -\frac{11}{32}, -\frac{69}{64}, \frac{59}{32})^T = (0.453125, -0.34375, -1.078125, 1.84375)^T$,

$\mathfrak{x}_3 = (\frac{581}{512}, -\frac{25}{256}, -\frac{447}{512}, \frac{559}{256})^T = $
$= (1.134765625, -0.09765625, -0.873046875, 2.22265625)^T$

Das Gauß-Seidel-Verfahren, für das eine Matrizendarstellung nicht geeignet ist, lautet:
$$\mathfrak{x}_0 := (0, 0, 0, 0)^T,$$

$$
\begin{aligned}
x_1^{(m+1)} &= \tfrac{7}{8} &&&& - \tfrac{1}{4} \cdot x_2^{(m)} &&- \tfrac{3}{8} \cdot x_3^{(m)} &&- \tfrac{1}{8} \cdot x_4^{(m)} \\
x_2^{(m+1)} &= \tfrac{3}{4} &&&&&&- \tfrac{1}{4} \cdot x_3^{(m)} &&- \tfrac{1}{2} \cdot x_4^{(m)} \\
x_3^{(m+1)} &= -\tfrac{1}{8} &&- \tfrac{1}{8} \cdot x_1^{(m+1)} &&&&&&- \tfrac{3}{8} \cdot x_4^{(m)} , \\
x_4^{(m+1)} &= \tfrac{9}{4} &&- \tfrac{1}{4} \cdot x_1^{(m+1)} &&- \tfrac{1}{4} \cdot x_2^{(m+1)}
\end{aligned}
$$

wobei $m = 0, 1, 2, \ldots$.
Als erste Näherungen erhalten wir in diesem Fall:

$\mathfrak{x}_0 := \mathfrak{o}$,

$\mathfrak{x}_1 = (\frac{7}{8}, \frac{3}{4}, -\frac{15}{64}, \frac{59}{32})^T = (0.875, 0.75, -0.234375, 1.84375)^T$,

$\mathfrak{x}_2 = (\frac{279}{512}, -\frac{29}{256}, -\frac{3623}{4096}, \frac{4387}{2048})^T = $
$= (0.544921875, -0.11328125, -0.884521484, 2.142089844)^T$,

$\mathfrak{x}_3 = (\frac{31695}{32768}, \frac{1637}{16384}, -\frac{275039}{262144}, \frac{266491}{131072})^T = $
$= (0.967254638, -0.09991455, -1.049190521, 2.033164978)^T$

Die Konvergenz des Jacobi-Verfahrens folgt nach Satz 14.4.3.1 aus $\|\mathfrak{B}\|_\infty = \frac{3}{4}$, wobei

$$
\mathfrak{B} := - \begin{pmatrix} 0 & \frac{1}{4} & \frac{3}{8} & \frac{1}{8} \\ 0 & 0 & \frac{1}{4} & \frac{1}{2} \\ \frac{1}{8} & 0 & 0 & \frac{3}{8} \\ \frac{1}{4} & \frac{1}{4} & 0 & 0 \end{pmatrix}.
$$

Mit Hilfe von Satz 14.4.3.2 kann man die Maximumnorm der zum Gauß-Seidel-Verfahren gehörenden Matrix $\mathfrak{B}$ nach oben mit $\frac{3}{4}$ abschätzen, womit auch dieses Verfahren konvergiert.
Ein (möglichst kleines) i mit $\|\mathfrak{x}_i - \mathfrak{x}_*\|_\infty < 10^{-6}$ erhält man mit Hilfe von Satz 13.2.2, indem man $k = \frac{3}{4}$ setzt. Ergebnis: $i = 56$ für das Jacobi-Verfahren und $i = 55$ für das Gauß-Seidel-Verfahren. Dieses i ist natürlich nicht optimal, da die benutzte Ungleichung aus Satz 13.2.2 nur eine grobe Abschätzung ermöglicht.

Aufgabe 14.9 *(Konvergenzuntersuchungen zum Jacobi- und Gauß-Seidel-Verfahren)*

Das LGS

$$
\begin{aligned}
\alpha \cdot x_1 + x_2 - 7x_3 &= 2 \\
x_1 - 13x_2 - 5x_3 &= 0 \\
x_1 + x_2 + 13x_3 &= 7
\end{aligned}
$$

soll näherungsweise gelöst werden. Für welche $\alpha \in \mathbb{R}$ konvergiert das
(a) Jacobi-Verfahren,
(b) Gauß-Seidel-Verfahren
bezüglich der Maximumnorm?

Lösung. Damit das Jacobi-Verfahren konvergiert, muß $\alpha \in \mathbb{R} \setminus \{0\}$ so gewählt werden, daß das LGS genau eine Lösung besitzt und $\|\mathfrak{B}\|_\infty < 1$ gilt, wobei

$$
\mathfrak{B} := \begin{pmatrix}
0 & -\frac{1}{\alpha} & \frac{7}{\alpha} \\
\frac{1}{13} & 0 & \frac{5}{13} \\
-\frac{1}{13} & \frac{1}{13} & 0
\end{pmatrix}.
$$

Das Jacobi-Verfahren konvergiert folglich für $|\alpha| > 8$. Für das Gauß-Seidel-Verfahren erhält man ebenfalls die Bedingung $|\alpha| > 8$, wenn man Satz 14.4.3.2 verwendet.
Wie man leicht nachprüft, ist die Koeffizientendeterminante des LGS für $|\alpha| > 8$ von Null verschieden, womit das LGS genau eine Lösung besitzt.

Aufgabe 14.10 *(Projektion auf Hyperebenen)*

Man berechne mit Hilfe der Projektion auf Hyperebenen drei Näherungen $\mathfrak{x}_1$, $\mathfrak{x}_2$, $\mathfrak{x}_3$ für die Lösung $\mathfrak{x}$ ($= (1,1,1)^T$) des LGS

$$
\begin{aligned}
x_1 + 2x_2 \phantom{{}+ 3x_3} &= 3 \\
x_1 - 2x_2 \phantom{{}+ 3x_3} &= -1 \\
x_2 + 3x_3 &= 4,
\end{aligned}
$$

wobei $\mathfrak{x}_0 = \mathfrak{o}$ gewählt sei.

Lösung. Das Verfahren „Projektion auf Hyperebenen" aus Abschnitt 14.5.2 liefert die folgenden Näherungen für die Lösung $\mathfrak{x} := (x_1, x_2, x_3)^T$:

$$
\begin{aligned}
\mathfrak{x}_1 &= (\tfrac{3}{5}, \tfrac{6}{5}, 0)^T, \\
\mathfrak{x}_2 &= (\tfrac{19}{25}, \tfrac{22}{25}, 0)^T, \\
\mathfrak{x}_3 &= (\tfrac{19}{25}, \tfrac{149}{125}, \tfrac{117}{125})^T.
\end{aligned}
$$

Aufgabe 14.11 *(Gradientenverfahren)*

Man berechne mit Hilfe des Gradientenverfahrens die Lösung des folgenden LGS:

$$
\begin{aligned}
4x_2 - 2x_3 &= 2 \\
4x_1 + x_2 - 3x_3 &= 2 \\
-2x_1 - 3x_2 + 7x_3 &= 2
\end{aligned}
$$

Lösung.   Es sei

$$
\mathfrak{A} := \begin{pmatrix} 0 & 4 & -2 \\ 4 & 1 & -3 \\ -2 & -3 & 7 \end{pmatrix}, \quad \mathfrak{b} := \begin{pmatrix} 2 \\ 2 \\ 2 \end{pmatrix}.
$$

Das Gradientenverfahren aus Abschnitt 14.5.3 liefert dann wie folgt die exakte Lösung $x_1 = x_2 = x_3 = 1$ des LGS, wobei $\mathfrak{r}_0 := (0,0,0)^T$ gewählt ist:

$$
\mathfrak{r}_0 := \mathfrak{A} \cdot \mathfrak{r}_0 - \mathfrak{b} = (-2,-2,-2)^T,
$$
$$
\mathfrak{r}_1 := \mathfrak{r}_0 - \frac{\mathfrak{r}_0^T \cdot \mathfrak{r}_0}{\mathfrak{r}_0^T \cdot \mathfrak{A} \cdot \mathfrak{r}_0} \cdot \mathfrak{r}_0 = (1,1,1)^T.
$$

Wegen $\mathfrak{r}_1 := \mathfrak{A} \cdot \mathfrak{r}_1 - \mathfrak{b} = (0,0,0)^T$ bricht das Verfahren mit der Lösung $\mathfrak{r}_1$ ab.

Aufgabe 14.12 *(Verfahrens der konjugierten Gradienten)*

Man berechne mit Hilfe des Verfahrens der konjugierten Gradienten die Lösung des folgenden LGS:

$$
\begin{aligned}
3x_1 + 2x_2 + 2x_3 &= 3 \\
2x_1 + 3x_2 + 2x_3 &= 4 \\
2x_1 + 2x_2 + 3x_3 &= 0.
\end{aligned}
$$

Lösung.   Startet man mit der Näherung $\mathfrak{r}_0 := \mathfrak{o}$, so erhält man mit Hilfe des Verfahrens der konjugierten Gradienten aus Abschnitt 14.5:

$$
\mathfrak{p}_1 := \mathfrak{r}_0 = -\mathfrak{b} = (-3,-4,0)^T,
$$
$$
\mathfrak{r}_1 := \mathfrak{r}_0 - \frac{\mathfrak{r}_0^T \cdot \mathfrak{r}_0}{\mathfrak{r}_0^T \cdot (\mathfrak{A} \cdot \mathfrak{r}_0)} \cdot \mathfrak{r}_0 = (\tfrac{75}{123}, \tfrac{100}{123}, 0)^T,
$$
$$
\mathfrak{r}_1 = \mathfrak{A} \cdot \mathfrak{r}_1 - \mathfrak{b} = (\tfrac{56}{123}, \tfrac{42}{123}, \tfrac{350}{123})^T,
$$
$$
\mathfrak{p}_2 := \mathfrak{r}_1 - \frac{\mathfrak{r}_1^T \cdot \mathfrak{p}_1}{\mathfrak{p}_1^T \cdot (\mathfrak{A} \cdot \mathfrak{p}_1)} \cdot \mathfrak{p}_1 = (\tfrac{8400}{15129}, \tfrac{25550}{15129}, \tfrac{350}{123})^T
$$
$$
\mathfrak{r}_2 := \mathfrak{r}_1 - \frac{\mathfrak{r}_1^T \cdot \mathfrak{p}_2}{\mathfrak{p}_2^T \cdot (\mathfrak{A} \cdot \mathfrak{p}_2)} \cdot \mathfrak{p}_2 \approx (0.999786344, 1.9998056, -1.9996743)^T,
$$
usw.

Bei exakter Rechnung ist $\mathfrak{r}_3 = (1, 2, -2)^T$ die Lösung des LGS.

Aufgaben zu:
Interpolation

Aufgabe 15.1 *(Beispiel zum Satz 15.1.1)*

Ist das Interpolationsproblem mit

$$n := 2, \ [a,b] := [0, \frac{\pi}{2}], \ y_1(x) := \sin x, \ y_2(x) := \cos x$$

für beliebige Referenzen aus dem Intervall $[a,b]$ und einer beliebigen Funktion $f \in C[a,b]$ lösbar?

Lösung. Nach Satz 15.1.1 ist obiges Problem genau dann lösbar, wenn die Haarsche Bedingung

$$\forall x_1, x_2 \in [0, \frac{\pi}{2}] \ (x_1 < x_2 \implies \begin{vmatrix} y_1(x_1) & y_2(x_1) \\ y_1(x_2) & y_2(x_2) \end{vmatrix} \neq 0)$$

erfüllt ist.

Es gilt (unter Verwendung eines Additionstheorems der trigonometrischen Funktionen)

$$\begin{vmatrix} y_1(x_1) & y_2(x_1) \\ y_1(x_2) & y_2(x_2) \end{vmatrix} = \begin{vmatrix} \sin x_1 & \cos x_1 \\ \sin x_2 & \cos x_2 \end{vmatrix} = \sin(x_1 - x_2).$$

Folglich ist das oben angegebene Interpolationsproblem lösbar.

Aufgabe 15.2 *(Lagrangesches Interpolationspolynom)*

Seien $x_i := 2 \cdot i$ für $i = 0,1,2,3$ und

$$f(0) = 7, \ f(2) = 2, \ f(4) = -6, \ f(6) = 0.$$

Geben Sie das Lagrangesche Interpolationspolynom $p_3(x)$ mit $p_3(x_i) = f(x_i)$, $i = 0,1,2,3$ an.

D. Lau, *Übungsbuch zur Linearen Algebra und analytischen Geometrie*, 2. Aufl., Springer-Lehrbuch, DOI 10.1007/978-3-642-19278-4_15, © Springer-Verlag Berlin Heidelberg 2011

Lösung. Nach Satz 15.2.2 gilt

$$p_3(x) = \sum_{i=0}^{3} f(x_i) \cdot \frac{(x-x_0)...(x-x_{i-1})(x-x_{i+1})...(x-x_3)}{(x_i-x_0)...(x_i-x_{i-1})(x_i-x_{i+1})...(x_i-x_3)}$$

$$= 7\frac{(x-2)(x-4)(x-6)}{(0-2)(0-4)(0-6)} + 2\frac{x(x-4)(x-6)}{2(2-4)(2-6)} - 6\frac{x(x-2)(x-6)}{4(4-2)(4-6)} + 0 \cdot \frac{x(x-2)(x-4)}{6(6-2)(6-4)}.$$

Aufgabe 15.3 *(Eigenschaften der Lagrangekoeffizienten)*

Seien $L_i(x)$ für $i = 0, 1, ..., n$ die Lagrangekoeffizienten zu einer gegebenen Referenz $x_0 < x_1 < \cdots < x_n$. Man beweise $\sum_{i=0}^{n} L_i(x) = 1$.

Lösung. Wählt man im Satz 15.2.2 $f(x) = 1$, so ist $g(x) := \sum_{i=0}^{n} L_i(x)$ das Lagrangesche Interpolationspolynom für die Referenz $x_0 < x_1 < \cdots < x_n$ mit $f(x_i) = g(x_i)$ für alle $i \in \{0, 1, \cdots, n\}$. Andererseits ist die Funktion $f(x) = 1$ offensichtlich ein Polynom, das das zu Satz 15.2.2 gehörende Interpolationsproblem mit $f(x) = 1$ erfüllt. Nach Satz 15.2.1 gibt es jedoch nur genau eine Lösung des oben beschriebenen Problems, womit $\sum_{i=0}^{n} L_i(x) = 1$ gilt.

Aufgabe 15.4 *(Newtonsches Interpolationspolynom)*

Seien $x_i := i$ für $i = 0, 1, 2, 3, 4, 5$ und $f(0) = -1$, $f(1) = 0$, $f(2) = 13$, $f(3) = 146$, $f(4) = 723$, $f(5) = 2404$. Berechnen Sie das Newtonsche Interpolationspolynom $g(x)$ mit $\text{Grad}(g) \leq 5$ und $g(x_i) = f(x_i)$ für alle $i \in \{0, 1, 2, 3, 4, 5\}$.

Lösung. Die Koeffizienten des Newtonschen Interpolationspolynoms kann man mit Hilfe des im Abschnitt 15.2 angegebenen Schemas wie folgt berechnen:

0	-1					
1	0	1				
2	13	7	6			
3	146	49	24	18		
4	723	181	60	27	9	
5	2404	481	120	38	10	1

Es gilt damit

$$g(x) = -1 + x + 6x(x-1) + 18x(x-1)(x-2) + 9x(x-1)(x-2)(x-3)$$
$$+ x(x-1)(x-2)(x-3)(x-4)$$
$$= -1 + x + x^2 - x^3 - x^4 + x^5.$$

Aufgabe 15.5 *(Neville-Algorithmus)*

Mit Hilfe des Neville-Algorithmus berechne man den Wert des Polynoms $p_5(x)$ aus Aufgabe 15.4 für $x = 6$.

Lösung. Den Neville-Algorithmus und ein Beispiel dazu findet man in Abschnitt 15.2. Es gilt $p_5(6) = 6305$.

Aufgabe 15.6 *(Näherungsweise Integration mit Hilfe von Interpolationspolynomen)*

Interpolationspolynome lassen sich auf folgende Weise benutzen, um Integrale näherungsweise zu berechnen: Zu gegebener Referenz

$$a \le x_0 < x_1 < x_2 < ... < x_n \le b$$

und den Funktionswerten

$$f(x_0), f(x_1), f(x_2), ..., f(x_n)$$

läßt sich das Lagrangesche Interpolationspolynom

$$g(x) := \sum_{i=0}^{n} f(x_i) \cdot L_i(x)$$

bestimmen. Integriert man anstelle von f die Funktion g, so erhält man

$$\int_a^b f(x)\, dx \approx \sum_{i=0}^{n} f(x_i) \cdot \int_a^b L_i(x)\, dx. \tag{15.1}$$

Setzt man $h := \frac{b-a}{n}$ und $x_i := a + i \cdot h$, so folgen aus (15.1) die sogenannten **Newton-Cotes-Formeln** zur numerischen Integration von f über dem Intervall $[a, b]$:

$$\int_a^b f(x)\, dx \approx \sum_{i=0}^{n} f(a + i \cdot h) \cdot \int_a^b L_i(x)\, dx \tag{15.2}$$

mit

$$L_i(x) :=$$

$$\frac{(x-a)(x-(a+h))...(x-(a+(i-1)h))(x-(a+(i+1)h))...(x-b)}{(ih)((i-1)h)...(h)(-h)...((i-n)h)}$$

Man verifiziere die folgenden drei Spezialfälle von (15.2):

n	h	Newton-Cotes-Formel	Bezeichnung
1	$b - a$	$\frac{h}{2} \cdot (f(a) + f(b))$	Trapezregel
2	$\frac{b-a}{2}$	$\frac{h}{3} \cdot (f(a) + 4f(a + h) + f(b))$	Simpson-Regel
3	$\frac{b-a}{3}$	$\frac{3h}{8} \cdot (f(a) + 3f(a + h) + 3f(a + 2h) + f(b))$	$\frac{3}{8}$-Regel

Lösung. Zur Veranschaulichung der Trapezregel die nachfolgende Skizze, in der $a = 1$, $b = 4$ und $h = 3$ gesetzt ist.

Da ein Trapez mit der Höhe h und den Längen $f(a)$ sowie $f(b)$ der parallelen Seiten den Flächeninhalt $\frac{h}{2} \cdot (f(a) + f(b))$ hat, kann man sich im Fall $n = 1$ die Integration der Lagrangekoeffizienten sparen und erhält aus der geometrischen Deutung der Newton-Cotes-Formel die Trapezregel.

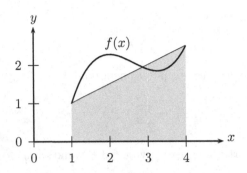

Beim Verifizieren der Simpson-Regel und der $\frac{3}{8}$-Regel sollte man vor dem Integrieren der Lagrangekoeffizienten die Substitution $x = a + t \cdot h$ durchführen. Man erhält

$$\int_a^b L_i(x)\,dx = h \cdot \int_0^n \frac{t(t-1)(t-2)...(t-i+1)(t-i-1)...(t-n)}{i(i-1)(i-2)...(i-i+1)(i-i-1)...(i-n)}\,dt.$$

Für $n = 2$ und $h = \frac{b-a}{2}$ folgt aus obiger Formel:

$$\int_a^b L_0(x)\,dx = h \cdot \int_0^2 \frac{(t-1)(t-2)}{(-1)(-2)}\,dt = \frac{h}{2}\int_0^2 (t^2 - 3t + 2)\,dt = \frac{h}{3},$$

$$\int_a^b L_1(x)\,dx = h \cdot \int_0^2 \frac{t(t-2)}{1(1-2)}\,dt = -h \cdot \int_0^2 (t^2 - 2t)\,dt = \frac{4 \cdot h}{3},$$

$$\int_a^b L_2(x)\,dx = h \cdot \int_0^2 \frac{t(t-1)}{2(2-1)}\,dt = \frac{h}{2} \cdot \int_0^2 (t^2 - t)\,dt = \frac{h}{3},$$

womit die Simpson-Regel bewiesen ist.

Auf analoge Weise kann man die $\frac{3}{8}$-Regel beweisen.

Aufgaben zu:
Grundlagen der Kombinatorik

Aufgabe 16.1 *(Permutationen und Variationen)*

Ein Computer-Paßwort bestehe aus n Zeichen, die aus einer m-elementigen Menge M gewählt sind, wobei $m \geq n$ und $\{1,2,3,4,5,a,b,c,d,e\} \subseteq M$. Man bestimme die Anzahl der möglichen Paßwörter $p := p_1 p_2 ... p_n$ mit $\{p_1,...,p_n\} \subseteq M$, die genau eine der nachfolgenden Bedingungen erfüllen.

(a) Die Zeichen des Paßwortes p sind paarweise verschieden.

(b) Das Paßwort p enthält nur die Zeichen a, b und 4, wobei a genau 5mal, b genau 10mal und 4 genau $(n-15)$-mal vorkommt.

(c) Die Zeichen von p sind paarweise verschieden und nur die ersten beiden Zeichen von p sind aus der Menge $\{1,2,3,4,5\}$.

(d) Es gilt $p = p_n p_{n-1} p_{n-2} ... p_2 p_1$, d.h., p ist ein sogenanntes *Palindrom*.

(e) An keiner Stelle steht im Paßwort p das Zeichen 3.

(f) An genau einer Stelle steht im Paßwort p das Zeichen 3.

(g) An mindestens zwei Stellen steht im Paßwort p das Zeichen 3.

Lösung. Da bekanntlich die Reihenfolge der Zeichen in einem Paßwort eine Rolle spielt, ist inhaltlich das oben beschriebene Paßwort p das n-Tupel $(p_1, p_2, ..., p_n) \in M^n$.

Mit $anz(x)$ sei nachfolgend die Anzahl der Möglichkeiten für $p \in M^n$, die der Bedingung (x) genügen, bezeichnet, $x \in \{a,b,c,...,g\}$.

(a): Es gilt $anz(a) = V_m^n = m \cdot (m-1) \cdot (m-2) \cdot ... \cdot (m-n+1)$.

(b): Es gilt $anz(b) = P_m^{5,10,n-15} = \frac{n!}{5! \, 10! \, (n-15)!}$.

(c): Es gilt $anz(c)+ = V_5^2 \cdot V_{m-5}^{n-2} = 5 \cdot 4 \cdot (m-5) \cdot (m-6) \cdot ... \cdot (m-n-1)$.

(d): Palindrome für $n \in \{1,2,3,4\}$ sind von der Form p_1, $p_1 p_1$, $p_1 p_2 p_1$, bzw. $p_1 p_2 p_2 p_1$, womit $anz(d) = m$ für $n \in \{1,2\}$ und $anz(d) = m^2$ für $n \in \{3,4\}$ gilt. Allgemein betrachten wir zunächst den Fall $n = 2 \cdot t$ mit $t \in \mathbb{N}$. Damit $(p_1, p_2, ..., p_t, p_{t+1}, p_{t+2}, ..., p_{n-1}, p_n)$ ein Palindrom ist, muß

D. Lau, *Übungsbuch zur Linearen Algebra und analytischen Geometrie*, 2. Aufl., Springer-Lehrbuch, DOI 10.1007/978-3-642-19278-4_16, © Springer-Verlag Berlin Heidelberg 2011

$p_1 = p_n$, $p_2 = p_{n-1}$, ..., $p_t = p_{t+1}$ sein. Im Fall $n = 2 \cdot t + 1$ mit $t \in \mathbb{N}_0$ ist $(p_1, p_2, ..., p_t, p_{t+1}, p_{t+2}, ..., p_{n-1}, p_n)$ genau dann ein Palindrom, wenn $p_1 = p_n$, $p_2 = p_{n-1}$, ... und $p_t = p_{t+2}$ gilt.

Folglich ist $anz(d)$ gleich der Mächtigkeit der Menge M^t, falls $n = 2 \cdot t$. Im Fall $n = 2 \cdot t + 1$ ist $anz(d)$ gleich der Mächtigkeit der Menge M^{t+1}.

Also haben wir $anz(d) = m^t$ für $n = 2 \cdot t$ und $anz(d) = m^{t+1}$ für $n = 2 \cdot t + 1$.

(e): Es gilt $anz(e) = |(M \setminus \{3\})^n| = V_{m-1}^{n,W} = (m-1)^n$.

(f): Es gilt

$$
\begin{aligned}
anz(f) &= |\{(3, p_1, ..., p_{n-1}), (p_1, 3, p_2, ..., p_{n-1}), ..., (p_1, ..., p_{n-1}, 3) \mid \\
&\quad (p_1, ..., p_{n-1}) \in (M \setminus \{3\})^{n-1}\}| \\
&= n \cdot (m-1)^{n-1}.
\end{aligned}
$$

(g): Es gilt

$$
\begin{aligned}
anz(g) &= |M^n| - anz(e) - anz(f) = m^n - (m-1)^n - n \cdot (m-1)^{n-1} \\
&= m^n - (m-1)^{n-1} \cdot (m + n - 1).
\end{aligned}
$$

Aufgabe 16.2 *(Lexikographische Anordnung von Permutationen mit Wiederholung)*

Wie viele Permutationen können aus den Buchstaben a, b, b, c, d, e, f, f, g, g, g gebildet werden? Wie lautet die 2011te Permutation bei einer lexikographischen Anordnung dieser Permutationen?

Lösung. Es gibt genau

$$
\frac{11!}{(2!)^2 \cdot (3!)} = 831600
$$

Permutationen mit Wiederholung der Buchstaben a, b, b, c, d, e, f, f, g, g, g. Die betrachteten Permutationen schreiben wir nachfolgend als Wörter auf. Ordnet man diese Wörter lexikographisch, so erhält man eine Liste, in der an erster Stelle das Wort $abbcdeffggg$ steht. Um das 2011te Wort in der Liste zu finden, überlegen wir uns zunächst wie viele Wörter mit $abbc$, $abbd$, $abbe$ oder $abbf$ beginnen. Wie man leicht nachprüft, gibt es genau $\frac{7!}{(2!) \cdot (3!)} = 420$ Möglichkeiten für Wörter mit dem Anfang $abbx$, wobei $x \in \{c, d, e\}$.

Die Anzahl der Wörter mit dem Anfang $abbf$ ist $\frac{7!}{3!} = 840$. Wegen $3 \cdot 420 = 1260$ und $1260 + 840 = 2100$ steht am Anfang der 2011ten Wortes aus der Liste die Buchstabenfolge $abbf$. Wörter mit dem Anfang $abbfx$, wobei $x \in \{c, d, e, f\}$, gibt es jeweils $\frac{6!}{3!} = 120$ Stück. Genau $\frac{6!}{2!} = 360$ Wörter beginnen mit $abbfg$. Wegen $1260 + 4 \cdot 120 = 1740$ und $1740 + 360 = 2100$ beginnt unser gesuchtes Wort mit $abbfg$. Jeweils $\frac{5!}{2!} = 60$ Wörter mit dem Anfang $abbfgx$, wobei $x \in \{c, d, e, f\}$, gibt es. Wegen $1740 + 4 \cdot 60 = 1980$ ist $abbfggcdefg$ folglich das 1981ste Wort. Für Wörter mit dem Anfang $abbfggc$ gibt es $4! =$

24 Möglichkeiten. Damit ist $abbfggdcefg$ das 2005te Wort und $abbfggdcgfe$ das 2010te Wort. Danach kommt auf dem 2011ten Platz der Liste das Wort. $abbfggecfg$.

Aufgabe 16.3 *(Kombinationen ohne Wiederholung)*

Ein Unternehmen hat 15 Mitarbeiter, die in den Abteilungen A, B oder C arbeiten, wobei 4 Personen zur Abteilung A, 5 Personen zur Abteilung B und 6 Personen zur Abteilung C gehören. Zum Erledigen eines Auftrags soll ein Team aus 9 Personen zusammengestellt werden. Man bestimme die Anzahl der Möglichkeiten zur Bildung dieses Teams, wenn jeweils eine der folgenden Bedingungen erfüllt ist.

(a) Es ist egal aus welchen Abteilungen die Mitglieder des Teams kommen.
(b) Aus jeder Abteilung gehören genau 3 Personen zum Team.
(c) Aus der Abteilung A gehören genau 2 Personen und aus Abteilung B genau 3 Personen zum Team.
(d) Keine Person aus Abteilung A gehört zum Team.
(e) Genau eine Person aus Abteilung A gehört zum Team.
(f) Mindestens zwei Personen aus Abteilung A gehören zum Team.
(g) Das Team besteht nur aus Mitgliedern von genau zwei Abteilungen.
(h) Aus jeder Abteilung gehört mindestens ein Mitglied zum Team.

Lösung. Wir setzen $A := \{a_1, a_2, a_3, a_4\}$, $B := \{b_1, b_2, ..., b_5\}$ und $C := \{c_1, c_2, ..., c_6\}$, wobei diese Mengen paarweise disjunkt seien. Ein Team entspricht dann einer 9elementigen Teilmenge T von $A \cup B \cup C$. Erfüllt T eine Bedingung (x) von oben, schreiben wir $T_{(x)}$ ($x \in \{a, b, c, ...\}$). Die Anzahl der Möglichkeiten für $T_{(x)}$ wird nachfolgend mit t_x bezeichnet.

(a): Es gibt $C_{15}^{9} = \binom{15}{9} = \binom{15}{6} = 5005$ Möglichkeiten aus der 15elementigen Menge $A \cup B \cup C$ eine 9elementige Teilmenge T zu bilden. d.h., $t_a = 5005$.

(b): Sei $X_3 := \{X' \subset X \,|\, |X'| = 3\}$ für $X \in \{A, B, C\}$. Ein Team $T_{(b)}$, das die Bedingung (b) erfüllt, ist dann von der Gestalt $a \cup b \cup c$, wobei $(a, b, c) \in A_3 \times B_3 \times C_3$. Folglich gilt nach der Produktregel $t_b = |A_3| \cdot |B_3| \cdot |C_3| = \binom{4}{3} \cdot \binom{5}{3} \cdot \binom{6}{3} = 800$.

(c): Analog zu (b) erhält man $t_c = \binom{4}{2} \cdot \binom{5}{3} \cdot \binom{6}{4} = 900$.

(d): Analog zu (a) erhält man $t_d = \binom{11}{9} = \binom{11}{2} = 55$.

(e): Analog zu (b) erhält man $t_e = \binom{4}{1} \cdot \binom{11}{8} = 4 \cdot \binom{11}{3} = 660$.

(f): Es gilt $t_f = t_a - (t_d + t_e) = 5005 - (55 + 660) = 4290$.

(g): Nach (d) gibt es genau $\binom{11}{9} = \binom{11}{2} = 55$ Teams T mit $T \subseteq B \cup C$. Wegen $|A| = 4$ und $|B| = 5$ erfüllt nur das Team $T = A \cup B$ die Bedingung $T \subseteq A \cup B$. Für Teams T mit $T \subseteq A \cup C$ gibt es genau 10 Möglichkeiten. Folglich $anz(g) = 55 + 1 + 10 = 66$.

(h): Es gilt $anz(h) = anz(a) - anz(g) = 5005 - 66 = 4939$.

Aufgabe 16.4 *(Beweis von Eigenschaften der Binomialkoeffizienten mittels kombinatorischer Methoden)*

Es seien $k, m, n \in \mathbb{N}_0$ mit $0 \leq k \leq n$. Man beweise die folgenden Eigenschaften der Binomialkoeffizienten unter Verwendung der Eigenschaft $C_n^k = \binom{n}{k}$:

(a) $\binom{n}{k} = \binom{n}{n-k}$,

(b) $(1 + x)^n = \sum_{k=0}^{n} \binom{n}{k} \cdot x^k$,

(c) $\sum_{k=0}^{n} \binom{n}{k} = 2^n$,

(d) $\sum_{i=0}^{k} \binom{n}{i} \cdot \binom{m}{k-i} = \binom{n+m}{k}$,

(e) $\sum_{k=0}^{n} \binom{n}{k}^2 = \binom{2 \cdot n}{n}$,

(f) $\binom{n}{k} + \binom{n}{k+1} = \binom{n+1}{k+1}$.

Lösung.   **(a):** Bezeichne T_v die Menge aller v-elementigen Teilmengen einer n-elementigen Menge N. Dann ist die Abbildung

$$f : T_k \longrightarrow T_{n-k}, \ A \mapsto M \setminus A$$

eine bijektive Abbildung. Folglich ist die Anzahl $\binom{n}{k}$ aller k-elementigen Teilmengen von N gleich der Anzahl $\binom{n}{n-k}$ aller $(n-k)$-elementigen Teilmengen von N.

(b): Wir betrachten zunächst den Ausdruck

$$\prod_{i=1}^{n}(1 + x_i) := \underbrace{(1 + x_1) \cdot (1 + x_2) \cdot \ldots \cdot (1 + x_n)}_{n\text{-mal}}. \tag{16.1}$$

Das Produkt (16.1) ist gleich

$$\sum_{T \subseteq \{1,2,\ldots,n\}} \left(\prod_{i \in T} x_i\right), \tag{16.2}$$

da nach Abschluß des Ausmultiplizierens die Summe aller möglichen Ausdrücke der Form

$$\underbrace{a_1}_{\in\{1,x_1\}} \cdot \underbrace{a_2}_{\in\{1,x_2\}} \cdot \ldots \cdot \underbrace{a_n}_{\in\{1,x_n\}} \tag{16.3}$$

herauskommt und (16.3) bestimmt ist, wenn man diejenigen $i \in \{1, 2, \ldots, n\}$ mit $a_i = x_i$ angibt. Ersetzt man dann in (16.2) jedes x_i mit $i \in \{1, 2, \ldots, n\}$ durch x, so sind genau $\binom{n}{i}$ der Summanden gleich x^i. Folglich gilt

$$(1 + x)^n = \sum_{i=0}^{n} \binom{n}{i} \cdot x^i. \tag{16.4}$$

(c): Wählt man $x = 1$ in (16.4), erhält man die Behauptung (b).

(d): Seien A und B disjunkte Mengen mit $|A| = n$ und $|B| = m$. Außerdem bezeichne T_k die Menge aller k-elementigen Teilmengen von $A \cup B$. Dann gilt $|T_k| = \binom{n+m}{k}$ nach Abschnitt 16.2.5. Die Anzahl der Elemente von T_k kann man aber auch wie folgt bestimmen: Sei $T \in T_k$ mit $|T \cap A| = i$ und $|T \cap B| = k - i$. Dann gibt es für $T \cap A$ genau $\binom{n}{i}$ Möglichkeiten und für $T \cap B$ genau $\binom{m}{k-i}$ Möglichkeiten. Folglich haben wir

$$|T_k| = \binom{n+m}{k} = \sum_{i=0}^{k} \binom{n}{i} \cdot \binom{m}{k-i}.$$

(e): Setzt man $m = n$, so folgt aus (d) und (a)

$$\sum_{i=0}^{k} \binom{n}{i} \cdot \underbrace{\binom{m}{k-i}}_{=\binom{n}{i}} = \binom{2 \cdot n}{k}.$$

(f): Da für $k = 0$ die Aussage (f) unmittelbar aus der Definition der Binomialkoeffizienten folgt, sei nachfolgend $k \geq 1$.

Durch Wahl von $m = 1$ und Ersetzen von k durch $k + 1$ erhalten wir aus (d) die Gleichung

$$\sum_{i=0}^{k+1} \binom{n}{i} \cdot \binom{1}{k+1-i} = \binom{n+1}{k+1}. \tag{16.5}$$

Wegen $k \geq 1$ ist die linke Seite der Gleichung (16.5) gleich zu

$$\left(\sum_{i=0}^{k-1} \binom{n}{i} \cdot \underbrace{\binom{1}{k+1-i}}_{=0} \right) + \binom{n}{k} \cdot \binom{1}{1} + \binom{n}{k+1} \cdot \binom{1}{0} = \binom{n}{k} + \binom{n}{k+1}.$$

Folglich gilt (f).

Aufgabe 16.5 *(Bestimmung der Mächtigkeit von gewissen endlichen Mengen)*

Für beliebige $m, n \in \mathbb{N}$ seien

$$A_{m,n} := \{(x_1, x_2, ..., x_m) \in \mathbb{N}_0^m \,|\, x_1 + x_2 + ... + x_m = n\},$$
$$B_{m,n} := \{(x_1, x_2, ..., x_m) \in \mathbb{N}^m \,|\, x_1 + x_2 + ... + x_m = n\}.$$

Man beweise

(a) $|A_{m,n}| = |B_{m,m+n}|$,

(b) $|B_{m,n}| = \binom{n-1}{m-1}$,

(c) $|A_{m,n}| = \binom{m+n-1}{m-1}$.

Lösung.   **(a):** Da die Abbildung

$$f : A_{m,n} \longrightarrow B_{m,m+n}, \ (x_1, x_2, ..., x_m) \mapsto (x_1 + 1, x_2 + 1, ..., x_m + 1)$$

bijektiv ist, gilt (a).

(b): Wir wählen zunächst $m = 3$ und $n = 5$. Ersetzt man in der Summe

$$(1 + 1 + 1 + 1 + 1)$$

zwei der vier Pluszeichen jeweils durch ein Komma (z.B. (1,1+1,1+1)) und berechnet die Einzelsummen (im Beispiel: (1,2,2)), erhält man ein Element aus $B_{3,5}$. Die Menge $B_{3,5}$ ist offenbar die Menge aller Tripel, die nach obiger Methode gebildet werden können. Da es $\binom{4}{2}$ unterschiedliche Möglichkeiten gibt, zwei der 4 Pluszeichen auszuwählen, gilt folglich $|B_{3,5}| = \binom{4}{2}$. Verallgemeinern läßt sich dieses Beispiel wie folgt:
Die Zahl n ist als Summe von Einsen unter Verwendung von $n - 1$ Pluszeichen darstellbar. Alle m-Tupel aus $B_{m,n}$ erhält man aus $\underbrace{(1 + 1 + ... + 1)}_{=n}$,
indem man alle Möglichkeiten betrachtet, $m - 1$ der Pluszeichen durch jeweils ein Komma zu ersetzen, und dann die Einzelsummen berechnet. Folglich gilt $|B_{m,n}| = \binom{n-1}{m-1}$.

(c): Die Aussage (c) folgt aus (a) und (b) wie folgt:

$$|A_{m,n}| = |B_{m,m+n}| = \binom{(m+n)-1}{m-1}.$$

Aufgabe 16.6 *(Inklusion-Exklusion-Formel)*
Mit Hilfe der Inklusion-Exklusion-Formel bestimme man die Anzahl aller

$$n \in A := \{x \in \mathbb{N} \,|\, 1 \le x \le 30\},$$

die teilerfremd zu 30 sind.

Lösung.   Sei $A_t := \{n \in A \,|\, t \text{ teilt } n\}$. Dann ist die gesuchte Anzahl gleich

$$30 - |A_2 \cup A_3 \cup A_5| = 8,$$

wobei man $|A_2 \cup A_3 \cup A_5|$ mittels (16.1) aus Satz 16.3.1 wie folgt berechnen kann:

$$|A_2 \cup A_3 \cup A_5| = 15 + 10 + 6 - (5 + 3 + 2) + 1 = 22.$$

Aufgabe 16.7 *(Siebformel)*

Unter Verwendung der Siebformel bestimme man die Mächtigkeit der Menge

$$P := \{x \in \mathbb{P} \mid x \leq 100\}.$$

Hinweis: Es sei

$$A := \{x \in \mathbb{N} \mid x \leq 100\},$$
$$A_t := \{x \in A \mid t \text{ ist Teiler von } x\}, \qquad t \in \mathbb{N}.$$

Außerdem sei $\lfloor x \rfloor$ das *größte Ganze von* $x \in \mathbb{R}$, d.h., mit $\lfloor x \rfloor$ wird die größte ganze Zahl z bezeichnet, für die $z \leq x < z+1$ gilt.
Man überlege sich zunächst, daß

$$|P| = |A \setminus (A_2 \cup A_3 \cup A_5 \cup A_7)| + 4 - 1,$$

$|A_t| = \lfloor \frac{100}{t} \rfloor$ und $A_m \cap A_n = A_{m \cdot n}$ gilt, falls m und n teilerfremd sind.

Lösung.   Sei $(p_n)_{n \in \mathbb{N}}$ die Folge der Primzahlen mit $p_i < p_j$ für $i < j$ ($i, j \in \mathbb{N}$), d.h., $p_1 = 2$, $p_2 = 3$, $p_3 = 5$, $p_4 = 7, \ldots$.
Für jedes $n \in \mathbb{N}$ existieren ein $t \in \mathbb{N}$ und gewisse $a_1, \ldots, a_t \in \{0,1\}$ mit

$$n = p_1^{a_1} \cdot p_2^{a_2} \cdot \ldots \cdot p_t^{a_t} \tag{16.6}$$

und $a_t \neq 0$. Falls $n \neq 1$ und n keine Primzahl ist, existiert ein $i \in \{1, \ldots, t\}$ mit $a_i \geq 2$ oder für verschiedene $i, j \in \{1, \ldots, t\}$ ist $a_i \geq 1$ und $a_j \geq 1$. Da $p_i \cdot p_j > 100$ für alle $p_i \geq 11$ und $p_j \geq 11$, gehört jede Nicht-Primzahl ($\neq 1$) aus A zur Menge

$$A_2 \cup A_3 \cup A_5 \cup A_7.$$

Wegen

$$\mathbb{P} \cap (A_2 \cup A_3 \cup A_5 \cup A_7) = \{2, 3, 5, 7\}$$

und

$$1 \in A \setminus (A_2 \cup A_3 \cup A_5 \cup A_7)$$

gilt folglich

$$|P| = |A \setminus (A_2 \cup A_3 \cup A_5 \cup A_7)| + 4 - 1.$$

$|A \setminus (A_2 \cup A_3 \cup A_5 \cup A_7)|$ läßt sich mit Hilfe der Siebformel wie folgt berechen:

$$
\begin{aligned}
&\quad |A \setminus (A_2 \cup A_3 \cup A_5 \cup A_7)| \\
&= |A| - |A_2| - |A_3| - |A_5| - |A_7| \\
&\quad + |A_6| + |A_{10}| + |A_{14}| + |A_{15}| + |A_{21}| + |A_{35}| \\
&\quad - |A_{30}| - |A_{42}| - |A_{70}| - |A_{105}| + |A_{210}| \\
&= 100 - 50 - 33 - 20 - 14 + 16 + 10 + 7 + 6 + 4 + 2 - 3 - 2 - 1 - 0 + 0 \\
&= 22.
\end{aligned}
$$

Folglich $|P| = 25$.

Aufgabe 16.8 *(Allgemeine Lösung einer homogenen LRG dritter Ordnung mit konstanten Koeffizienten)*

Man bestimme die allgemeine Lösung der folgenden homogenen LRG

$$\forall n \geq 4 : \; f(n) + 6 \cdot f(n-1) + 12 \cdot f(n-2) + 8 \cdot f(n-3) = 0$$

Lösung.   Die charakteristische Gleichung obiger LRG lautet

$$\lambda^3 + 6\lambda^2 + 12\lambda + 8 = 0.$$

Da

$$\lambda^3 + 6\lambda^2 + 12\lambda + 8 = (\lambda + 2)^3,$$

folgt aus Abschnitt 16.5, daß die allgemeine Lösung der gegebenen LRG die Gestalt

$$\forall n \in \mathbb{N} : \; f(n) = (c_1 + c_2 \cdot n + c_3 \cdot n^2) \cdot (-2)^n,$$

hat, wobei $c_1, c_2, c_3 \in \mathbb{R}$ beliebig wählbar sind.

Aufgabe 16.9 *(Allgemeine Lösung einer homogenen LRG vierter Ordnung mit konstanten Koeffizienten)*

Man bestimme die allgemeine Lösung der folgenden homogenen LRG:

$$\forall n \geq 5 : \; f(n) - 3 \cdot f(n-1) - 6 \cdot f(n-2) - 12 \cdot f(n-3) - 40 \cdot f(n-4) = 0$$

Lösung.   Mit Hilfe des Ansatzes $f(n) = \lambda^n$ mit noch zu bestimmende $\lambda \in \mathbb{R} \setminus \{0\}$ ergibt sich aus der gegebenen homogenen LRG die folgende charakteristische Gleichung:

$$p(\lambda) := \lambda^4 - 3\lambda^3 - 6\lambda^2 - 12\lambda - 40 = 0.$$

Mit Hilfe des Hornerschemas kann man leicht die ganzzahligen Nullstellen $\lambda_1 = -2$ und $\lambda_2 = 5$ sowie die Darstellung

$$p(\lambda) = (\lambda + 2)(\lambda - 5) \underbrace{(\lambda^2 + 4)}_{=(\lambda - 2i)(\lambda + 2i)}$$

finden. Nach Abschnitt 16.5 und unter Verwendung der trigonometrischen Darstellung $2i = 2 \cdot (\cos \frac{\pi}{2} + i \cdot \sin \frac{\pi}{2})$ erhält man hieraus die folgenden 4 linear unabhängigen Lösungen der gegebenen homogenen LRG

$\forall n \in \mathbb{N} :$
$$f_1(n) := (-2)^n, \; f_2(n) := 5^n, f_3(n) := 2^n \cdot \cos(n \cdot \tfrac{\pi}{2}), \; f_3(n) := 2^n \cdot \sin(n \cdot \tfrac{\pi}{2}).$$

Die gesuchte allgemeine Lösung der homogenen LRG sieht damit wie folgt aus:

$$f(n) = c_1 \cdot f_1(n) + c_2 \cdot f_2(n) + c_3 \cdot f_3(n) + c_4 \cdot f_4(n),$$

wobei c_1, c_2, c_3, c_4 beliebig wählbare Konstanten aus $\mathbb{R}$ sind.

Aufgabe 16.10 *(Spezielle Lösung einer inhomogenen LRG zweiter Ordnung mit konstanten Koeffizienten)*

Man verifiziere, daß im Fall $1 + \alpha_1 + \alpha_2 = 0$ und $2 + \alpha_1 \neq 0$ die Abbildung $f_s : \mathbb{N} \longrightarrow \mathbb{R}$ mit

$$\forall n \in \mathbb{N}: \; f_s(n) := \frac{\beta}{2 + \alpha_1} \cdot n$$

eine spezielle Lösung der LRG mit konstanten Koeffizienten

$$\forall n \geq 3: \; f(n) + \alpha_1 \cdot f(n-1) + \alpha_2 \cdot f(n-2) = \beta$$

ist.

Lösung.   Es gilt für beliebige $n \geq 3$:

$$\frac{\beta}{2+\alpha_1} \cdot n + \alpha_1 \cdot \frac{\beta}{2+\alpha_1} \cdot (n-1) + \alpha_2 \cdot \frac{\beta}{2+\alpha_1} \cdot (n-2)$$
$$= \frac{\beta}{2+\alpha_1} \cdot (n + \alpha_1 \cdot n - \alpha_1 + \alpha_2 \cdot n - 2 \cdot \alpha_2)$$
$$= \frac{\beta}{2+\alpha_1} \cdot (n \cdot \underbrace{(1 + \alpha_1 + \alpha_2)}_{=0} - \underbrace{(\alpha_1 + 2 \cdot \alpha_2)}_{=-\alpha_1 - 2})$$
$$= \beta$$

Folglich ist f_s eine spezielle Lösung der oben angegebenen LRG.

Aufgabe 16.11 *(Bestimmen einer LRG und Lösen dieser LRG)*

Sei $f(n)$ die Anzahl aller n-Tupel $(x_1, ..., x_n) \in \{0,1\}^n$, in denen keine zwei aufeinander folgende Nullen vorkommen. Bestimmen Sie

(a) $f(1)$ und $f(2)$,
(b) eine LRG für $f(n)$ für beliebige $n \geq 3$,
(c) die Lösung der LRG aus (b), die den Anfangsbedingungen aus (a) genügt.

Lösung.   **(a):** Offenbar gilt $f(1) = 2$ und $f(2) = 3$.

(b): Für $n \geq 3$ sind für ein beliebiges n-Tupel $(x_1, ..., x_n) \in \{0,1\}^n$, das keine zwei aufeinander folgende Nullen enthält, folgende zwei Fälle möglich:
Fall 1: $a_n = 1$.
In diesem Fall gibt es $f(n-1)$ Möglichkeiten für $(x_1, ..., x_{n-1})$.
Fall 2: $a_n = 0$.
In diesem Fall muß $a_{n-1} = 1$ sein und es gibt $f(n-2)$ Möglichkeiten

$(x_1, ..., x_{n-2})$ festzulegen.
Folglich gilt

$$f(n) = f(n-1) + f(n-2). \qquad (16.7)$$

Die allgemeine Lösung einer solchen homogenen LRG mit konstanten Koeffizienten wurde bereits im Abschnitt 16.5 durch den Ansatz $f(n) = \lambda^n$ bestimmt. Die allgemeine Lösung von (16.7) lautet:

$$\forall n \geq 3: \ f(n) = c_1 \cdot \left(\frac{1+\sqrt{5}}{2}\right)^n + c_2 \cdot \left(\frac{1-\sqrt{5}}{2}\right)^n, \qquad (16.8)$$

wobei c_1, $c_2 \in \mathbb{R}$ beliebig wählbar sind.

(c): Wir haben $c_1, c_2 \in \mathbb{R}$ aus der LRG (16.8) so zu bestimmen, daß für f die Anfangsbedingungen $f(1) = 2$ und $f(2) = 3$ erfüllt sind, d.h., wir haben das folgende LGS (in Matrizenschreibweise) zu lösen:

$$\begin{pmatrix} \left(\frac{1+\sqrt{5}}{2}\right) & \left(\frac{1-\sqrt{5}}{2}\right) \\ \left(\frac{1+\sqrt{5}}{2}\right)^2 & \left(\frac{1-\sqrt{5}}{2}\right)^2 \end{pmatrix} \cdot \begin{pmatrix} c_1 \\ c_2 \end{pmatrix} = \begin{pmatrix} 2 \\ 3 \end{pmatrix}.$$

Bezeichne $\mathfrak{A}$ die obige Koeffizientenmatrix. Dann gilt $|\mathfrak{A}| = \sqrt{5}$. Außerdem

$$A_1 := \begin{vmatrix} 2 & \left(\frac{1-\sqrt{5}}{2}\right) \\ 3 & \left(\frac{1-\sqrt{5}}{2}\right)^2 \end{vmatrix} = \frac{3+\sqrt{5}}{2}$$

und

$$A_2 := \begin{vmatrix} \left(\frac{1+\sqrt{5}}{2}\right) & 2 \\ \left(\frac{1+\sqrt{5}}{2}\right)^2 & 3 \end{vmatrix} = \frac{-3+\sqrt{5}}{2}.$$

Unter Verwendung der Cramerschen Regel folgt hieraus:

$$c_1 = \frac{A_1}{|\mathfrak{A}|} = \frac{3+\sqrt{5}}{2\sqrt{5}} \quad \text{und} \quad c_2 = \frac{A_2}{|\mathfrak{A}|} = \frac{-3+\sqrt{5}}{2\sqrt{5}}$$

womit

$$\forall n \in \mathbb{N}: \ f(n) = \frac{3+\sqrt{5}}{2\sqrt{5}} \cdot \left(\frac{1+\sqrt{5}}{2}\right)^n + \frac{-3+\sqrt{5}}{2\sqrt{5}} \cdot \left(\frac{1-\sqrt{5}}{2}\right)^n$$

gilt.

Aufgabe 16.12 *(Inhomogene LRG)*
Bestimmen Sie diejenige Lösung der LRG

$$\forall n \geq 3: f(n) - 7 \cdot f(n-1) + 10 \cdot f(n-2) = 3^n,$$

die der Anfangsbedingung

$$f(1) = 1, \quad f(2) = 16$$

genügt.

Lösung.   Laut Satz 16.5.2 hat die allgemeine Lösung der obigen inhomogenen LRG die Gestalt

$$\forall n \in \mathbb{N}: \ f(n) = f_s(n) + c_1 \cdot f_1(n) + c_2 \cdot f_2(n),$$

wobei f_s eine spezielle Lösung der inhomogenen LRG und $c_1 \cdot f_1(n) + c_2 \cdot f_2(n)$ die allgemeine Lösung der zugehörigen homogenen LRG

$$f(n) - 7 \cdot f(n-1) + 10 \cdot f(n-2) = 0$$

ist.

Zwei linear unabhängige Lösungen der homogenen Gleichung erhält man mittels des Ansatzes $f(n) = \lambda^n$ ($\lambda \neq 0$), indem man die Nullstellen des charakteristischen Polynoms

$$p(\lambda) := \lambda^2 - 7\lambda + 10$$

bestimmt. Wie man leicht nachrechnet, sind

$$\lambda_1 = 5 \ \text{ und } \ \lambda_2 = 2$$

die Nullstellen von $p(\lambda)$. Folglich hat die homogene LRG die allgemeine Lösung

$$f_h(n) = c_1 \cdot 5^n + c_2 \cdot 2^n,$$

wobei $c_1, c_2 \in \mathbb{R}$ beliebig wählbar sind.

Eine spezielle Lösung $f_s(n)$ der inhomogenen LRG erhält man mit Hilfe des Ansatzes $f_s(n) = A \cdot 3^n$. Setzt man diesen Ansatz in die inhomogene LRG ein, so erhält man die Gleichung

$$A \cdot 3^n - 7 \cdot A \cdot 3^{n-1} + 10 \cdot A \cdot 3^{n-2} = 3^n.$$

Division dieser Gleichung durch 3^{n-2} und Zusammenfassen von Summanden liefert $A \cdot (-2) = 9$, woraus $A = -\frac{2}{9}$ folgt. Also lautet die allgemeine Lösung der inhomogenen LRG:

$$f(n) = -\frac{2}{9} \cdot 3^n + c_1 \cdot 5^n + c_2 \cdot 2^n.$$

Die Konstanten c_1, c_2 sind noch so zu bestimmen, daß $f(1) = 1$ und $f(2) = 16$ gilt. Aus der allgemeinen Lösung ergibt sich das folgende LGS, durch das c_1, c_2 eindeutig bestimmt sind:

$$\begin{pmatrix} 5 & 2 \\ 25 & 4 \end{pmatrix} \cdot \begin{pmatrix} c_1 \\ c_2 \end{pmatrix} = \begin{pmatrix} \frac{5}{3} \\ 18 \end{pmatrix}.$$

Mit Hilfe der Cramerschen Regel erhält man

$$c_1 = \frac{88}{90} = \frac{44}{45} \ \text{ und } \ c_2 = -\frac{145}{90} = -\frac{29}{18}.$$

Die Lösung der Aufgabe lautet also

$$\forall n \in \mathbb{N}: \ f(n) = -2 \cdot 3^{n-2} + \frac{44}{9} \cdot 5^{n-1} - \frac{29}{9} \cdot 2^{n-1}.$$

Literaturverzeichnis

[Aig 2006]   Aigner, M.: Diskrete Mathematik. 6. Auflage, Vieweg Verlag, Wiesbaden 2006
[Ale 67]   Alexandroff, P. S.: Einführung in die Mengenlehre und die Theorie der reellen Funktionen. Deutscher Verlag der Wissenschaften, Berlin 1967
[Bar-K 89]   Baron, G., Kirschenhofer, P.: Einführung in die Mathematik für Informatiker, Bd. 1–3. Springer-Verlag, Wien New York 1989
[Ber 79]   Berg, L.: Differenzengleichungen zweiter Ordnung mit Anwendungen. Deutscher Verlag der Wissenschaften, Berlin 1979
[Beu 2006]   Beutelspacher, A.: „Das ist o.B.d.A. trivial" (Tipps und Tricks zur Formulierung mathematischer Gedanken). Vieweg-Verlag, 8. überarb. Aufl., Wiesbaden 2006
[Böh 81-1]   Böhme, G.: Einstieg in die Mathematische Logik. Carl Hanser Verlag, München Wien 1981
[Böh 81-2]   Böhme, G.: Algebra. Springer-Verlag, Berlin Heidelberg New York 1981
[Bre-B 66]   Brehmer, S., Belkner, H.: Einführung in die analytische Geometrie und lineare Algebra. Deutscher Verlag der Wissenschaften, Berlin 1966
[Bro-S 91]   Bronstein, I. N., Semendjajew, K. A.: Taschenbuch der Mathematik. Teubner Stuttgart, Leipzig und Verlag Nauka Moskau 1991
[Dal-E 91]   Dallmann, H., Elster, K.-H.: Einführung in die höhere Mathematik. G. Fischer Verlag, Jena 1991
[Dör-P 88]   Dörfler, W., Peschek, W.: Einführung in die Mathematik für Informatiker, Carl Hanser Verlag, München Wien 1988
[End 87]   Endl, K.: Analytische Geometrie und lineare Algebra. Aufgaben und Lösungen. VDI Verlag, Düsseldorf 1987
[Fis-G-H 84]   Fischer, W., Gamst, J., Horneffer, K.: Skript zur Linearen Algebra I, II. Universität Bremen, Mathematik-Arbeitspapiere, 1983, 1984
[Gei 79]   Geise, G.: Grundkurs lineare Algebra. BSB B.G. Teubner, Leipzig 1979
[Gel 58]   Gelfond, A.O.: Differenzenrechnung. Deutscher Verlag der Wissenschaften Berlin 1958

D. Lau, *Übungsbuch zur Linearen Algebra und analytischen Geometrie*, 2. Aufl., Springer-Lehrbuch, DOI 10.1007/978-3-642-19278-4, © Springer-Verlag Berlin Heidelberg 2011

[Hei-T 73]   Heinhold, J., Riedmüller, B.: Lineare Algebra und Analytische Geometrie, Teil 2. Carl Hanser Verlag, München 1973

[Hei-W 92]   Heinemann, B., Weihrauch, K.: Logik für Informatiker. Teubner, Stuttgart 1992

[Ihr 94]   Ihringer, Th.: Diskrete Mathematik. Eine Einführung in Theorie und Anwendungen. Teubner, Stuttgart 1994

[Ihr 2002]   Ihringer, Th.: Diskrete Mathematik. Eine Einführung in Theorie und Anwendungen. Korr. u. erw. Auflage, Heldermann Verlag 2002

[Kai-M-Z 81]   Kaiser, H., Mlitz, R., Zeilinger, G.: Algebra für Informatiker. Springer-Verlag, Wien New York 1981

[Kel 68]   Keller, O.-H.: Analytische Geometrie und lineare Algebra. Akademische Verlagsgesellschaft Geest & Porting K.G., Leipzig 1968

[Kie-M 74]   Kiesewetter, H., Maeß, G.: Elementare Methoden der numerischen Mathematik. Akademie-Verlag, Berlin 1974

[Koc 57]   Kochendörffer, R.: Determinanten und Matrizen. Teubner, Leipzig 1957

[Kow 65]   Kowalsky, H.-J.: Lineare Algebra. Walter de Greyter & Co., Berlin 1965

[Lau 2004]   Lau, D.: Algebra und Diskrete Mathematik 1 und 2. Springer-Verlag, Berlin Heidelberg 2004. Zweite Aufl. von Bd. 1 2007

[Lau 2011]   Lau, D.: Algebra und Diskrete Mathematik 1. Dritte korr. und erweiterte Aufl., Springer-Verlag, Berlin Heidelberg 2011

[Lid-P 82]   Lidl, R., Pilz, G.: Angewandte Algebra I, II. Bibliographisches Institut, Mannheim Wien Zürich 1982

[Lug-W 57]   Lugowski, H., Weinert, H.-J.: Grundzüge der Algebra I, II, III. Teubner, Leipzig 1957, 1958, 1960

[Mae 84]   Maeß, G.: Vorlesungen über numerische Mathematik I. Akademie-Verlag, Berlin 1984

[Mae 88]   Maeß, G.: Vorlesungen über numerische Mathematik II. Akademie-Verlag, Berlin 1988

[Man-S-V 75]   Manteuffel, K., Seifart, E., Vetters, K.: Lineare Algebra, MINÖL Bd. 13. Teubner, Leipzig 1975

[P-O-S 98]   Pforr, E.-A., Oehlschlaegel, L., Seltmann, G.: Übungsaufgaben zur Linearen Algebra und linearen Optimierung Ü3. 5. Auflage, B. G. Teubner, Stuttgart Leipzig 1998

[Rom 86]   Rommelfanger, H.: Differenzengleichungen. B.I.- Wissenschaftsverlag 1986

[Rom 2006]   Rommelfanger, H.: Mathematik für Wirtschaftswissenschaftler, Band 3: Differenzengleichungen Differentialgleichungen, Stochastische Prozesse. Elsevier GmbH, Spektrum Akademischer Verlag, München 2006

[Sch 87]   Schöning, U.: Logik für Informatiker. B.I. Hochschultaschenbücher, Mannheim Wien Zürich 1987; 5. Aufl. Spektrum Akademischer Verlag, Mannheim 2000

[Sie 73]   Sieber, N., Sebastian, H.-J., Zeidler, G.: Grundlagen der Mathematik, Abbildungen, Funktionen, Folgen. MINÖL Bd. 1. Teubner, Leipzig 1973

[Spi 82]   Spiegel, M.R.: Endliche Differenzen und Differenzengleichungen. McGraw-Hill Book Company 1982

[Ste 2001]   Steger, A.: Diskrete Strukturen 1. Kombinatorik, Graphentheorie,
              Algebra. Springer-Verlag, Berlin Heidelberg 2001
[Sto-G 2005] Stoppel, H., Griese, B.: Übungsbuch zur Linearen Algebra. 5. Aufl.,
              Vieweg-Verlag, Wiesbaden 2005

Weitere Literaturangaben findet man in [Lau 2011].